国家制造业信息化
三维 CAD 认证规划教材

Inventor 基础培训标准教程

王积元　王秀凤　杨春雷　刘溢溥　编著

北京航空航天大学出版社

内 容 简 介

本书系统地介绍了 Autodesk Inventor 2010 的基本功能和使用技巧。共分 11 章,分别介绍了 Autodesk Inventor 的基本功能模块的使用、零件的设计和装配方法、工程图与表达视图的创建、钣金和焊接件的建立、走线和布管的方法以及模型渲染和动画制作等内容。每章章前有教学要求,章后附习题,便于读者通过相应的练习快速掌握各章的知识要点。

本书既可以作为高等院校机械类、机电类或者其他相关专业的教材,也可以作为普通设计人员以及 Autodesk Inventor 爱好者的自学参考资料。

图书在版编目(CIP)数据

Inventor 基础培训标准教程 / 王积元,王秀凤等编著
. -- 北京 : 北京航空航天大学出版社,2013.1
ISBN 978 - 7 - 5124 - 0957 - 6

Ⅰ. ①I… Ⅱ. ①王… ②王… Ⅲ. ①机械设计—计算机辅助设计—应用软件—技术培训—教材 Ⅳ. ①TH122

中国版本图书馆 CIP 数据核字(2012)第 221703 号

Inventor 基础培训标准教程
王积元　王秀凤　杨春雷　刘溢溥　编著
责任编辑　赵 京　胡 敏
*
北京航空航天大学出版社出版发行
北京市海淀区学院路 37 号(邮编 100191)　http://www.buaapress.com.cn
发行部电话:(010)82317024　传真:(010)82328026
读者信箱:bhpress@263.net　邮购电话:(010)82316936
北京市同江印刷有限公司印装　各地书店经销
*
开本:787×1 092　1/16　印张:24.5　字数:627 千字
2013 年 1 月第 1 版　2013 年 1 月第 1 次印刷　印数:4 000 册
ISBN 978 - 7 - 5124 - 0957 - 6　定价:49.00 元(含光盘 1 张)

前　言

Autodesk Inventor 2010 是美国 Autodesk 公司推出的三维 CAD 软件系统，能够完成二维和三维设计，以及实现两者间的相互转变。因其通用性和强大的功能，在机械、汽车、建筑等方面得到了广泛的应用。

本书主要针对希望学习 Autodesk Inventor 的基础功能及应用，使用 Autodesk Inventor 熟练进行三维设计的读者。内容包括 11 章，每章具体的学习要求如下所述。

第 1 章 Autodesk Inventor 基础知识：主要了解 Autodesk Inventor 的发展历史和基本功能，熟悉操作界面，学会创建、打开和保存文件，掌握视图操作方法，学会调整视图显示和位置，了解常用的设置选项，能根据需要选择适当设置。

第 2 章草图绘制：主要了解草图绘制的基本概念和功能，学会使用基本的草图绘制和草图尺寸的标注方法，掌握草图约束和草图工具的种类和使用方法。

第 3 章模型特征：主要了解基本特征创建工具、特征修改和定位工具的使用，掌握阵列和镜像的应用，了解曲面建立和塑料零件特征。

第 4 章部件装配：主要了解部件装配的概念，掌握装配工具和约束命令的使用。

第 5 章工程图：主要了解工程视图的分类以及各种视图的建立方法，掌握尺寸和符号特征的标注方法，了解工程图的图层和样式。

第 6 章表达视图：主要了解创建已有零部件表达视图的方法，能根据需要调整零部件的视图，创建零部件的分解视图并创建关联的工程图，并能够创建零部件分解视图的动画。

第 7 章钣金：主要了解基本的钣金操作，创建常用的钣金特征，对已创建的钣金件进行修改，并根据实际要求设计钣金件以及钣金选项的设置。

第 8 章焊接件：主要了解焊接件的创建方法，激活焊接环境并描述所用到的工具，学会使用焊接的三个特征组和各种焊接操作。

第 9 章零部件生成器：主要了解螺栓联接件和各种销的建立和编辑方法，学会使用结构件生成器创建结构件并对其进行编辑，学会创建动力传动件并且对其计算器有一定的了解，掌握各种类型弹簧的创建。

第 10 章三维布线与三维布管：主要了解创建并编辑线束部件文件的方法，学会编辑和添加三维布管样式，并在三维布管环境中添加设计管路。

第 11 章 Inventor Studio：主要了解 Inventor Studio 环境下的各种命令，掌握 Inventor Studio 环境下渲染零部件的方法，并能够根据表达的需要，设定和修改各种场景,制作出各类动画。

　　本书附光盘一张,内容实例源文件和视频文件。

　　通过学习本书,读者可以深入浅出地理解 Autodesk Inventor 的使用方法,全面掌握 Autodesk Inventor,并能融合 Autodesk Inventor 的设计思想,成为合格的 CAD 工程人员。

　　本书由王积元、王秀凤、杨春雷、刘溢溥编著。由于时间紧张,作者水平有限,对于书中存在的错漏之处,还请广大读者谅解并指正。

編者

2012 年 12 月于北京

目　　录

第 1 章 Autodesk Inventor 基础知识

教学要求

- 了解 Autodesk Inventor 的发展历史和基本功能。
- 熟悉操作界面。学会创建、打开和保存文件。
- 掌握视图操作方法。学会调整视图显示和位置。
- 了解常用的设置选项,能根据需要选择适当设置。

1.1 Autodesk Inventor 发展历史和功能介绍

1.1.1 Autodesk Inventor 发展历史

Autodesk Inventor 是由美国 Autodesk 公司开发研制的一款三维实体设计软件,具有功能全面、使用灵活的特点,可以帮助用户经济高效地利用数字化样机工作流,在较短时间内设计并构建更出色的产品。

Autodesk Inventor 的出现始于 1999 年。Autodesk 公司于 1999 年 10 月推出 Autodesk Inventor R1 版本;于 2001 年 10 月发行 Autodesk Inventor R5 中文版(标志 Autodesk Inventor 全面进入中国市场);至 2009 年,Autodesk 公司发布的最新版本为 Autodesk Inventor 2010。

1.1.2 Autodesk Inventor 功能介绍

Autodesk Inventor 为机械工程和设计提供了高性能的软件支持,可以帮助用户缩短设计周期、简化数据管理、大幅度降低产品的开发成本。用户可以非常方便地由二维设计向三维设计过渡,而且 Autodesk Inventor 还提供了创新的自适应技术、大型装配操作功能、方便的读取和写出 DWG 文件功能、简化的用户界面和直观的工作流程。

用户可以通过 Autodesk Inventor 的二维草图绘制实现三维零件的建立,并将零件装配成部件。

用户在建立三维零件和部件的基础上,可以通过软件自动生成工程图。Autodesk Inventor 具有便捷的标注、注释和表格生成系统,只需简单操作即可生成用于实际生产加工的零件图和装配图。

Autodesk Inventor 具有钣金和焊接模块。Autodesk Inventor 的专业工具方便地辅助用户生成钣金件和进行虚拟焊接。

资源中心有各种制式的标准件,方便用户装配部件时选取。用户通过零部件生成器可以快速生成所需的弹簧、轴承等常用零件。

通过 Inventor Studio 模块可实现制作渲染效果和动画的功能,使用表达视图展示装配过程,可以帮助用户直观地展示设计效果,方便产品演示。

1.2 用户界面

1.2.1 菜单栏

双击"启动"图标，运行 Autodesk Inventor 程序。进入程序后,单击屏幕左上角"程序菜单"按钮，弹出 Autodesk Inventor 菜单栏,如图 1-1 所示。

菜单栏左侧为菜单选项。将鼠标指针移动至选项时,系统会自动在右侧区域弹出对应的下一级选项内容。

1.2.2 快速访问工具栏

快速访问工具栏如图 1-2 所示。根据文件的类型不同,快速访问工具栏包含不同的选项。

用户可以自定义快速访问工具栏。右击功能区中的按钮,在弹出的右键快捷菜单中选择"添加到快速访问工具栏"选项,可将所选命令加入,如图 1-3 所示。右击快速访问工具栏中的按钮,在弹出的右键快捷菜单中选择"从快速访问工具栏中删除"选项,可将所选命令从快速访问工具栏中移除,如图 1-4 所示。

图 1-1　菜单栏

图 1-2　快速访问工具栏

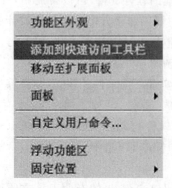

图 1-3　"添加到快速访问工具栏"选项　　　　图 1-4　"从快速访问工具栏中删除"选项

1.2.3　信息中心

信息中心如图 1-5 所示。用户可以在此输入关键字搜索信息、访问速博应用中心、获取产品更新信息以及访问"帮助"主题和已保存的主题。

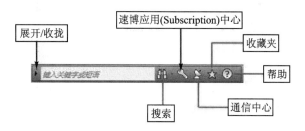

图 1-5　信息中心

1.2.4　功能区

功能区如图 1-6 所示。功能区由一系列命令按钮组成,这些命令按钮组织到有任务标记栏的选项卡中。当创建或打开文件时自动显示功能区,它提供精简的命令组合,其中包含创建文件所必需的各种工具。功能区的内容将根据激活的窗口类型而变化。零件、部件和工程图等不同类型文件均有各自相对应的功能区。

图 1-6　功能区

1.2.5　图形窗口

图形窗口如图 1-7 所示。用户可通过图形窗口观察并选定命令所需的对象进行编辑操作。当文件打开时会默认显示图形窗口。如果打开了多个文件,那么每个文件都显示在各自的图形窗口中。其中,包含有用户正在编辑的文件的窗口称为激活窗口。

图 1-7　图形窗口

1.2.6　浏览器

浏览器如图 1-8 所示。浏览器显示了零件、部件和工程图的组成结构和层次关系。浏览器对每个工作环境而言都是唯一的,并总是显示激活文件的信息。

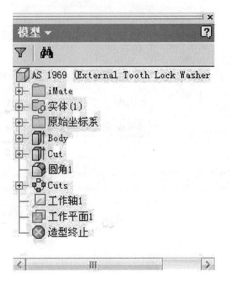

图 1-8　浏览器

1.3　项　目

1.3.1　创建项目

项目用于管理使用 Autodesk Inventor 创建的各个文件之间的关系。所有项目都包含以下参数:工作空间位置、"样式"文件夹、"模版"文件夹和"资源中心零部件"的位置。项目文件中的文件位置可以作为 Autodesk Inventor 的搜索路径。当打开某个文件时,Autodesk Inventor 将在激活项目文件中指定的位置处查找该文件以及被引用文件。

Autodesk Inventor 支持两种类型的项目:单个用户项目和 Vault 项目。在此以创建和编辑单个用户项目为例进行讲解。

① 打开"项目编辑器"对话框,如图 1-9 所示。具体操作是:单击▶️→"管理"→"项目"选项打开项目编辑器,或者单击"快速入门"选项卡→"项目"选项。

② 单击"新建"按钮,选择"新建单用户项目"选项,单击"下一步"按钮,出现"Inventor 项目向导"对话框,如图 1-10 所示。

③ "名称"文本框用于输入新建项目的名称,"项目(工作空间)文件夹"文本框用于输入新建项目的工作路径。两项输入完毕后,"要创建的项目文件"文本框中将显示新建项目.ipj 文件的路径。单击"下一步"按钮,在下一页面单击"完成"按钮,即完成新项目的建立。

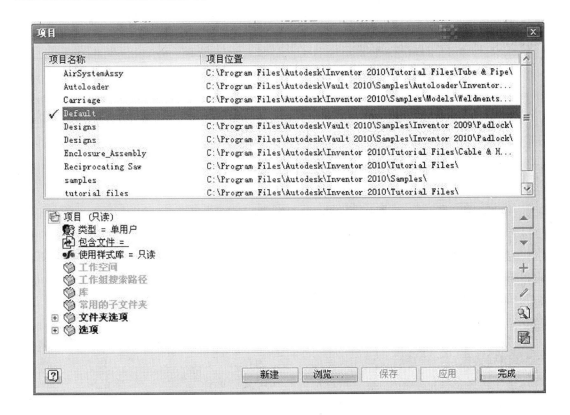

图 1-9　项目编辑器

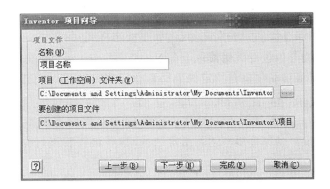

图 1-10　"Inventor 项目向导"对话框

1.3.2　编辑项目

　　"项目编辑器"对话框的上部选项区域中显示项目名称和位置列表,下部的选项区域显示文件位置、库、选项以及指定文件的存储位置、保存文件时所保留的文件版本数及项目类型的设置。

双击上部选项区域的"tutorial_files"项目选项,用以选择并激活该项目。下部选项区域显示"tutorial_files"项目类别选项,如图 1 – 11 所示。

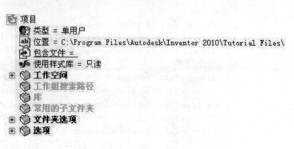

图 1 – 11 "tutorial_files"项目类别选项

项目的类别选项进行如下介绍。

"类型":将激活的项目的类型标识为"单用户"或 Vault。Vault 用于多用户协同设计,默认设置选择为单用户。

"位置":显示所存储的激活项目的项目文件夹路径。tutorial_files 项目的默认位置是安装路径下的 Tutorial Files 文件夹。

"包含文件":指定要包含在所选项目(例如 tutorial_files 项目)中的另一个项目的路径。

"使用样式库":指定项目使用样式库的方式。选择"是"选项,用户可以创建和编辑样式,并将这些样式保存到样式库中,以替换以前的样式定义。选择"只读"选项,禁止用户将新样式和更改后的样式保存到样式库中,库定义不能被替换。选择"否"选项,禁止使用样式库。

"工作空间":显示创建项目时指定的个人工作空间。双击展开下一级选项,右击"Work-space"子项,在弹出菜单中单击"编辑"选项进行编辑。当项目文件所在的路径需要变动时,可以手动更改。

"文件夹选项":标识存储项目级别文件(例如模板和样式)的位置。双击展开下一级选项,右击子项通过右键快捷菜单进行编辑修改。

"选项":显示选定项目在创建时指定的全局默认设置。项目中的选项设置控制其文件管理功能。每次保存 Autodesk Inventor 文件时,文件的早期版本将保存到工作空间路径下的 OldVersions 文件夹中。双击展开下一级选项,在"保存时保留旧版本"选项右击进行编辑。输入要保留的版本数量。当保存版本达到指定数量时,若再接着进行保存操作将删除已保存的最早版本。

1.4 文件操作

1.4.1 新 建

新建文件操作可以通过访问菜单、功能区或快速访问工具栏实现。

单击███→"新建"选项的下三角按钮,出现"新建"菜单,如图 1 – 12 所示。

单击功能区或快速访问工具栏的"新建"按钮，出现"新建文件"对话框,如图 1-13 所示。"默认"、English 和 Metric 选项卡分别对应默认、英制和公制文件模板。新建文件类型包括部件、工程图、零件和表达视图等。具体说明如表 1-1 所列。

图 1-12　"新建"菜单　　　　　　图 1-13　"新建文件"对话框

表 1-1　新建文件类型表

名　称	文件类型	模板说明
零件	. ipt	Standard. ipt 用于创建零件
部件	. iam	Standard. iam 用于创建部件
工程图	. idw	Standard. idw 用于创建 Autodesk Inventor 工程图
表达视图	. ipn	Standard. ipn 用于创建部件表达视图
钣金件	. ipt	Sheet Metal. ipt 用于创建钣金零件。钣金文件是零件造型环境的扩展,包含特定的钣金命令以支持创建钣金零件
焊接件	. iam	Weldment. iam 用于创建焊接件部件。焊接件文件是部件环境的扩展,包含特定的焊接命令以支持创建焊接件
AutoCAD 工程图	. dwg	Standard. dwg 用于创建 AutoCAD 标准工程图

1.4.2　打　开

打开文件操作可以通过访问菜单、功能区或快速访问工具栏实现。

单击█→"打开"选项的下三角按钮,出现"打开"菜单,如图 1-14 所示。包括"打开"、"从资源中心打开"和"从 Vault 打开"三个选项。单击"打开"选项,弹出"打开"对话框,如图1-15 所示。

单击功能区或快速访问工具栏的"打开"按钮🗁，出现"打开"对话框，如图 1 - 15 所示。用户可以选择已有的文件进行打开操作。"文件类型"下拉菜单包含的所有文件类型都可以在 Autodesk Inventor 中打开。

图 1 - 14 "打开"菜单 　　　　　　　　图 1 - 15 "打开"对话框

单击"从资源中心打开"选项，弹出"从资源中心打开"对话框，如图 1 - 16 所示。用户可以选择打开 Autodesk Inventor 资源中心提供的标准件进行操作。

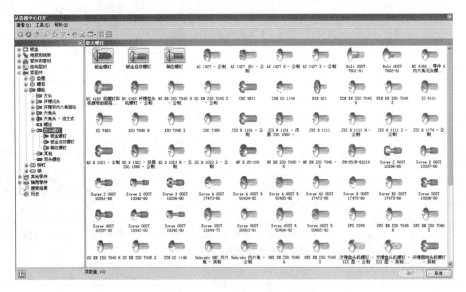

图 1 - 16 "从资源中心打开"对话框

1.4.3　保存和另存为

保存和另存为操作可以通过菜单或快速访问工具栏实现。

单击📁→"保存"选项的下三角按钮，出现"保存"菜单，如图 1 - 17 所示，包括"保存"和"全部保存"两个选项。单击"保存"选项或快速访问工具栏的"保存"工具按钮💾，系统仅保存当前激活的文件。单击"全部保存"选项，系统将保存所有打开的文件。

单击 →"另存为"选项的下三角按钮,出现"另存为"菜单,如图 1-18 所示。包括"另存为"、"保存副本为"、"保存副本为模板"和"打包"四个选项。单击"另存为"选项,弹出"另存为"对话框,如图 1-19 所示。用户可以指定新的文件名和路径保存当前文件。单击"保存副本为"选项,弹出"副本另存为"对话框。"另存为"与"保存副本为"两者的区别在于,前者执行命令后将自动关闭保存的原始文件,从而激活另存设定之后的文件,而后者所保存的原始文件仍处于打开状态。

保存

保存
保存激活的文件。

全部保存
保存所有打开的文件。

图 1-17　"保存"菜单

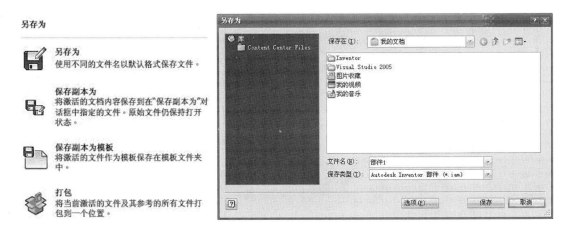

图 1-18　"另存为"菜单　　　　　　　图 1-19　"另存为"对话框

单击"保存副本为模板"选项,弹出"将副本另存为模板"对话框。系统将保存路径自动设定为 Templates 文件夹,保存的文件可以作为模板直接调用。单击"打包"选项,弹出"打包"对话框,如图 1-20 所示。用户可以将 Autodesk Inventor 文件及其引用的所有文件打包到单个文件夹,便于归档文件。

图 1-20　"打包"对话框

1.4.4 导 出

单击 →"导出"选项的下三角按钮，出现"导出"菜单，如图 1－21 所示，包括"图像"、"PDF"、"CAD 格式"、"导出为 DWF"和"发送 DWF"五个选项。"导出"菜单中的选项可以将 Autodesk Inventor 文件以图片、PDF、DWF 或其他 CAD 文件格式保存。"导出"功能支持的文件类型如表 1－2 所列。

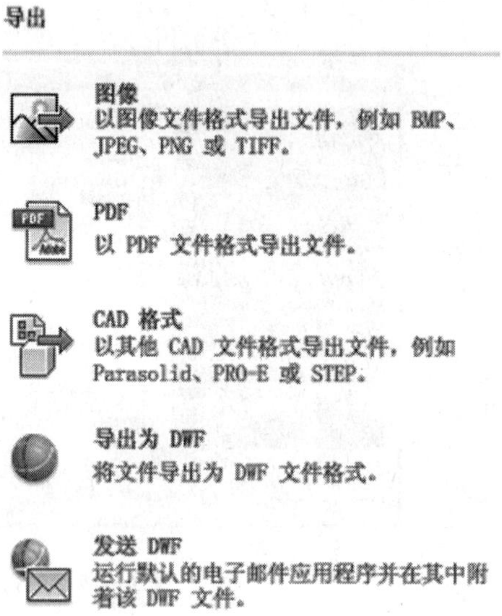

导出

图像
以图像文件格式导出文件，例如 BMP、JPEG、PNG 或 TIFF。

PDF
以 PDF 文件格式导出文件。

CAD 格式
以其他 CAD 文件格式导出文件，例如 Parasolid、PRO-E 或 STEP。

导出为 DWF
将文件导出为 DWF 文件格式。

发送 DWF
运行默认的电子邮件应用程序并在其中附着该 DWF 文件。

图 1－21 "导出"菜单

表 1－2 导出文件类型表

名 称	文件类型	文件说明
图像	.bmp	BMP 文件
	.gif	GIF 文件
	.jpg	JPEG 文件
	.png	PNG 文件
	.tiff	TIFF 文件
PDF	.pdf	PDF 文件
CAD 格式	CATPart	CATIA V5 零件和部件文件(版本 R10～R18)
	.igs ； .ige ； .iges	初始图形交换规范。用于数字表达以及在 CAD/CAM 系统之间交换信息的 ANSI 标准格式(版本 5.3)
	.jt	数据存档、可视化、协作和数据共享(版本 7.0、8.0、8.1、8.2、9.0 和 9.1)

续表 1－2

名　称	文件类型	文件说明
CAD 格式	．x_b	Parasolid 二进制文件(版本 9.0～20.0)
	．x_t	Parasolid 文本文件(版本 9.0～20.0)
	．g	Pro/ENGINEER Granite 文件(Granite 版本 1.0～5.0)
	．neu	Pro/ENGINEER Neutral 文件
	．sat	以 ASCII 文件格式保存的几何对象(版本 4.0～7.0)
	．stp ；．ste ；．step	通用转换格式(版本 AP214 和 AP203E2)
	．stl	用于立体平版印刷的实体、区域、零件和子部件的输出文件
DWF	．dwf	二维矢量文件,用于在 Web 上发布工程图

1.5　基本工具

1.5.1　测量工具

　　测量工具位于功能区"工具"选项卡和"检验"选项卡的"测量工具"面板,如图 1－22 所示。用户使用测量工具测量距离、角度、周长或面积。

　　各种测量工具的使用方法类似,此处以距离的测量为例。单击"测量工具"面板中的"距离"按钮,弹出"测量距离"对话框,如图 1－23 所示。在图形窗口中,单击选择要测量的几何图元,测量结果将显示在测量框中。测量多个距离总和时,显示一个测量值后单击对话框中的"箭头"按钮并选择"添加到累加"选项,继续测量并添加要累加的其他测量值。添加完毕后,单击"箭头"按钮,选择"显示累加"选项,总测量值将显示在对话框中。

图 1－22　"测量工具"面板

图 1－23　"测量距离"对话框

1.5.2　自动限制

　　功能区"检验"选项卡的"自动限制"面板如图 1－24 所示。自动限制功能可以监控尺寸、面积、周长和物理特性等数值的范围。当更改监控的数值时,系统会通过图形窗口中的符号通知用户。

　　单击"自动限制设置"按钮,弹出"自动限制设置"对话框,如图 1－25 所示。如果监控的设计数值低于或超出边界限制,系统将提示警告信息。在图形窗口中,绿色、黄色和红色符号显示对象的

图 1－24　"自动限制"面板

当前状态。通过颜色和形状的变化,表明当前值是否低于或超出边界数值。

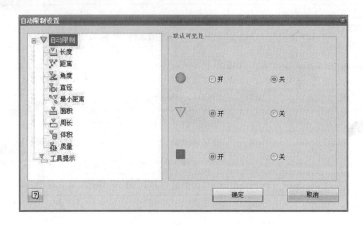

图 1-25 "自动限制设置"对话框

1.6 管 理

1.6.1 更 新

功能区"管理"选项卡的"更新"面板如图 1-26 所示。从左至右对应依次的是零件、部件和工程图的"更新"面板,包括"更新"、"全部重建"、"更新质量"、"延时更新"和"更新所有图纸"等按钮。

图 1-26 "更新"面板

"更新"命令:仅重新生成编辑改动的几何图元,图形窗口和浏览器将更新,以反映这些修改。

"全部重建"命令:重新生成整个文件,即使有些几何图元并没有改动不需要更新。

"更新质量"命令:更新零件或部件的物理特性。

"延时更新"命令:部件可以放置很多约束,而零部件却不会重新定位,直至单击"更新"按钮。

"更新所有图纸"命令:根据几何图元的变化,重新生成所有打开的工程图。

1.6.2　参数编辑器

"参数"命令位于"管理"选项卡的"参数"面板中。单击"参数"命令，打开"参数"对话框，如图 1-27 所示。

参数名称	单位	表达式	公称值	公差	模型数值	导出	注释
▶ ─ 模型参数							
d7	in	0.375 in	0.375000	○	0.375000	□	
d27	in	0.000 in	0.000000	○	0.000000	□	
d39	in	0.000 in	0.000000	○	0.000000	□	
d43	in	0.000 in	0.000000	○	0.000000	□	
d45	in	0.00 in	0.000000	○	0.000000	□	
d51	in	0.000 in	0.000000	○	0.000000	□	
d53	in	0.000 in	0.000000	○	0.000000	□	
d55	in	0.00 in	0.000000	○	0.000000	□	
d57	in	0.000 in	0.000000	○	0.000000	□	
d80	in	0.000 in	0.000000	○	0.000000	□	
d82	in	0.000 in	0.000000	○	0.000000	□	
d84	in	0.00 in	0.000000	○	0.000000	□	
d86	in	0.00 in	0.000000	○	0.000000	□	
d88	in	0.000 in	0.000000	○	0.000000	□	
d90	in	0.000 in	0.000000	○	0.000000	□	
d92	in	0.00 in	0.000000	○	0.000000	□	
d94	in	0.00 in	0.000000	○	0.000000	□	

☐ 只显示表达式中的参数　　　　　　　　　　　　重设公差

[?]　　添加(A)　　链接　　　　　　　　＋　▲　○　－　　　　　完成

图 1-27　"参数"对话框

"模型参数"是在模型中添加尺寸或其他测量值，用于编辑尺寸、创建偏移工作平面和编辑偏移约束等。当用户在建模过程中输入尺寸或其他特征值时，该值将定义为模型的参数并被指定一个默认名称，例如 d0、d1 或 d2。用户可以在编辑框中输入值并指定参数名称，通过参数编辑器进行修改，从而编辑模型。

1.6.3　样式和标准编辑器

"样式编辑器"命令位于"管理"选项卡的"样式和标准"面板中，如图 1-28 所示。单击"样式编辑器"按钮，打开"样式和标准编辑器"对话框，如图 1-29 所示。

样式库是项目的公用样式来源，可在不同项目中共享。用户可以编辑样式库中的颜色、光源和材料。编辑模型表面纹理和背景光源，可以使模型效果更为真实。自定义材料参数可供模型调用，用于计算模型物理特性和应力分析。

图 1-28　"样式和标准"面板

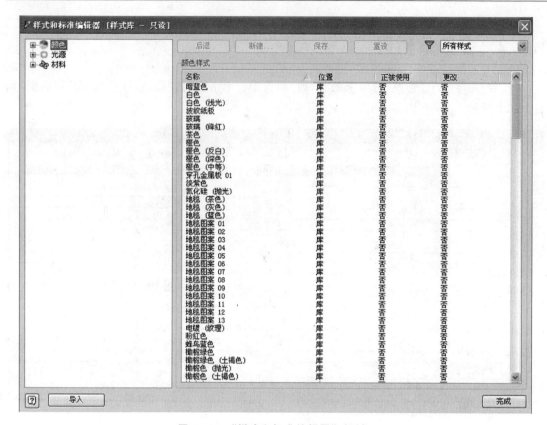

图 1-29 "样式和标准编辑器"对话框

1.7 视图操作

1.7.1 可见性

　　"可见性"面板位于功能区"视图"选项卡中,如图 1-30 所示,包括"对象可见性"、"重心"、"自由度"和"iMate 图示符"按钮。

　　用户可以设定对象的可见性,将复杂视图中多余的对象隐藏。单击"对象可见性"按钮,弹出"可见性"复选菜单,如图 1-31 所示。复选框被选中的对象为可见项,可以在图形窗口中显示,其余对象将自动隐藏。通过可见性的选择,可使用户方便地进行视图窗口中模型的观察和选取。

图 1-30 "可见性"面板

　　单击"重心"按钮。视图窗口显示当前模型的重心,并显示 X、Y 和 Z 轴的方向箭头以及表示 XY、XZ 和 YZ 的可选工作平面,如图 1-32 所示。

　　单击"自由度"按钮。在图形窗口的选定零部件上出现自由度符号。自由度符号显示一个或多个选定零部件或激活部件的剩余平动自由度或转动自由度。如果选定的零部件欠约束,则其自由度符号上就会显示一个立方体。当光标停留在该立方体上时,具有剩余自由度的自适应零件的表面就会以对比色显示出来。

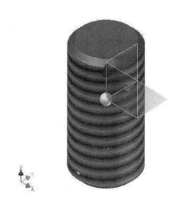

图 1 - 31　"可见性"复选菜单　　　　　图 1 - 32 显示重心

1.7.2　外　观

　　"外观"面板位于功能区"视图"选项卡中,如图 1 - 30 所示,包括"剖切图形"、"剖视图"、"模式"、"着色"、"阴影"和"透明度"等按钮。

图 1 - 33　"外观"面板

　　① "剖切图形"命令:用户在绘制草图时,单击"剖切图形"按钮,可以实现用绘制平面剖切现有实体模型的功能,方便用户观察凹槽和孔等位于实体内部的特征。

　　② "剖视图"命令:在部件中创建剖视图,显示内部或被其他零部件遮挡的部分。用户通过选取剖切面和方向,可以实现 1/4 剖视图、半剖视图和 3/4 剖视图的建立。

　　③ "模式"命令:包括平行模式和透视模式。平行模型以所有点平行投影显示零部件,可以直观地确认或比较图元的相关尺寸。透视模式以三点透视显示零部件,提供用肉眼观看的感觉,使零部件像在真实世界中观察到的对象。

　　④ "着色"命令:包括着色、隐藏边和线框。用户通过更改部件的着色,可以更好地观察零件的位置,方便对象的选择。

　　⑤ "阴影"命令:包括无阴影、地面阴影和 X 光地面阴影。根据设定光源的模拟照射,生成零部件的阴影。"无阴影"是默认设置,显示不带阴影的模型。"地面阴影"是在模型下面的平面上投下阴影。"X 光地面阴影"与"地面阴影"相同,但前者中单个零部件的细节均可见。

⑥"透明度"命令:包括打开透明度和关闭透明度。用户在部件环境下编辑所属零件时,在打开透明度的情况下,除编辑的零件之外其他零件透明显示。

1.7.3 窗　口

"窗口"面板位于功能区"视图"选项卡中,如图1-34所示,包括"用户界面"、"全屏显示"、"切换"、"平铺"、"层叠"和"新建"等按钮。

图1-34 "窗口"面板

①"用户界面"命令:用户可以选择是否显示 ViewCube、导航栏和状态栏等辅助工具。

②"全屏显示"命令:用于隐藏浏览器和最小化功能区,并将图形窗口最大化,方便用户观察和操作模型。

③"切换"命令:在已打开的文件窗口中选择当前窗口。

④"平铺"命令:在屏幕上同时显示已打开的所有文件窗口。

⑤"层叠"命令:将已打开的文件窗口按顺序叠压摆放,当前窗口在最上端。

⑥"新建"命令:新建与当前窗口相同的窗口。两个窗口显示同一文件的模型,但放置位置和角度可以不同,供用户对比观察。

1.7.4 导　航

"导航"面板位于功能区"视图"选项卡中,如图1-35所示,包括"控制盘"、"平移"、"缩放"、"动态观察"、"视图面"和"上一个(下一个)"等按钮。导航命令也出现在图形窗口中,如图1-36所示。

①"控制盘"命令:默认为全导航控制盘,如图1-37所示,可以调整模型观察的角度和位置。

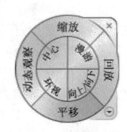

图1-35 "导航"面板　　　　图1-36 图形窗口中的导航命令　　　图1-37 全导航控制盘

②"平移"命令:沿与屏幕平行的方向移动图形窗口中的视图。

③"缩放"命令:包括数个命令。"全部缩放"命令将图形窗口中的所有模型缩放后显示至全窗口。"缩放"命令通过鼠标上下拖动实现模型的缩放。"缩放窗口"命令将鼠标拖拽的区域放大至全窗口。"缩放所选项"命令缩放选中的边、面或特征至全窗口。

④"动态观察"命令:包括数个命令。"自由动态观察"命令围绕屏幕的竖直轴和水平轴旋转视图。"受约束的动态观察"命令围绕模型的竖直轴和水平轴旋转视图。

⑤"视图面"命令:在屏幕中平行放置所选的平面或边。

⑥"上一个(下一个)"命令:图形窗口重复显示上一个或下一个视图位置。

1.8　资源中心

Autodesk Inventor 资源中心提供了标准件(紧固件、型材和轴用零件等)和特征。对于单用户任务,资源中心位于安装文件夹内的 Desktop Content 文件夹,用户可以自定义资源中心。

"资源中心"面板位于功能区"管理"选项卡,如图 1-38 所示。包括"编辑器"、"刷新"和"批量发布"等按钮。

图 1-38　"资源中心"面板

①"编辑器"命令。单击该按钮弹出"资源中心编辑器"对话框,如图 1-39 所示。资源中心编辑器将显示当前 Autodesk Inventor 项目中库的标准件。用户仅能在可读写库中编辑资源中心数据。

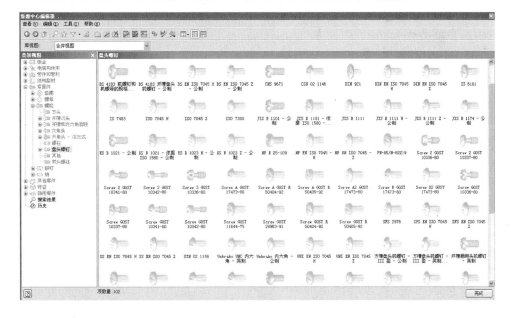

图 1-39　"资源中心编辑器"对话框

②"刷新"命令。单击该按钮弹出"标准零部件刷新"对话框,如图 1-40 所示。用户可以使用库中最新的零部件更新放置在部件中的过期资源中心零件。通过创建所有过期资源中心零部件的列表,用户可以决定要更新哪些零部件。

③"批量发布"命令。通过该命令用户可以将一个或多个零件发布到资源中心,作为可供

调用的标准件。

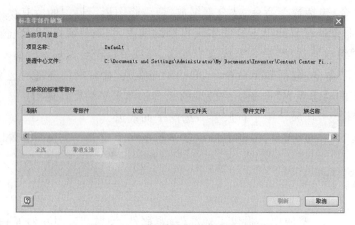

图 1-40　"标准零部件刷新"对话框

1.9　系统设置

1.9.1　应用程序选项

　　进入应用程序选项设置程序的途径有以下两种。单击![icon]→"选项"按钮,或单击功能区

"工具"选项卡→"选项"面板→"应用程序
选项"按钮,系统弹出"应用程序选项"对
话框,如图 1-41 所示。

　　应用程序选项是 Autodesk Inventor
的基本设置。用户可以修改图 1-41 各
选项卡中的内容,将 Autodesk Inventor
个性化。下面介绍常用的选项卡和修
改项。

　　①"常规"选项卡。"启动操作"选项
控制 Autodesk Inventor 启动时是否打开
对话框以及打开对话框的种类,根据用户
对软件启动后的使用习惯选取。"撤销文
件大小"选项用来存储模型或工程图改变
的临时文件的大小,以便撤消所做的操
作。当使用大型或复杂模型和工程图时,
应考虑增加该文件的大小,以便提供足够
的"撤消"操作容量。"标注比例"选项设
置图形窗口中非模型元素(例如,尺寸文
本、尺寸上的箭头、自由度符号等)的大
小。用户可以在 0.2～5.0 之间调整比

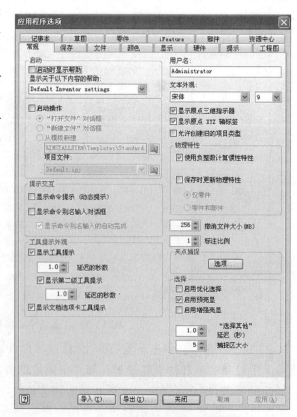

图 1-41　"应用程序选项"对话框

例,系统默认为 1.0。

　　② "颜色"选项卡。设置图形窗口的颜色方案、背景外观和可选的背景图像。

　　③ "显示"选项卡。自定义模型的线框和着色显示。

　　④ "硬件"选项卡。可用选项由计算机的显示卡和系统决定。用户如果选择不当,图形窗口可能无法正常显示。

　　⑤ "工程图"选项卡。"标题栏插入"选项用于确定标题栏在工程图中的默认位置。"标注类型配置"选项用于确定线性、直径和半径的默认类型。

　　⑥ "草图"选型卡。设置草图绘制时辅助工具的显示状态。

　　⑦ "零件"选项卡。"新建零件时创建草图"选项用于选择是否创建以及创建平面。

　　⑧ "部件"选项卡。"延时更新"选项用于确定零件变化后是否立刻显示部件变化。"使用上一引用方向放置零部件"选项用于在多次放置同一零部件时,使后面放置的与第一个放置的图形方向相同。根据不同情况使用,方便约束的设置。

1.9.2　文档设置

　　单击功能区"工具"选项卡→"选项"面板→"文档设置"按钮,弹出"文档设置"对话框,如图 1-42 所示。"文档设置"命令用来设置当前文档的激活标准。

　　① "标准"选项卡。选择光源和材料,将选定样式作为当前文档的默认标准。

　　② "单位"选项卡。为激活的模型文件或模板设置默认单位系统和尺寸精度。

　　③ "草图"选项卡。设置激活零件、部件或工程图文件的默认捕捉间距、网格设置和其他草图设置。

　　④ "造型"选项卡。指定自适应、文档历史的包含项或排除项,激活零件的三维捕捉间距以及螺纹孔的设置。

　　⑤ "BOM 表"选项卡。指定所选零部件的 BOM 表设置。

　　⑥ "默认公差"选项卡。设置零件尺寸的默认线性和角度精度级别和公差。

图 1-42　"文档设置"对话框

1.9.3 自定义

单击功能区"工具"选项卡→"选项"面板→"自定义"按钮,弹出"自定义"对话框,如图 1 - 43 所示。"自定义"各选项用来向工具栏或工具面板添加所选命令按钮,并且可以自行定义命令对应的快捷键。

图 1 - 43 "自定义"对话框

练习 1

本练习要通过以下操作对 Autodesk Inventor 的基本功能进行演示,使读者对 Autodesk Inventor 有基本的认识,并掌握 Autodesk Inventor 的一些基本操作。操作步骤如下文所述。

① 双击启动图标 ,运行 Autodesk Inventor 程序。进入程序后,单击屏幕左上角"应用程序菜单"按钮 ,弹出 Autodesk Inventor 菜单栏,如图 1 - 44 所示。

② 单击"新建"选项,出现"新建文件"对话框,如图 1 - 45 所示,从中选择要建立的文件属性。

③ 关闭新建的文件,单击屏幕左上角"应用程序菜单"按钮 ,弹出 Autodesk Inventor 菜单栏,将光标放到"打开"选项上,会弹出如图 1 - 46 所示选项。

④ 单击"从资源中心打开"选项 ,弹出如图 1 - 47 所示的对话框。

⑤ 从中打开已有零部件,并调整模型观察的角度和位置,以及对其进行平移和缩放等功能,如图 1-48 所示。

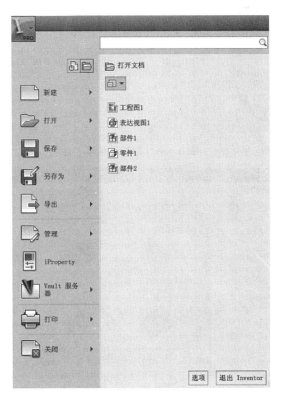

图 1-44　菜单栏

图 1-45　"新建文件"对话框

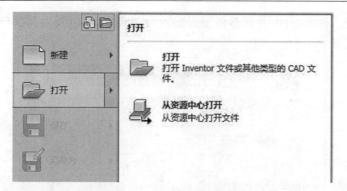

图 1-46 "打开"选项

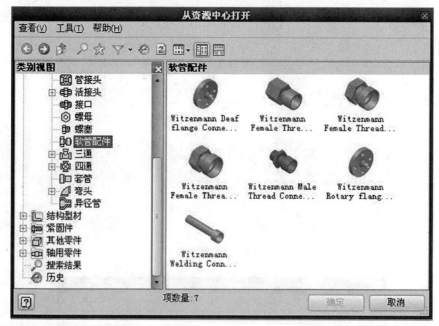

图 1-47 "从资源中心打开"对话框

图 1-48 调整打开的零部件

第 2 章　草图绘制

教学要求

- 了解草图绘制的基本概念和功能。
- 学会使用基本的草图绘制。
- 学会草图尺寸的标注方法。
- 掌握草图约束的种类和使用方法。
- 掌握草图工具的种类和使用方法。

2.1　草图的基本概念

2.1.1　绘制草图的参考面

每个零件和部件文件均具有参考平面,它们是相交于坐标系原点处的隐藏的工作平面。工作平面和中心点列在浏览器的"原始坐标系"的下一级选项中,如图2-1所示。用户可以选择其中任一工作平面来绘制草图。

用户可以在参考平面感已有特征面的基础上生成工作平面,并在新的工作平面上绘制草图。步骤如下所述。

① 单击功能区"模型"选项卡"定位特征"面板的"平面"按钮,如图2-2所示。单击浏览器"原始坐标系"图标下的"XZ平面"选项。图形窗口中显示XZ平面被选中,如图2-3所示。

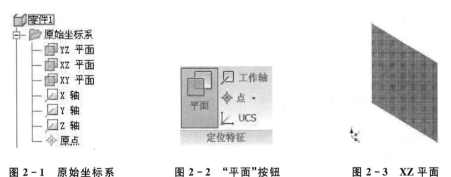

图 2-1　原始坐标系　　　图 2-2　"平面"按钮　　　图 2-3　XZ 平面

② 拖动 XZ 平面平移,生成新平面并弹出"偏移"文本框,如图2-4所示,输入偏移数值 14.000 mm 即为新平面与 XZ 平面之间的距离,得到所需平面。

③ 浏览器中显示"工作平面1"图标,如图2-5所示。选中后再单击图标,用户可以自定义新平面的名称。双击图标,弹出"偏移"文本框,供用户编辑修改。

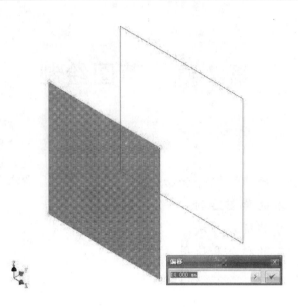

图 2-4　新平面和"偏移"文本框

④ 用户在已有特征面上绘制草图平面。如图 2-6 所示,圆柱体底面作为绘制草图的平面。

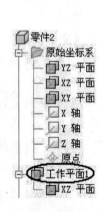

图 2-5　浏览器中的新平面图标

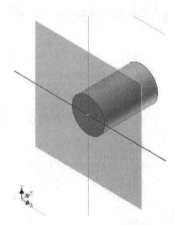

图 2-6　实体面作为草图参考面

2.1.2　绘制草图的基本步骤

① 单击功能区"模型"选项卡"草图"面板的"创建二维草图"按钮,如图 2-7 所示,单击选定要绘制草图的平面。图形窗口显示草图界面。

② 功能区新增"草图"选项卡,如图 2-8 所示。"草图"选项卡包含"绘图"、"约束"、"阵列"、"修改"、"布局"、"插入"和"格式"等选项面板。"草图"选项卡包括绘制草图所需的所有命令。

图 2-7　"创建二维草图"按钮

图 2-8　"草图"选项卡

　　③ 绘图完成后,单击"完成草图"按钮(如图 2-9 所示),或单击快速访问工具栏的"返回"按钮(如图 2-10 所示),退出绘制草图状态。

图 2-9　"完成草图"按钮

图 2-10　"返回"按钮

2.2　草图绘制

2.2.1　直线和相切弧

　　① 单击功能区"草图"选项卡"绘制"面板的"直线"按钮,如图 2-11 所示,开始创建直线。
　　② 创建直线,如图 2-12 所示。在图形窗口中单击确定直线的起点。再次单击,设置第二个点,以结束直线段。继续单击以创建连续的线段,或双击以结束线段的绘制。

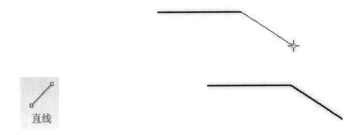

图 2-11　"直线"按钮　　　　　　　图 2-12　创建直线

　　③ 若要创建相切弧,单击已经创建的直线或圆弧的端点并按住鼠标左键,然后拖动以预览圆弧。释放鼠标左键以结束圆弧绘制。继续单击以创建连续的线段或圆弧,或双击以结束绘制。
　　④ 单击"撤消"按钮以按相反顺序每次删除一条线段和圆弧。按 ESC 键或单击其他选项,退出创建线和相切弧。

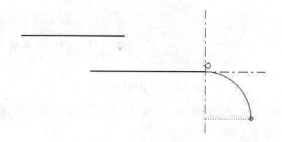

图 2-13　创建相切弧

2.2.2　圆

① 单击功能区"草图"选项卡"绘制"面板的"圆"按钮,开始创建圆。"圆"命令包括"圆心圆"命令和"相切圆"命令,如图 2-14 和图 2-15 所示。

图 2-14　"圆心圆"命令　　　　　　　　图 2-15　"相切圆"命令

② 创建圆心圆,如图 2-16 所示。在图形窗口中单击以设置圆心。移动鼠标预览圆半径,然后单击以确定圆。

③ 创建相切圆,如图 2-17 所示。单击一条直线设置圆的第一条切线。单击另一条直线设置第二条切线。将光标移至第三条直线上方,以预览此圆。单击第三条直线,创建与三条直线都相切的圆。

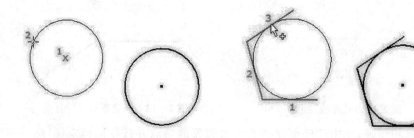

图 2-16　创建圆心圆　　　　　　　　图 2-17　创建相切圆

2.2.3　圆　弧

① 单击功能区"草图"选项卡"绘制"面板的"圆弧"按钮,开始创建圆弧。"圆弧"命令包括"三点圆弧"命令、"相切圆弧"命令和"中心点圆弧"命令,分别如图 2-18、图 2-19 和图 2-20 所示。

图 2 - 18　"三点圆弧"命令　　图 2 - 19　"相切圆弧"命令　　图 2 - 20　"中心点圆弧"命令

② 创建三点圆弧,如图 2 - 21 所示。在图形窗口中单击以创建圆弧起点。移动光标并单击以设置圆弧终点。移动光标以预览圆弧方向,然后单击以设置圆弧上一点。

③ 创建相切圆弧,如图 2 - 22 所示。将光标移动到曲线上,以便亮显其端点。在曲线端点附近单击以便从亮显端点处开始画圆弧。移动光标预览圆弧并单击以设置其端点。

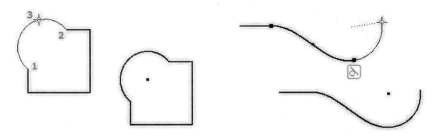

图 2 - 21　创建三点圆弧　　　　　　　图 2 - 22　创建相切圆弧

④ 创建中心点圆弧,如图 2 - 23 所示。在图形窗口中单击以创建圆弧中心点。单击以设置圆弧的半径和起点。移动光标预览圆弧方向,然后单击以设置圆弧终点。

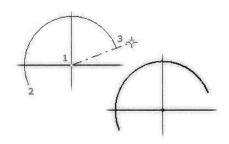

图 2 - 23　创建中心点圆弧

2.2.4　矩　形

① 单击功能区"草图"选项卡"绘制"面板的"矩形"按钮,开始创建矩形。"矩形"命令包括"两点矩形"命令和"三点矩形"命令,分别如图 2 - 24 和图 2 - 25 所示。

图 2 - 24　"两点矩形"命令　　　　　图 2 - 25　"三点矩形"命令

② 创建两点矩形,如图 2-26 所示。在图形窗口中单击以设定第一个角点。沿对角移动光标,然后单击设定第二点。

③ 创建三点矩形,如图 2-27 所示。在图形窗口中单击以设定第一个角点。移动光标,单击设定第一条边的长度和方向。移动光标,单击设定相邻边的长度。

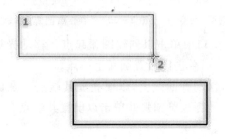
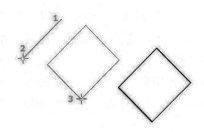

图 2-26　创建两点矩形　　　　　图 2-27　创建三点矩形

2.2.5　样条曲线

① 单击功能区"草图"选项卡"绘制"面板的"样条曲线"按钮,开始创建样条曲线,如图 2-28 所示。

② 创建样条曲线,如图 2-29 所示。在图形窗口中,单击以设定第一个点或选择现有的点。继续单击,在样条曲线上创建更多点。双击样条曲线的最后一个点,或右击通过右键快捷菜单选择"创建"选项来结束样条曲线。如果合适,请单击以开始另一条样条曲线,或右击通过右键快捷菜单选择"完成"选项退出该命令。

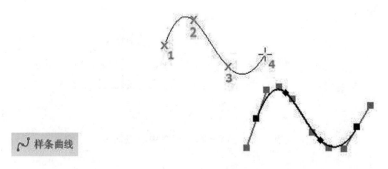

图 2-28　"样条曲线"按钮　　　　图 2-29　创建样条曲线

2.2.6　椭　圆

① 单击功能区"草图"选项卡"绘制"面板的"椭圆"按钮,开始创建椭圆,如图 2-30 所示。

② 创建椭圆,如图 2-31 所示。在图形窗口中,单击以创建椭圆中心点。沿第一条轴的方向移动光标,该轴由中心线表示。单击以设置此轴的方向和长度。移动光标预览第二个轴的长度,然后单击以创建椭圆。

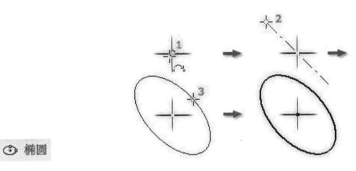

图 2-30 "椭圆"按钮   图 2-31 创建椭圆

2.2.7 点

① 单击功能区"草图"选项卡"绘制"面板的"点"按钮,开始创建点,如图 2-32 所示。

② 创建点,如图 2-33 所示。在图形窗口中单击以放置点。使用"草图"选项卡的"格式"面板上的"中心点"命令,在创建草图点和中心点之间切换。若要将点约束到现有几何图元,请将光标移至该几何图元上,然后在光标上出现重合符号时单击。

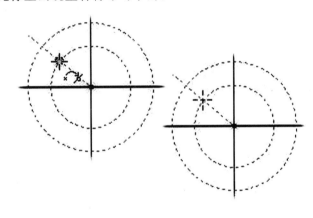

图 2-32 "点"按钮   图 2-33 创建点

2.2.8 多边形

① 单击功能区"草图"选项卡"绘制"面板的"多边形"按钮,开始创建多边形,如图 2-34 所示。

② 创建多边形,如图 2-35 所示。在"多边形"对话框中,选择"内接"选项⊙或"外接"选项⊙,指定边数,单击多边形的中心,拖动以确定多边形的大小。

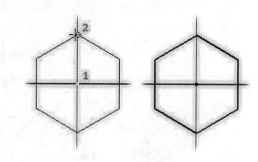

图 2-34　"多边形"按钮　　　　　　　图 2-35　创建多边形

2.2.9　圆　角

① 单击功能区"草图"选项卡"绘制"面板的"圆角"按钮,开始创建圆角,如图 2-36 所示。

② 创建圆角,如图 2-37 所示。单击要添加圆角的直线,在"二维圆角"对话框中输入圆角半径以完成圆角,将光标移到两直线共享的端点处预览圆角。

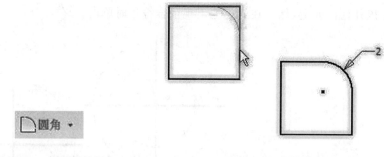

图 2-36　"圆角"按钮　　　　　　　　图 2-37　创建圆角

2.2.10　倒　角

① 单击功能区"草图"选项卡"绘制"面板的"倒角"按钮,开始创建倒角,如图 2-38 所示。

② 创建倒角,如图 2-39 所示。选择"创建尺寸"选项 🔲 添加倒角尺寸标注,选择倒角类型并输入数值。

③ 单击"等距离"按钮 🔲,输入偏移距离。

④ 单击"两距离"按钮 🔲,输入距离 1 和距离 2。

⑤ 单击"距离和角度"按钮 🔲,输入偏移距离和角度。

⑥ 最后单击要倒角的直线,完成创建倒角。

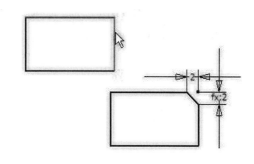

图 2-38　"倒角"按钮　　　　　　　　　　图 2-39　创建倒角

2.2.11　文本和几何图元文本

① 单击功能区"草图"选项卡"绘制"面板的"文本"按钮,开始创建文本,如图 2-40 所示。单击"几何图元文本"按钮,如图 2-41 所示。

② 创建文本,如图 2-42 所示。在图形窗口中,单击以确定文本框的插入点或拖动鼠标以定义文本框的区域。在"文本格式"对话框的文本框中输入文本,如图 2-43 所示。可以使用该对话框中的选项来添加符号和命名的参数,或者修改文本格式。

图 2-40　"文本"按钮 　　　　　　图 2-41　"几何图元文本"按钮 　　　　　　图 2-42　创建文本

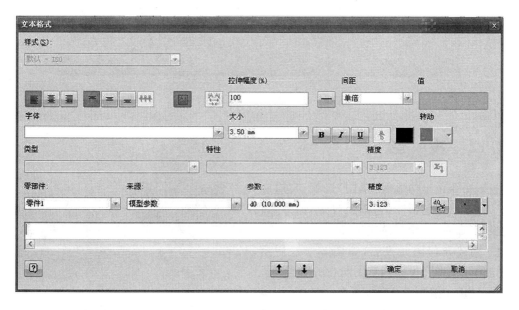

图 2-43　"文本格式"对话框

③ 创建几何图元文本,如图 2-44 所示。在图形窗口中,选择文本与之对齐的几何图元。直线、圆弧和圆都是有效的几何图元。在"几何图元文本"对话框的文本框中输入文本,如图 2-45 所示。可以使用对话框中的选项更改文本方向、格式和字体属性,并可以添加符号。

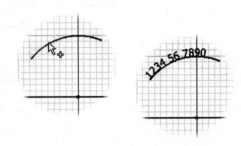

图 2-44   创建几何图元文本

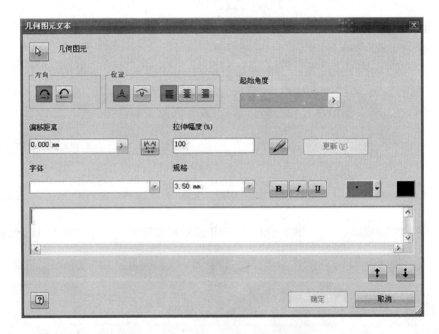

图 2-45   "几何图元文本"对话框

2.2.12 投 影

投影命令位于功能区"草图"选项卡"绘制"面板。投影命令包括"几何图元投影"命令、"切割边投影"命令和"展开模式投影"命令。

① 创建几何图元投影,如图 2-46 所示。将选定的几何图元投影到草图所在的平面。

② 创建切割边投影,如图 2-47 所示。将选定几何实体与草图平面的相交线投影到草图

图 2-46   创建几何图元投影

所在的平面。

　③ 创建展开模式投影,如图 2-48 所示。选择一个或多个曲面,投影到草图所在的平面。被投影的曲面应符合通过折弯连接到草图平面,并且位于草图平面同侧。

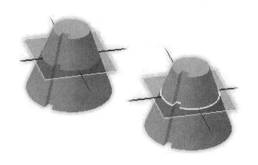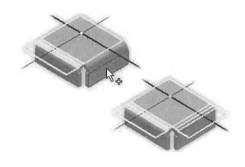

图 2-47　创建切割边投影　　　　　图 2-48　创建展开模式投影

2.3　草图尺寸标注

2.3.1　长　度

　"尺寸"命令位于功能区"草图"选项卡"约束"面板,如图 2-49 所示。单击"尺寸"按钮,创建尺寸标注。

　标注长度,如图 2-50 所示。在图形窗口中,单击几何图元并拖动以显示长度或在点与点、线与线或线与点之间标注线性尺寸,单击指定位置,放置长度标注。

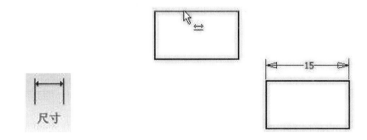

图 2-49　"尺寸"命令　　　　　图 2-50　标注长度

2.3.2　角　度

　标注角度,如图 2-51 所示。在图形窗口中,选择两条线或顺序选择三点,拖动光标以显示角度。单击指定位置,放置角度标注。

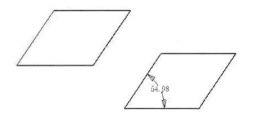

图 2-51　标注角度

2.3.3　直径和半径

标注直径和半径,分别如图2-52和图2-53所示。在图形窗口中,单击选中圆弧或圆后右击,在弹出的右键快捷菜单中选择"直径"或"半径"选项。拖动光标显示标注,单击左键放置。

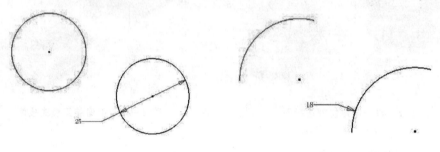

图2-52　标注直径　　　　　　　　　　　图2-53　标注半径

2.3.4　弦　长

标注弦长,如图2-54所示。在图形窗口中,分别单击选中圆弧的起点和终点后右击,在弹出的右键快捷菜单中选择"对齐"选项。拖动光标显示标注,单击左键放置。

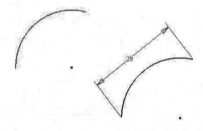

图2-54　标注弦长

2.3.5　自动标注尺寸

自动标注尺寸,如图2-55所示。使用"尺寸"命令仅添加所需的尺寸,然后使用"自动标

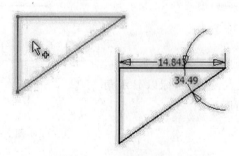

图2-55　自动标注尺寸

注尺寸"命令⊢来标注所有其他草图尺寸。Autodesk Inventor 将记住分别由用户添加和系统计算得到的尺寸,以防止用户所需的特定值被自动添加的尺寸替代。

2.4 草图约束

2.4.1 重 合

"重合约束"命令位于功能区"草图"选项卡"约束"面板。单击"重合约束"按钮⌐,或在图形窗口中右键,在弹出的右键快捷菜单中选择"创建约束"→"重合约束"选项。单击要约束的点和要向其约束的几何图元,创建重合约束,如图 2-56 所示。

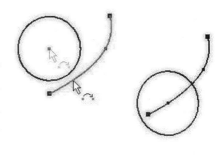

图 2-56 重合约束

2.4.2 共 线

"共线约束"命令位于功能区"草图"选项卡"约束"面板。单击"共线约束"按钮✕,或在图形窗口中右击,在弹出的右键菜单中选择"创建约束"→"共线约束"选项。单击要约束的两条直线,创建共线约束,如图 2-57 所示。

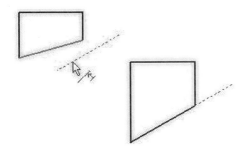

图 2-57 共线约束

2.4.3 同 心

"同心约束"命令位于功能区"草图"选项卡"约束"面板。单击"同心约束"按钮◎,或在图形窗口中右击,在弹出的右键快捷菜单中选择"创建约束"→"同心约束"选项。单击要约束的两个圆弧、圆或椭圆,使其同心,如图 2-58 所示。

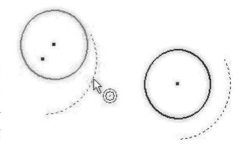

图 2-58 同心约束

2.4.4 固 定

"固定约束"命令位于功能区"草图"选项卡"约束"面板。单击"固定约束"按钮🔒,或在图形窗口中右击,在弹出的右键快捷菜单中选择"创建约束"→"固定约束"选项。固定约束会将点和曲线固定在相对于草图坐标系的某个位置。如果移动或旋转草图坐标系,固定的曲线或点就会随之移动,如图 2-59 所示。

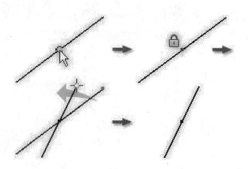

图 2-59　固定约束

2.4.5　平　行

　　"平行约束"命令位于功能区"草图"选项卡"约束"面板。单击"平行约束"按钮 ⊘ ,或在图形窗口中右击,在弹出的右键快捷菜单中选择"创建约束"→"平行约束"选项。单击要约束的两条直线,创建平行约束,如图 2-60 所示。

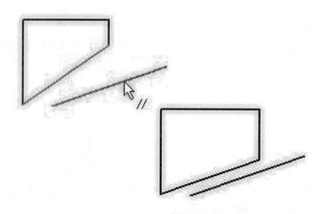

图 2-60　平行约束

2.4.6　垂　直

　　"垂直约束"命令位于功能区"草图"选项卡"约束"面板。单击"垂直约束"按钮 ⊾ ,或在图形窗口中右击,在弹出的右键快捷菜单中选择"创建约束"→"垂直约束"选项。单击要约束的两条直线,创建垂直约束,如图 2-61 所示。

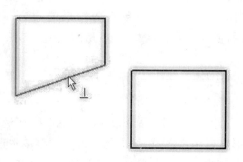

图 2-61　垂直约束

2.4.7　水　平

"水平约束"命令位于功能区"草图"选项卡"约束"面板。单击"水平约束"按钮▦，或在图形窗口中右击，在弹出的右键快捷菜单中选择"创建约束"→"水平约束"选项。水平约束可使直线平行于 X 轴或使所选的多个点具有相同的 Y 坐标。单击要约束的直线或选取多个点，创建水平约束，如图 2-62 所示。

图 2-62　水平约束

2.4.8　竖　直

"竖直约束"命令位于功能区"草图"选项卡"约束"面板。单击"竖直约束"按钮▯，或在图形窗口中右击，在弹出的右键快捷菜单中选择"创建约束"→"竖直约束"选项。竖直约束可使直线平行于 Y 轴或使所选的多个点具有相同的 X 坐标。单击要约束的直线或选取多个点，创建竖直约束，如图 2-63 所示。

图 2-63　竖直约束

2.4.9　相　切

"相切约束"命令位于功能区"草图"选项卡"约束"面板。单击"相切"按钮◌，或在图形窗口中右击，在弹出的右键快捷菜单中选择"创建约束"→"相切"选项。单击直线、圆或圆弧和另一条圆或圆弧，创建相切约束，如图 2-64 所示。

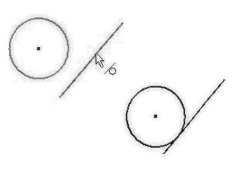

图 2-64　相切约束

2.4.10　平　滑

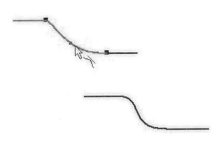

"平滑约束"命令位于功能区"草图"选项卡"约束"面板。单击"平滑"按钮▨，或在图形窗口中右击，在弹出的右键快捷菜单中选择"创建约束"→"平滑"选项。在样条曲线和其他曲线（例如线、圆弧或样条曲线）之间创建曲率连续，如图 2-65 所示。

图 2-65　平滑约束

2.4.11 对　称

"对称约束"命令位于功能区"草图"选项卡"约
束"面板。单击"对称"按钮 ⊞，或在图形窗口中右
击，在弹出的右键快捷菜单中选择"创建约束"→
"对称"选项。分别单击两个草图元素，再单击对称
线。之前的两个草图元素将根据对称直线对称分
布，如图 2 - 66 所示。

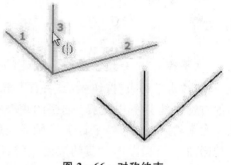

图 2 - 66　对称约束

2.4.12 等　长

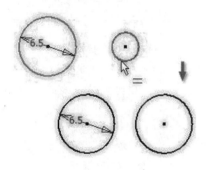

图 2 - 67　等长约束

"等长约束"命令位于功能区"草图"选项卡"约束"面
板。单击"等长"按钮 ＝，或在图形窗口中右击，在弹出的
右键快捷菜单中选择"创建约束"→"等长"选项。等长约
束使选定圆和圆弧的半径相同，选定直线的长度相同。
单击第一个圆、圆弧或直线。单击同类型的第二条曲线，
使两条曲线等长。如果第一次选择的曲线是直线，则之
后只能选择直线。如果第一次选择的曲线是圆弧或圆，
则之后只能选择圆弧和圆，如图 2 - 67 所示。

2.4.13 自动标注尺寸

"自动标注尺寸"命令 ▣ 可对所选择的草图几何图元自动添加缺少的尺寸和约束。单击
按钮后弹出"自动标注尺寸"对话框，如图 2 - 68 所示。

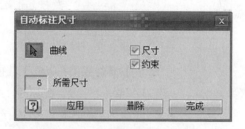

图 2 - 68　"自动标注尺寸"对话框

"自动标注尺寸"对话框会显示完全约束草图所需的尺寸数量 [6 所需尺寸]。接受默认设置
以添加"尺寸"复选项 ☑尺寸 和"约束"复选项 ☑约束，或者清除复选标记从自动标注尺寸中排
除。单击"曲线"按钮 ▨ 曲线，然后分别选择几何图元。单击"应用"向所选的几何图元添加尺
寸。如果需要，则可以选择一个或多个尺寸，然后单击"删除"按钮。完成后，单击"结束"选项。

2.4.14　显示、推断和继承

①"显示约束"命令🔲。使用"显示约束"命令显示或隐藏用于选定几何图元的约束,如图 2-69 所示。若要删除约束,单击以选择约束图示符,然后按 Delete 键(或右击,在弹出的右键快捷菜单中选择"删除"选项)。若要隐藏特定的约束图示符,请在该图示符上右击,在弹出的右键快捷菜单中选择"隐藏"选项。

②"约束推断"命令◻。"约束推断"可以根据绘制的图形元素提示用户添加相应的约束,如图 2-70 所示。

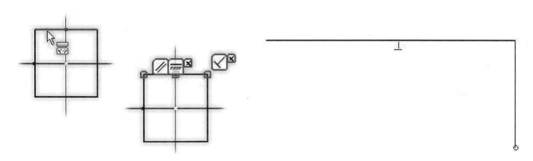

图 2-69　显示约束　　　　　　　　　　图 2-70　约束推断

③"约束继承"命令◻。启动命令后,自动添加"约束推断"提示的约束。如果关闭"约束推断"选项则自动禁用"约束继承",但是在关闭"约束继承"时可启用"约束推断"选项。

2.5　草图工具

2.5.1　矩形阵列

"矩形阵列"命令位于功能区"草图"选项卡"阵列"面板。用户可以将草图几何图元按相同间距阵列排布,如图 2-71 所示。

① 单击"矩形阵列"按钮 矩形,弹出"矩形阵列"对话框,如图 2-72 所示。

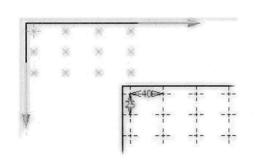

图 2-71　矩形阵列

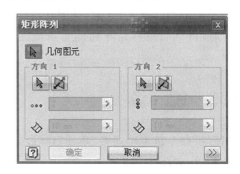

图 2-72　"矩形阵列"对话框

② 单击"几何图元"按钮 ![几何图元]，选择要阵列的草图几何图元。单击"方向1"按钮 ![]，选择参考直线，定义几何图元阵列的第一个方向。在"数量"框中，指定阵列中元素的数量。在"间距"框中，指定元素之间的间距。单击"方向2"按钮 ![]，选择几何图元定义阵列的第二个方向，然后指定"数量"和"间距"数值。

③ 单击"更多"按钮 ![>>]，对话框展开，出现新的选项。单击"抑制"选项选择各个阵列元素，该几何图元将被转换为构造几何图元，以将其从阵列中删除。单击"关联"选项以指定更改零件时更新阵列。单击"范围"选项，以指定阵列元素均匀分布在指定间距范围内。如果选中此选项，则阵列间距将是阵列的总间距而不是每个元素之间的间距。单击"确定"按钮创建阵列。

2.5.2 环形阵列

"环形阵列"命令位于功能区"草图"选项卡"阵列"面板。用户可以将草图几何图元按点或轴以相同间距阵列排布，如图2-73所示。

① 单击"环形阵列"按钮 ![环形]，弹出"环形阵列"对话框，如图2-74所示。

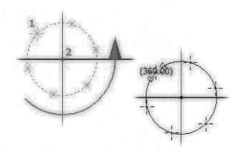

图2-73 环形阵列   图2-74 "环形阵列"对话框

② 单击"几何图元"按钮 ![几何图元]，选择要阵列的草图几何图元。单击"旋转轴"按钮 ![]，选择点、顶点或工作轴作为阵列轴。在"数量"框中，指定阵列中元素的数量。在"角度"框中，指定环形之间的角度。

③ 单击"更多"按钮 ![>>]，对话框展开，出现新的选项。单击"抑制"选项选择各个阵列元素，该几何图元将被转换为构造几何图元，以将其从阵列中删除。单击"关联"选项以指定更改零件时更新阵列。单击"范围"选项，以指定阵列元素均匀分布在指定角度范围内。如果选中此选项，则阵列间距将是阵列的总角度而不是每个元素之间的角度。单击"确定"按钮创建阵列。

2.5.3 镜 像

"镜像"命令位于功能区"草图"选项卡"阵列"面板。用户可以做相对于中心线的草图几何图元的镜像，如图2-75所示。

① 单击"镜像"按钮 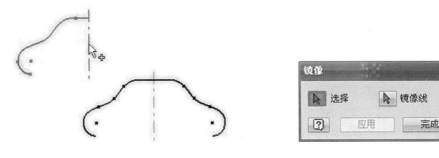 ，弹出"镜像"对话框，如图 2 - 76 所示。

图 2 - 75　镜　像　　　　　　　　　　　　图 2 - 76　"镜像"对话框

　　单击"选择"按钮 ，选择要镜像的草图几何图元。单击"镜像线"按钮 ，选择直线或构造线作为镜像线。单击"应用"按钮创建镜像。草图几何图元会将镜像线作为镜像轴进行镜像。相等约束自动应用到镜像的双方，但在镜像完毕后，用户可以删除或编辑某些线段，而同时其余的线段仍然保持对称。

2.5.4　移　动

　　"移动"命令位于功能区"草图"选项卡"修改"面板。用户可以移动选定的草图几何图元或该几何图元的副本，如图 2 - 77 所示。

　　① 单击"移动"按钮 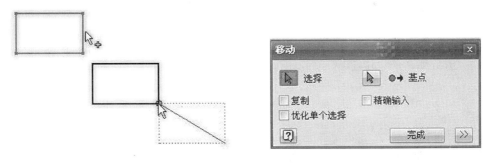 ，弹出"移动"对话框，如图 2 - 78 所示。

图 2 - 77　移　动　　　　　　　　　　　　图 2 - 78　"移动"对话框

　　② 单击"选择"按钮 ，选择要移动的草图几何图元。选中"复制"复选框以移动副本，并保持原始几何图元位置不变。单击"基点"按钮 (如果选择基点之前只需选择一个几何图元，则使用"优化单个选择"功能。激活该选项后，"基点选择"按钮将在进行了第一个几何图元选择后自动按下)，在图形窗口中单击以设置基点。也可以输入基点的精确坐标，选中"精确输入"复选框，在"精确输入"工具栏中输入坐标，并按 Enter 键。设置基点后，将开始动态预览。

　　③ 在图形窗口中拖动指针以移动几何图元。无须按住鼠标按键。选定的几何图元将在通过基点定义确定的偏移处跟踪指针。动态预览将以虚线显示原始几何图元，以实线显示移动后的几何图元。

④ 单击"更多"按钮 ≫ ,对话框展开,出现新的选项。利用"释放尺寸约束"和"打断几何约束"选项可以设置移动草图图元时放宽尺寸约束或断开几何约束。

2.5.5 修 剪

"修剪"命令位于功能区"草图"选项卡"修改"面板。用户可以修剪曲线或删除曲线段,如图 2-79 所示。

① 单击"修剪"按钮 ✂ 修剪 ,在图形窗口中,在曲线上停留光标以预览修剪,然后单击曲线完成操作。预览时,显示的虚线为剪切部分,实线为保留部分。

② 当剪切部分包含多线段时,预览无法显示所要剪切的完整部分。此时按住 Ctrl 键,并注意状态栏或动态提示将提示您"选择用于修剪的几何图元"。选择第一个边界几何图元。松开 Ctrl 键。若要仅选择一个边界几何图元,可通过右键快捷菜单选择"继续"选项。否则,选择第二个边界几何图元。在图形窗口中,在曲线上停留光标以预览修剪,然后单击曲线完成操作,如图 2-80 所示。

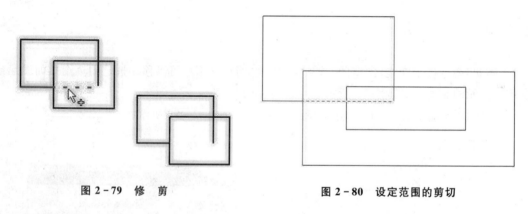

图 2-79 修 剪　　　　　　　　图 2-80 设定范围的剪切

2.5.6 缩 放

"缩放"命令位于功能区"草图"选项卡"修改"面板。用户可以缩放曲线或删除曲线段,如图 2-81 所示。

① 单击"缩放"按钮 □ 缩放 ,弹出"缩放"对话框,如图 2-82 所示。

② 单击"选择"按钮 ▶ 选择 ,选择要缩放的草图几何图元。单击"基点"按钮 ▶ ⊕→ 基点 (如果选择基点之前只需选择一个几何图元,则使用"优化单个选择"功能。激活该选项后,"基点选择"按钮将在进行了第一个几何图元选择后自动按下),在图形窗口中单击以设置基点。也可以输入基点的精确坐标,选中"精确输入"复选框,在"精确输入"文本框中输入坐标,并按Enter 键。设置基点后,将开始动态预览,"比例系数"文本框中的系数将动态变化。在图形窗口中拖动指针或在"比例系数"文本框中输入比例系数以缩放几何图元。单击"应用"按钮完成几何图元的缩放。

③ 单击"更多"按钮 ≫，对话框展开，出现新的选项。利用"释放尺寸约束"和"打断几何约束"选项可以设置移动草图图元时放宽尺寸约束或断开几何约束。

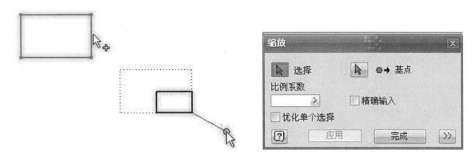

图 2-81　缩　放　　　　　　　　　　图 2-82　"缩放"对话框

2.5.7　复　制

"复制"命令位于功能区"草图"选项卡"修改"面板。用户可以复制选定的几何图元并在草图中放置一个或多个实例，如图 2-83 所示。

① 单击"复制"按钮 ☐⁀ 复制，弹出"复制"对话框，如图 2-84 所示。

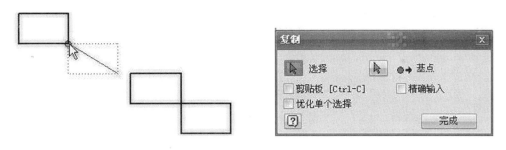

图 2-83　复　制　　　　　　　　　　图 2-84　"复制"对话框

② 单击"选择"按钮 ☐ 选择，选择要复制的草图几何图元。单击"基点"按钮 ☐ ●→ 基点（如果选择基点之前只需选择一个几何图元，则使用"优化单个选择"功能。激活该选项后，"基点选择"按钮将在进行了第一个几何图元选择后自动按下），在图形窗口中单击以设置基点。也可以输入基点的精确坐标，选中"精确输入"复选框，在"精确输入"文本框中输入坐标，并按Enter 键。设置基点后，将开始动态预览。激活"剪贴板"选项后，可以保存选定几何图元的临时副本以粘贴到草图中。单击"应用"按钮完成几何图元的复制。

2.5.8　延　伸

"延伸"命令位于功能区"草图"选项卡"修改"面板。用户可以延伸直线或曲线，如图2-85 所示。

① 单击"延伸"按钮 ⁻↑ 延伸，在图形窗口中，在曲线上停留光标以预览延伸，然后单击直线或曲线完成操作。预览时，显示的实线为延伸部分。

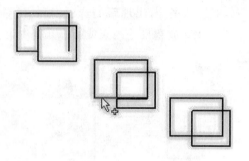

图 2-85 延 伸

② 当延伸部分包含多线段时,预览无法显示所要延伸的完整部分。此时按住 Ctrl 键,并注意状态栏或动态提示将提示用户"选择要延伸到的几何图元"。选择边界几何图元,松开 Ctrl 键。在图形窗口中,在曲线上停留光标以预览延伸,然后单击曲线完成操作,如图 2-86 所示。

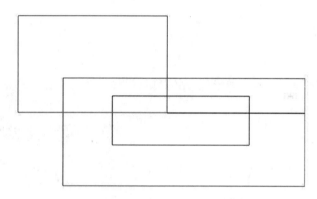

图 2-86 设定范围的延伸

2.5.9 拉 伸

"拉伸"命令位于功能区"草图"选项卡"修改"面板。用户可以拉伸选定的几何图元,如图 2-87 所示。

① 单击"拉伸"按钮 ,弹出"拉伸"对话框,如图 2-88 所示。

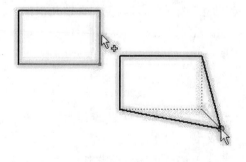

图 2-87 拉 伸

图 2-88 "拉伸"对话框

② 单击"选择"按钮 ▶ 选择,选择要拉伸的草图几何图元。单击"基点"按钮 ▶ ●→ 基点
(如果选择基点之前只需选择一个几何图元,则使用"优化单个选择"功能。激活该选项后,"基
点选择"按钮将在进行了第一个几何图元选择后自动按下),在图形窗口中单击以设置基点。
也可以输入基点的精确坐标,选中"精确输入"复选框,在"精确输入"文本框中输入坐标,并按
Enter 键。设置基点后,将开始动态预览。单击"应用"按钮完成几何图元的拉伸。

③ 单击"更多"按钮 ≫ ,对话框展开,出现新的选项。利用"释放尺寸约束"和"打断几何
约束"选项可以设置移动草图图元时放宽尺寸约束或断开几何约束。

2.5.10 旋 转

"旋转"命令位于功能区"草图"选项卡"修改"面板。用户可以旋转选定的几何图元,如
图2-89所示。

① 单击"旋转"按钮 ○ 旋转 ,弹出"旋转"对话框,如图 2-90 所示。

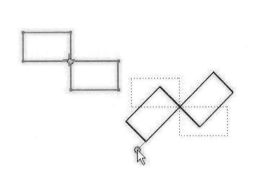

图 2-89 旋 转

图 2-90 "旋转"对话框

② 单击"选择"按钮 ▶ 选择,选择要旋转的草图几何图元。单击"中心点选择"按钮 ▶ 选择
(如果选择中心点之前只需选择一个几何图元,则使用"优化单个选择"功能。激活该选项后,
"中心点选择"按钮将在进行了第一个几何图元选择后自动按下),在图形窗口中单击以设置中
心点。也可以输入中心点的精确坐标,选中"精确输入"复选框,在"精确输入"文本框中输入坐
标,并按 Enter 键。设置中心点后,将开始动态预览。在图形窗口中拖动指针或在"角度"工具
栏中输入旋转角度以旋转几何图元。选中"复制"选项,所选几何图元生成副本,并按指定的角
度放置,原几何图元保持不变。单击"应用"按钮完成几何图元的旋转。

③ 单击"更多"按钮 ≫ ,对话框展开,出现新的选项。利用"释放尺寸约束"和"打断几何
约束"选项可以设置移动草图图元时放宽尺寸约束或断开几何约束。

2.5.11　分　割

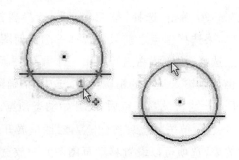

图 2-91　分　割

"分割"命令位于功能区"草图"选项卡"修改"面板。用户可以将几何图元分割为两个或更多部分，如图 2-91 所示。

单击"分割"按钮 分割，在图形窗口中，在曲线上停留光标以预览分割，然后单击直线或曲线完成操作。预览时，根据显示的分割点将几何图元分割。

2.5.12　偏　移

"偏移"命令位于功能区"草图"选项卡"修改"面板。用户可以复制选定的草图几何图元，并将其放置在相对原几何图元偏移一定距离的位置，如图 2-92 所示。

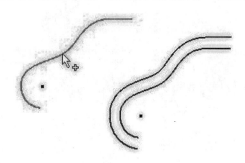

图 2-92　偏　移

单击"偏移"按钮 偏移，单击要偏移的几何图元，在要放置偏移几何图元的方向上移动光标，然后单击以创建新几何图元。使用"尺寸"命令来设定偏移距离。

默认情况下，偏移几何图元与原几何图元有等距约束。通过取消右键快捷菜单中"约束偏移量"复选框的选中状态，就可以忽略等距约束。默认设置是自动选择回路。通过取消右键快捷菜单中"选择回路"上的复选框的选中状态，就可以偏移一个或多个独立曲线。

2.6　草图布局

2.6.1　生成零件

"生成零件"命令位于功能区"草图"选项卡"布局"面板。用户可以通过草图直接生成单个零件，如图 2-93 所示。

① 单击"生成零件"按钮 生成零件，弹出"生成零件"对话框，如图 2-94 所示。

② 按照草图布局，将草图选定对象衍生出新零件。"衍生样式"选项用于设定新零件中实体的组

图 2-93　生成零件

合方式，"状态选择框"选项用于选择新零件所需的组成部分，用户可以设定新零件的名称、模板和保存位置等信息。选中"在目标部件中放置零件"选项，并指定目标部件位置后，系统将自动生成的新零件并插入指定的部件。

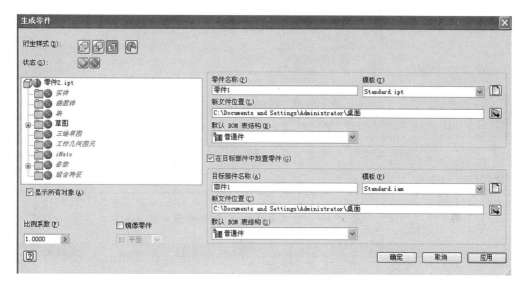

图 2 - 94　"生成零件"对话框

2.6.2　生成零部件

"生成零部件"命令位于功能区"草图"选项卡"布局"面板。选择草图块或实体生成零部件，如图 2 - 95 所示。

① 单击"生成零部件"按钮 生成零部件，弹出"生成零部件：选择"对话框，如图 2 - 96 所示。

② 单击"选择"按钮 选择草图块，对话框浏览器中将显示所选项目。在对话框浏览器中选择项目，并单击"从选择中删除"按钮以删除所选项目。用户可以设定新零部件的名称、模板和保存位置等信息。选中"在目标部件中放置零件"选项，并指定目标部件位置后，系统将自动生成的新零件插入指定的部件。

图 2 - 95　生成零部件

③ 单击"下一步"按钮打开"生成零部件：块"对话框，如图 2 - 97 所示。

④ "生成零部件：块"对话框中显示了之前选择草图块的信息。用户通过"零部件位置选项"确定置于目标部件上的装配约束。"创建等效的装配约束"选项将块实例之间的草图约束转换为父部件中的零部件实例之间的等效装配约束。"约束到布局平面"选项实现约束部件实例平行于布局草图移动。单击"确定"按钮完成操作。

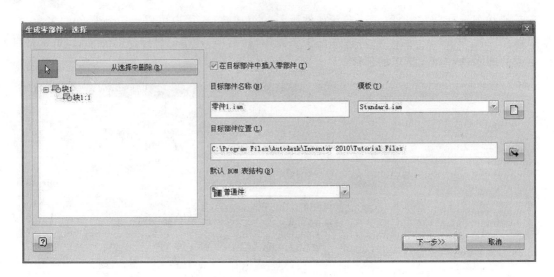

图 2 - 96 "生成零部件:选择"对话框

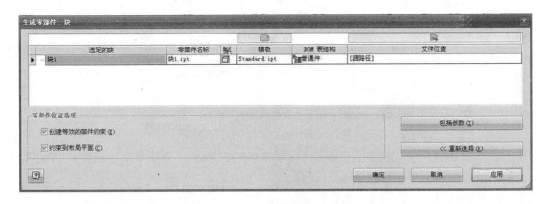

图 2 - 97 "生成零部件:块"对话框

2.6.3 创建块

"创建块"命令位于功能区"草图"选项卡"布局"面板。用户可以根据二维零件草图中的草图几何图元创建草图块,如图 2 - 98 所示。

① 单击"创建块"按钮 ![创建块] ,弹出"创建块"对话框,如图 2 - 99 所示。

② 单击"选择几何图元"按钮 ![选择] ,在草图中选择所需的几何图元。单击"选择插入点"按钮 ![选择] ,选择一个点。放置草图块实例时,系统会在放置之前将鼠标指针连接到插入块。该点默认为块几何图元的质心。用户可以选择显示或隐藏插入点。

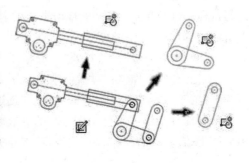

图 2 - 98 创建块

图 2 - 99　"创建块"对话框

③ 创建的块将包含名称和描述。用户既可以自己定义名称和描述,也可以接受默认值。块名称显示在浏览器中的"块"文件夹下。该名称还会显示在浏览器中存在实例的所有位置,并且后面跟有冒号和实例编号。例如,如果定义了一个名称为"块 1"的块并将其放置在"草图 1"中,则该"草图 1"实例的名称为"块 1:1",如图 2 - 100 所示。

图 2 - 100　浏览器中的草图块

2.7　草图插入

2.7.1　图　像

"插入图像"命令位于功能区"草图"选项卡"插入"面板。用户可以将图形文件插入草图。单击"插入图像"按钮　图像,弹出"打开"对话框,如图 2 - 101 所示。用户可选择图片、表格或文档文件插入草图。

图 2-101 "打开"对话框(插入图像)

2.7.2 点

"插入点"命令位于功能区"草图"选项卡"插入"面板。用户可以将点从 Microsoft Excel 电子表格导入到二维草图、三维草图或工程图草图,如图 2-102 所示。

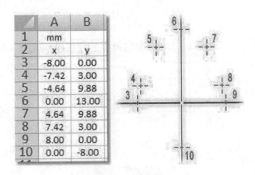

图 2-102 插入点

单击"插入点"按钮 ⬚点,弹出"打开"对话框,如图 2-103 所示。选择 Microsoft Excel 电子表格,根据对应的坐标生成点插入草图。

如果电子表格包含 Z 轴值,则仅将 X 和 Y 值导入到二维草图。导入点所需的格式为:点表格必须为文件中的第一个工作表。表格始终从单元 A1 开始。如果第一个单元(A1)包含度量单位,则将其应用于电子表格中的所有点。如果未指定单位,则使用默认的文件单位。必须按照以下顺序定义列:列 A 表示 X 坐标、列 B 表示 Y 坐标、列 C 表示 Z 坐标。

图 2 - 103　"打开"对话框(插入点)

2.7.3　ACAD

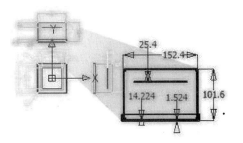

"ACAD"命令位于功能区"草图"选项卡"插入"面板。用户可以将 AutoCAD 工程图(* . dwg 和 * . dxf 文件)导入草图,如图 2 - 104 所示。导入的 AutoCAD 工程图可以作为草图的几何图元继续编辑和使用。

图 2 - 104　插入 ACAD

单击"插入 ACAD"按钮 ACAD,弹出"打开"对话框,如图 2 - 105 所示。选择 AutoCAD 工程图文件,将工程图插入草图。

图 2 - 105　"打开"对话框(插入 ACAD)

2.8 草图格式

2.8.1 构 造

"构造"命令位于功能区"草图"选项卡"格式"面板。用户可以创建，或将正常几何图元变更为构造几何图元，如图2-106所示。

单击"构造"按钮。在图形窗口中使用草图命令根据需要创建构造几何图元。再次单击"构造"按钮，可切换到常规草图样式。用户也可使用"草图"选项卡上的草图命令创建几何图元，然后选中该几何图元，单击"构造"选项以将选定的几何图元更改为构造样式。

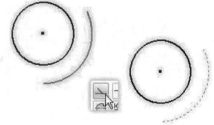

图2-106 构 造

2.8.2 中心点

"中心点"命令位于功能区"草图"选项卡"格式"面板。用户可以创建几何图元的中心点，如图2-107所示。

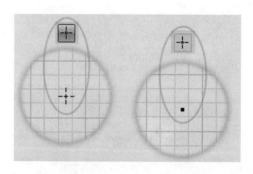

图2-107 中心点

单击"中心点"按钮。在图形窗口中使用草图命令根据需要创建构造点。再次单击"中心点"按钮，可切换到常规草图样式。用户也可使用"草图"选项卡上的草图命令创建几何点，然后选中该几何点，单击"中心点"选项以将选定的几何点更改为中心点。

2.8.3 中心线

"中心线"命令位于功能区"草图"选项卡"格式"面板。用户可以将选定的草图线更改为构造中心线，作为镜像的对称线，尺寸标注显示为对称尺寸，如图2-108所示。

单击"中心线"按钮。在图形窗口中使用草图命令根据需要创建草图线。再次单击"中心线"按钮，可切换到常规草图样式。用户也可使用"草图"选项卡上的草图命令创建草图线，然后选中该草图线，单击"中心线"选项以将选定的草图线更改为中心线。

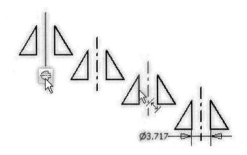

图 2 - 108　中心线

2.8.4　联动尺寸

"联动尺寸"命令位于功能区"草图"选项卡"格式"面板。更改尺寸数值时,驱动尺寸会调整几何图元的大小,如图 2 - 109 所示。

单击"联动尺寸"按钮 。选择尺寸标注,将其更改为联动尺寸。编辑草图尺寸时,联动尺寸会随着其他尺寸的变动和草图几何图元的更新而调整。当旋转草图视图时,联动尺寸会重定位以便用户能够轻松读取。

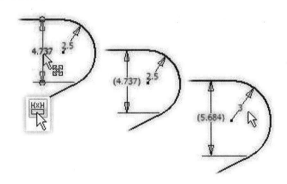

图 2 - 109　联动尺寸

2.8.5　草图特性

"草图特性"命令位于功能区"草图"选项卡"格式"面板,如图 2 - 110所示。

用户可以调整草图几何图元的线型、线颜色和线宽等属性。单击"草图特性"按钮 ,弹出"草图特性"对话框,如图 2 - 111 所示。

单击"格式切换"按钮 ,将使选定的草图几何图元格式在用户定义的草图特性和默认草图特性之间切换。

图 2 - 110　草图特性

图 2-111 草图特性

练习 2

本练习是关于草图的绘制,要求读者通过练习掌握 Autodesk Inventor 草图绘制的基本操作。操作步骤如下文所述。

① 新建零件模型,进入草图模式,如图 2-112 所示。

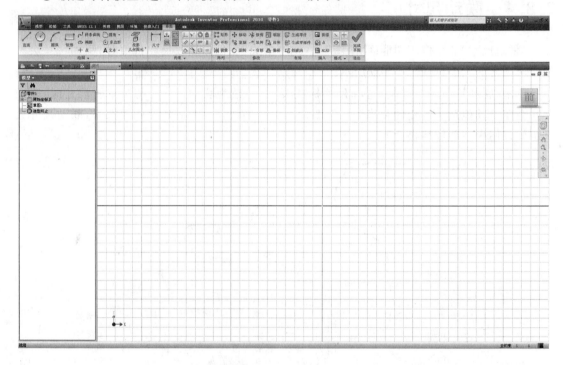

图 2-112 草图模式

② 在草图上单击"直线"选项,画出草图轮廓,如图 2-113 所示。

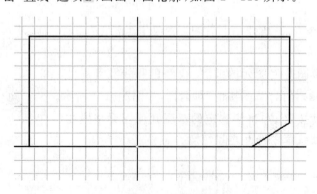

图 2-113 草图轮廓

③ 单击"尺寸"选项 ，定义已有草图轮廓的尺寸，如图 2-114 所示。

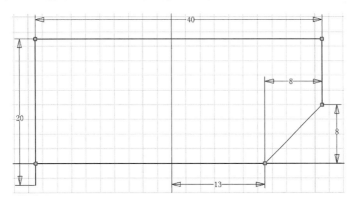

图 2-114　添加尺寸

④ 单击"水平约束"按钮 ，选中图 2-115 所示两点，使左边直线的端点与水平轴重合。

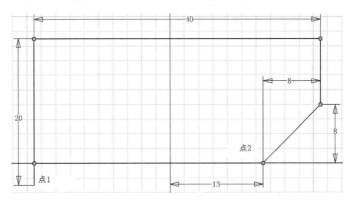

图 2-115　选中两点实现水平约束

⑤ 单击"直线"选项，在草图上作出如图 2-116 所示轮廓。

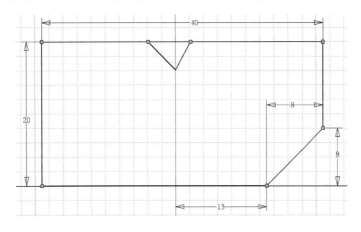

图 2-116　作出倒三角轮廓

⑥ 对其进行尺寸的定义，并且使用"等长约束"命令 使两边相等，使用"垂直约束"命令 使三角的端点与竖直轴重合，如图 2-117 所示。

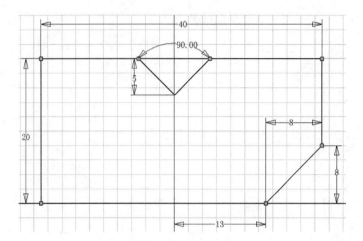

图 2 - 117　约束后的倒三角

⑦ 单击"修剪"选项 ✕ 修剪，将倒三角上段的直线段修剪掉，如图 2 - 118 所示。

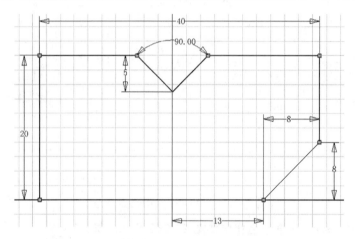

图 2 - 118　修剪草图

⑧ 沿水平轴作一辅助直线，对已有草图进行"镜像"操作 ▷◁ 镜像，如图 2 - 119 所示。

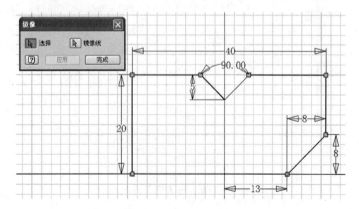

图 2 - 119　镜像操作

⑨ 镜像后草图如图 2 – 120 所示,删掉辅助直线。

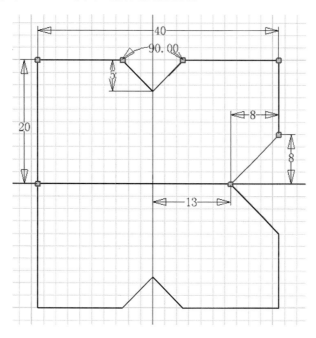

图 2 – 120　镜像后的草图

⑩ 在中心作直径为 15 mm 的圆,如图 2 – 121 所示。

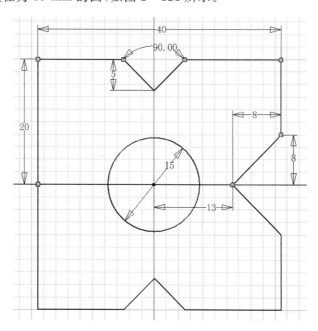

图 2 – 121　在草图中心作圆

⑪ 再作直径为 8 mm 的圆,定位尺寸如图 2 – 122 所示。

⑫ 对所作的圆进行"矩形阵列"操作 矩形,选中要阵列的元素,并且设置阵列的方向和个数以及距离,如图 2 – 123 所示。

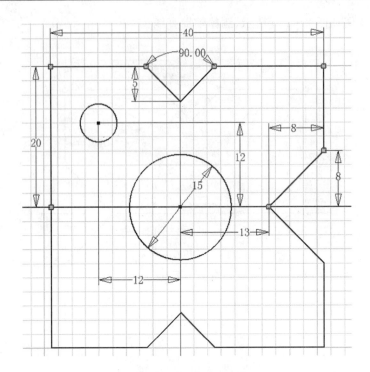

图 2-122　在草图左上方作圆

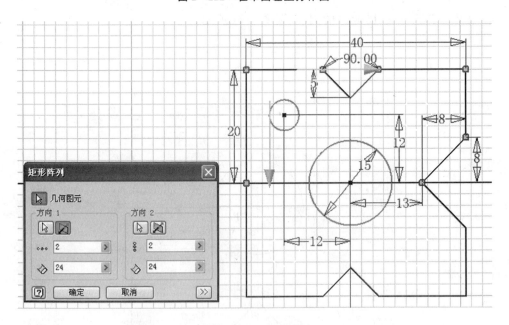

图 2-123　矩形阵列

⑬ 对草图作圆角,将圆角半径设为 5 mm,如图 2-124 所示。

⑭ 对草图作倒角,将倒角半径设为 5 mm,如图 2-125 所示。

⑮ 完成草图。

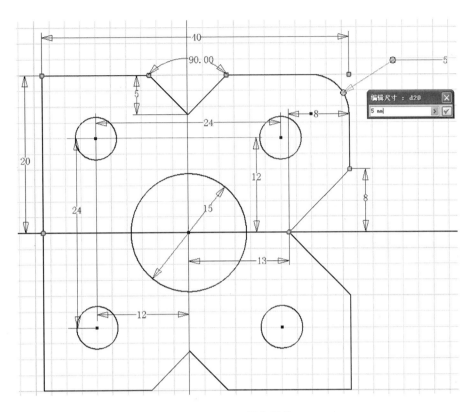

图 2-124　圆角操作

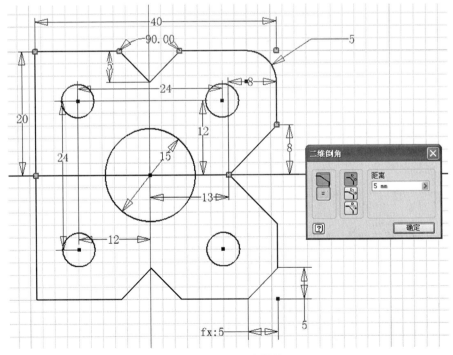

图 2-125　倒角操作

第3章　模型特征

教学要求

- 掌握基本特征创建工具的使用。
- 掌握特征修改和定位工具的使用。
- 掌握阵列和镜像的应用。
- 了解曲面建立和塑料零件特征。

3.1　特征创建

3.1.1　拉　伸

"拉伸"命令位于功能区"模型"选项卡"创建"面板。使用"拉伸"命令,可通过向截面轮廓或面域添加深度来创建特征或实体,如图3-1所示。

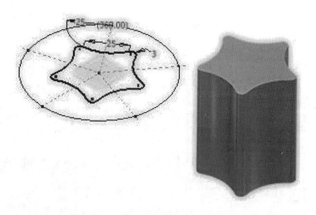

图3-1　拉　伸

① 单击"拉伸"按钮▣,弹出"拉伸"对话框,如图3-2所示。

② 如果有多个截面轮廓,则单击"截面轮廓"按钮▣,然后选择要拉伸的部分。如果该零件中存在多个实体,单击"实体"按钮▣以选择特征参与的实体。在"输出"选项框中选择"实体"▢或"曲面"▢。

③ 指定特征类型。单击"并集"▣、"差集"▣或"交集"▣各选项以与其他特征进行相应操作。单击"新建实体"按钮▣来创建新实体。

- 并集:将拉伸特征产生的体积添加到另一个特征或实体。

图 3-2 "拉伸"对话框"形状"选项卡

- 差集:将拉伸特征产生的体积从另一个特征或实体中去除。
- 交集:将拉伸特征和其他特征的公共体积创建为新特征。未包含在公共体积内的材料将被删除。
- 新建实体:如果拉伸是零件文件中的第一个实体特征,则其就是默认的选择。选择该选项可在包含实体的零件文件中创建新实体。每个实体均为与其他实体分离的独立的特征集合。实体可以与其他实体共享特征。

④ 单击"范围"选项区域中的下三角按钮,然后选择拉伸的终止方式。可以用指定的深度进行拉伸,或者使拉伸终止到工作平面、构造曲面或零件面(包括平面、圆柱面、球面或圆环面)。

- 距离:输入拉伸的距离。
- 到表面或平面:单击拉伸的方向。对部件拉伸不可用。
- 到:单击"草图点"、"工作点"、"模型顶点"、"工作平面"或"终止端曲面"。
- 从表面到表面:单击"起始端平面"和"终止端平面"。
- 贯通:单击拉伸的方向或在两个方向上做相同拉伸。

⑤ 在选择的截面轮廓是非闭合的情况下。选中"匹配形状"复选项,将截面轮廓的开口端延伸到公共边或面,所需的面将被缝合在一起,以形成与拉伸实体的完整相交,如图 3-3 所示。取消选择"匹配形状"选项,则通过将截面轮廓的开口端延伸到零件,并通过包含由草图平面和零件的交点定义的边组成的图形来消除开口端之间的间隙,来封闭开放截面轮廓。系统将按照假定指定了封闭的截面轮廓的方式来创建拉伸,如图 3-4 所示。

图 3-3 选中"匹配形状"复选项

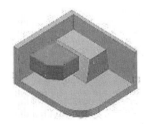
图 3-4 取消"匹配形状"复选项

⑥ 单击"更多"选项卡,如图 3-5 所示。

图 3-5 "拉伸"对话框"更多"选项卡

⑦ 在"替换方式"选项区域中选择拉伸方向。对于"到表面"和"从表面到表面"终止方式，如果终止选项不明确（例如在圆柱面或不规则曲面上），则可以单击"其他"选项卡。单击"反向"可以指定方向。默认情况下，拉伸终止于距离最远的曲面。单击选中"最短方式"选项可以使拉伸终止于距离最近的曲面。

⑧ 在"拉伸角度"文本中可以输入最大 180°的拔模角。应用到零件面上的拔模角，可以方便零件从模具中拔出。

⑨ 单击"确定"按钮，生成拉伸。

3.1.2 旋 转

"旋转"命令位于功能区"模型"选项卡"创建"面板。使用"旋转"命令，通过绕轴旋转一个或多个草图截面轮廓来创建特征或新实体，如图 3-6 所示。

图 3-6 旋 转

① 单击"旋转"按钮，弹出"旋转"对话框，如图 3-7 所示。

② 如果有多个截面轮廓，则单击"截面轮廓"按钮，然后选择要旋转的草图截面轮廓。单击"旋转轴"按钮，然后从激活的草图平面中选择一个旋转轴。

③ 如果零件中存在多个实体，则单击"实体"按钮并选择参与实体。

④ 如果选择了开放的截面轮廓，请设置"匹配形状"选项，然后选择要保留的边。此选项

图 3 - 7　"旋转"对话框

说明了通过截面轮廓开口端的延伸以及实体形状定义的各种方案,仅适用于零件中的开放截面轮廓。

　　⑤ 单击"并集"、"差集"或"交集"各选项以与其他特征或曲面进行这些操作。单击"新建实体"选项来创建新实体。

　　⑥ 在"输出"选项区域下,选择"实体"或"曲面",确定旋转生成的特征类型。

　　⑦ 在"范围"选项区域下,单击向下箭头,然后选择旋转的终止方式。

・角度:单击箭头以指示旋转方向,或在两个方向等分角度。

・到:单击"草图点"、"工作点"、"模型顶点"或"终止端曲面"。

・从表面到表面:单击"起始端平面"和"终止端平面"。

・全部:将截面轮廓旋转 360°。

　　⑧ 单击一个方向命令,系统将显示模型的预览结果。单击"确定"按钮,生成旋转。

3.1.3　放　样

　　"放样"命令位于功能区"模型"选项卡"创建"面板。使用"放样"命令,通过对多个截面轮廓进行过渡,并将它们转换成包括截面轮廓或零件面之间的平滑形状的放样特征,如图 3 - 8 所示。

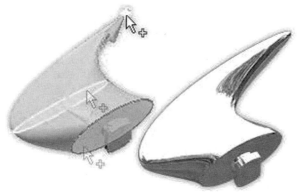

图 3 - 8　放　样

① 单击"放样"按钮 放样，弹出"放样"对话框，如图3-9所示。

图3-9 "放样"对话框"曲线"选项卡

② 在"曲线"选项卡上，指定要放样的截面。在"截面"表头下单击，然后按照希望形状光滑过渡的顺序来选择截面。如果在任一平面上选择多个截面，则这些截面必须相交。

③ 若要使用轨道导向曲线，通过右键快捷菜单中选择"轨道"选项，或在该对话框的"轨道"部分下单击，并选择一个或多个二维或三维曲线以用于引导轨道。截面必须与轨道相交。放样轨道控制了截面之间的放样形状。

④ 如果该零件包含的实体不止一个，则单击"实体"选择器来选择参与实体。在"输出"选项区域中选择"实体"或"曲面"，确定生成特征的种类。选中"封闭回路"复选框以连接放样的起始和终止截面。单击"合并相切面"复选框以无缝合并放样面。

⑤ 单击"并集"、"差集"、"交集"或"新建实体"选项。如果放样是该文件中的第一个特征，则"新建实体"就是默认操作。

⑥ 在"条件"选项卡上，为列出的截面和轨道指定边界条件，如图3-10所示。

图3-10 "放样"对话框"条件"选项卡

· "无条件" ：不应用任何边界条件。
· "相切条件" ：以创建与相邻面相切的放样设置条件的权值。

- "方向条件"：以指定相对于截面或轨道平面测量的角度设置条件的角度和权值。
- "平滑（G2）条件"：指定与相邻面连续的放样曲率。
- 角度：表示截面或轨道平面与放样创建的面之间的过渡段包角。90°的默认值可提供垂直过渡。180°的值可提供平面过渡。范围从 0 到 180°。
- 权值：一种无量纲系数，通过在转换到下一形状之前确定截面形状延伸的距离，来控制放样的外观。大的权值可能导致放样曲面的扭曲，并且可能生成自交曲面。权值系数通常在 1～20 之间。大的值和小的值是相对于模型的大小而言的。

⑦ 在"过渡"选项卡中，默认选项为"自动映射"，取消该复选框的选中状态以修改自动创建的点集、添加点或删除点，如图 3-11 所示。

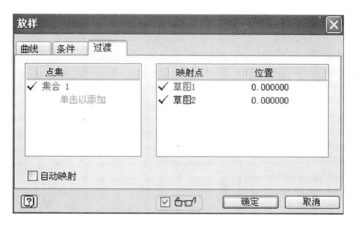

图 3-11　"放样"对话框"过渡"选项卡

⑧ 单击点集行进行修改、添加或删除。为每个截面草图创建一个默认的计算映射点。单击"位置度"以指定一个量纲为 1 的值（0 代表直线的一端，1 代表直线的另一端，小数值代表两个端点之间的位置）。图形中将亮显选定的点集或映射点。

⑨ 选中"启用/禁用特征预览"复选项，图形窗口中将显示扫掠预览。单击"确定"按钮生成放样。

3.1.4　扫　掠

"扫掠"命令位于功能区"模型"选项卡"创建"面板。使用"扫掠"命令，可通过沿选定路径扫掠一个或多个草图截面轮廓来创建特征或实体，如图 3-12 所示。

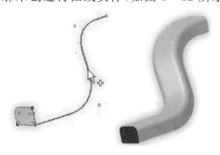

图 3-12　扫　掠

闭合截面轮廓可用于创建实体或曲面扫掠特征,而开放截面轮廓仅可用于创建曲面扫掠特征。

① 单击"扫掠"按钮 📤 扫掠 ,弹出"扫掠"对话框,如图3-13所示。

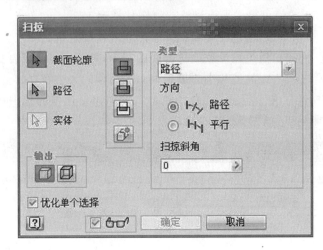

图3-13 "扫掠"对话框

② 如果草图中只有一个截面轮廓,那么它将自动亮显。如果有多个截面轮廓,就单击"截面轮廓"按钮 ,然后选择要扫掠的截面轮廓。

③ 单击"路径"按钮 ,然后选择三维草图或平面路径草图。如果有多个实体,则单击"实体"按钮,然后选择参与实体。在"输出"选项区域区中选择"实体" 或"曲面" ,确定生成特征的种类。

④ 从"类型"列表中选择"路径"选项。单击路径的方向。"路径"选项 使扫掠截面轮廓相对于路径保持不变。"平行"选项 将使扫掠截面轮廓平行于原始截面轮廓。

⑤ 如果需要则输入一个"扫掠斜角"角度。在"扫掠斜角"框中可以输入小于90°的拔模角。

⑥ 单击"并集"、"差集"、"交集"选项来与其他特征、曲面或实体交互。选择"新建实体"选项来创建新实体。如果扫掠是零件文件中的第一个实体特征,则这就是默认的选择。

⑦ 选中"启用/禁用特征预览"选项 ,图形窗口中将显示扫掠预览。单击"确定"按钮,生成扫掠。

3.1.5 加强筋

"加强筋"命令位于功能区"模型"选项卡"创建"面板。使用"加强筋"命令,可创建加强筋(封闭的薄壁支承形状)和腹板(开放的薄壁支承形状),如图3-14所示。

① 单击"加强筋"按钮 加强筋 ,弹出"加强筋"对话框,如图3-15所示。

② 单击"截面轮廓"按钮 ,在单个草图中选择一个开放截面轮廓定义加强筋或腹板的形状,或者选择多个相交或不相交的截面轮廓来定义网状加强筋或腹板。

图 3 - 14　加强筋

图 3 - 15　"加强筋"对话框

③ 单击"方向"按钮，控制加强筋或腹板的方向。在截面轮廓上盘旋光标，指定加强筋是沿平行于草图几何图元的方向延伸，还是沿垂直的方向延伸。

④ 如果截面轮廓的末端不与零件相交，会显示"延伸截面轮廓"复选框。截面轮廓的末端将自动延伸与零件表面相交。取消复选框的选中状态可以按照截面轮廓的精确长度创建加强筋和腹板。

⑤ 在"厚度"文本框中指定加强筋或腹板的宽度。单击或按钮在截面轮廓的任一侧应用厚度，或单击按钮在截面轮廓的两侧同等延伸。

⑥ 在"范围"选项区域中指定加强筋或腹板的终止方式。单击"到平面或表面"按钮，将加强筋或腹板终止于下一个面。单击"有限的"按钮，在文本框中输入距离值，以终止加强筋或腹板。在"锥角"文本框中，可以为加强筋或腹板输入锥角或拔模值。

⑦ 单击"确定"按钮，生成加强筋或腹板。

3.1.6　螺旋扫掠

"螺旋扫掠"命令位于功能区"模型"选项卡"创建"面板。使用"螺旋扫掠"命令，可创建圆柱体曲面上的螺旋弹簧和螺纹，如图 3 - 16 所示。

① 单击"螺旋扫掠"按钮，弹出"螺旋扫掠"对话框，如图 3 - 17 所示。

② 单击"截面轮廓"按钮，在草图中选择单个截面轮廓。

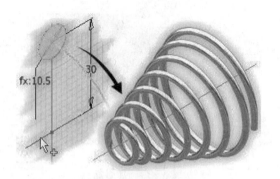

图 3 - 16　螺旋扫掠

图 3 - 17　"螺旋扫掠"对话框"螺旋形状"选项卡

③ 单击"轴"按钮，在草图中选择定义旋转轴的直线或工作轴。它不能与截面轮廓相交。单击按钮以反转螺旋扫掠的方向。

④ 如果有多个实体，则单击"实体"按钮，然后选择参与实体。在"输出"选项区域中选择"实体"按钮或"曲面"按钮，确定生成特征的种类。

⑤ 单击"并集"、"差集"、"交集"选项来与其他特征、曲面或实体交互。选择"新建实体"选项来创建新实体。如果螺旋扫掠是零件文件中的第一个实体特征，则这就是默认的选择。

⑥ 单击"旋转方向"按钮或，指定螺旋扫掠按顺时针方向还是逆时针方向旋转。

⑦ 单击打开"螺旋规格"选项卡，如图 3 - 18 所示。用户通过指定"螺距"、"转数"、"高度"参数来创建螺旋扫掠。可以指定三个参数中的两个参数，第三个参数可通过计算得出。

⑧ 单击"类型"下拉菜单，选择要指定的参数对，包括"螺距和转数"、"转数和高度"、"螺距和高度"或"平面螺旋"。

- 螺距：指定螺旋线绕轴旋转一周的高度增量。
- 转数：指定螺旋扫掠的转数。该值必须是大于零的数值，但是可以包含小数（如1.5）。
- 高度：指定螺旋扫掠从开始轮廓中心到终止轮廓中心的高度。
- 锥角：可将螺旋扫掠类型的锥角指定为小于90的数值。

⑨ 单击打开"螺旋端部"选项卡，如图 3 - 19 所示。用户为螺旋扫掠的"开始"和"结束"选项指定终止条件。

图 3 - 18　"螺旋扫掠"对话框"螺旋规格"选项卡

图 3 - 19　"螺旋扫掠"对话框"螺旋端部"选项卡

⑩ 单击下拉菜单指定螺旋扫掠的两端为"自然"还是"平底"。选择"平底"时,激活"过渡段包角"和"平底段包角"选项。"过渡段包角"用于确定螺旋扫描线起始端或结束端切线与截面轮廓法线的夹角。"平底段包角"用于确定螺旋平底面与截面轮廓法线的夹角。

⑪ 单击"确定"按钮,生成螺旋扫掠。

3.1.7　凸　雕

"凸雕"命令位于功能区"模型"选项卡"创建"面板。使用"凸雕"命令,可将截面轮廓以指定的深度和方向相对于模型面升高或凹进以创建凸雕特征,如图 3 - 20 所示。

① 单击"凸雕"按钮，弹出"凸雕"对话框,如图 3 - 21 所示。

② 单击"截面轮廓"按钮，选择草图中的截面轮廓用作凸雕图像。可以选择使用"文本"工具创建文本,也可以选择使用草图命令创建形状。如果有多个实体,则单击"实体"按钮,然后选择参与实体。

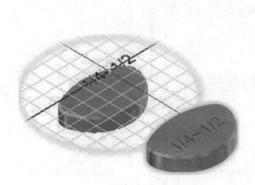

图 3 - 20 凸 雕

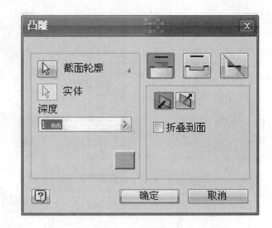

图 3 - 21 "凸雕"对话框

③ 单击选择"从面凸雕" 🔲 、"从面凹雕" 🔲 或"从面凸雕/凹雕" 🔲 三种方式之一。

- 从面凸雕:升高截面轮廓区域。
- 从面凹雕:凹进截面轮廓区域。
- 从平面凸雕/凹雕:从草图平面向两个方向或一个方向拉伸,向模型中添加或从中去除材料。如果向两个方向拉伸,则会根据相对于零件的截面轮廓位置删除和添加材料。

④ 选择"从面凸雕"或"从面凹雕"情况下,在"深度"文本框中指定凸雕或凹雕截面轮廓的偏移深度。选择"从面凸雕/凹雕"情况下,在"锥度"文本框中指定锥角大小。

⑤ 单击"颜色"按钮 🔲 ,显示"颜色"对话框,如图 3 - 22 所示。单击下三角按钮在列表中滚动或输入开头字母以查找所需的颜色,然后单击"确定"按钮。

图 3 - 22 "颜色"对话框

⑥ 选择"从面凸雕"或"从面凹雕"情况下,出现"折叠到面"选项。选中复选框,指定截面轮廓将包覆在平面或圆锥面上。取消复选框的选中状态,将图像投影到面而不是包覆到面。

⑦ 单击"确定"按钮,生成凸雕或凹雕。

3.1.8 贴 图

"贴图"命令位于功能区"模型"选项卡"创建"面板。使用"贴图"命令,可以在模型面上放置贴图,用于制作标签、艺术字体的品牌名称、徽标和担保封条,如图 3 - 23 所示。

① 单击"贴图"按钮 🔲 贴图 ,弹出"贴图"对话框,如图 3 - 24 所示。

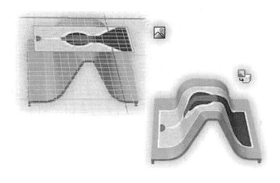

图 3 - 23　贴　图　　　　　　　图 3 - 24　"贴图"对话框

② 单击"图像"按钮，选择插入有 ＊.bmp、＊.doc 或 ＊.xls 格式的图像草图。

③ 单击"面"按钮，选择要应用贴图的面。

④ 选中"折叠到面"复选框，指定贴图将包覆在平面或圆锥面上。取消复选框的选中状态，将贴图投影到面而不是包覆到面。

⑤ 选中"链选面"复选框，将贴图应用到相邻的面。取消复选框的选中状态，贴图仅限于选定面，隐去超出部分。

⑥ 单击"确定"按钮，生成贴图。

3.2　特征修改

3.2.1　孔

"孔"命令位于功能区"模型"选项卡"修改"面板。使用"孔"命令，可以在现有特征、实体或零件上创建孔特征，如图 3 - 25 所示。

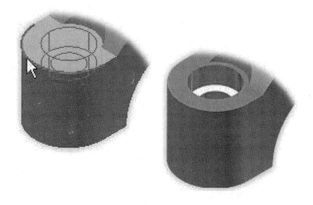

图 3 - 25　孔

① 单击"孔"按钮，弹出"打孔"对话框，如图 3 - 26 所示。

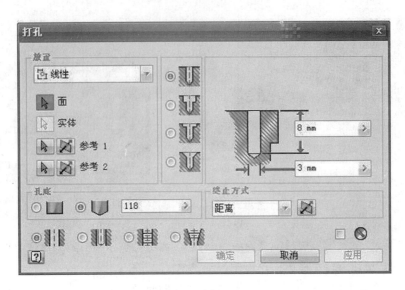

图 3-26 "打孔"对话框

② 单击"放置"下拉菜单,使用列表选择放置方法。

· 从草图:根据在现有特征上绘制孔中心点或草图点进行打孔操作。单击"孔心"按钮 ，选择相应草图。

· 线性:根据两条线性边在面上创建孔。单击"面"按钮 ，选择要放置孔的平面。单击 "参考1"按钮 和"参考2"按钮 ，选择为标注孔放置而参考的两条线性边,弹出"编辑尺寸"对话框,输入孔心与参考边的距离,如图 3-27 所示。

图 3-27 "编辑尺寸"对话框

· 同心:在平面上创建与环形边或圆柱面同心的孔。单击"面"按钮 ，选择要放置孔的平面。单击"同心参考"按钮 ，选择与新建孔同心的圆形边或圆柱面。

· 参考点:创建与工作点重合并且根据轴、边或工作平面定位的孔。单击"点"按钮 ，选择要设为孔中心的工作点。单击"方向"按钮 ，选择与孔的轴垂直的平面或工作平面,或选择与孔的轴平行的边或轴。

③ 单击选择"直孔" 、"沉头孔" 、"沉头平面孔" 或"倒角孔" 。

· 直孔:孔与平面表面齐平,并且具有指定的直径。

· 沉头孔:孔具有指定的直径、沉头孔直径和沉头孔深度。

· 沉头平面孔:孔具有指定的直径、沉头平面直径和沉头平面深度。孔和螺纹深度从沉头平面的底部曲面进行测量。

· 倒角孔:孔具有指定的直径、倒角孔直径和倒角孔深度。

④ 设置"孔底"的形式,"平直" 或"角度" 。对于"角度",输入孔底角度尺寸。

⑤ 设置"终止方式",确定孔的范围。

- 距离：用一个正值来定义孔的深度。
- 贯通：孔穿透所有面。
- 到：在指定的平面处终止孔。
⑥ 确定孔类型。选择"简单孔"、"配合孔"、"螺纹孔"或"锥螺纹孔"。
- 简单孔：创建不带螺纹的简单孔。
- 配合孔：创建与选定的紧固件配合的孔。激活"配合孔"选项，对话框中出现"紧固件"选项区域，如图 3－28 所示。用户通过选择配套的紧固件类型，确定孔的相关参数。

图 3－28　"紧固件"选项区域

- 螺纹孔：创建带螺纹的孔。激活"螺纹孔"选项，对话框中出现"螺纹"选项区域，如图 3－29所示。用户通过选择螺纹的相关参数，生成对应的螺纹孔。

图 3－29　"螺纹"选项区域

- 锥螺纹孔：创建带锥角螺纹的孔。与螺纹孔设置相似，输入相关参数，得到对应的锥螺纹孔。
⑦ 单击"确定"按钮，生成孔。

3.2.2　圆　角

"圆角"命令位于功能区"模型"选项卡"修改"面板。使用"圆角"命令，可以在零件的一条或多条边上、两个面之间或三个相邻的面集之间添加等半径边圆角或不同尺寸的边圆角，如图3－30 所示。

① 单击"圆角"按钮，弹出"圆角"对话框，默认选择"边圆角"按钮并激活"等半径" 等半径 选项卡，如图 3－31 所示。

② 选择一组要添加圆角的边。在图形窗口中单击需要添加的边，以组为单位，显示在"边"列表框中。要删除某些选中的边，可以按下 Ctrl 键并在图形窗口中单击它们。要添加另一组边，可以单击"边"列表框中最后一行的提示"单击以添加"。

图 3 - 30　圆　角

图 3 - 31　"圆角"对话框"等半径"选项卡

③ 指定一组所选边的圆角半径。单击该半径值,然后输入新的半径值。选择"相切圆角"选项🗂️▼,应用与相邻面相切的相切圆角。选择"平滑圆角"选项🗂️▼,应用与相邻面具有连续曲率的平滑圆角。

④ 使用"选择模式"可以简化选择边的操作。

- 回路:选择或删除在一个面上形成封闭回路的边。
- 特征:选择或删除某个特征与其他面相交边以外的所有边。
- 所有圆角:选择或删除所有剩余的凹边和拐角。
- 所有圆边:选择或删除所有剩余的凸边和拐角。

⑤ 单击打开"变半径"选项卡,如图 3 - 32 所示。

⑥ 变半径是在一条边上设置多个圆角半径。选择一条要添加圆角的边。在选中的边上单击点选择起点、终点或中间点。在控制点列表中选择控制点,然后输入新的半径值。指定所选控制点的位置,在点列表中选择点,然后输入一个 0~1 之间的值(表示边长的百分比)。选中"平滑半径过度"复选框,圆角在控制点之间逐渐混合过渡。点之间不存在跃变。取消该复选框的选中状态,则在点之间用线性过渡来创建圆角。

⑦ 单击打开"过渡"选项卡,如图 3 - 33 所示。

⑧ 在相交边上的圆角之间定义相切连续的过渡。可以对相交的每条边指定不同的过渡。单击"顶点"选项,在图形窗口中选择相交边的顶点。选中"最小"复选框,系统自动定义给定的顶点允许的最小过渡。取消"最小"复选框的选中状态,选择圆角相交边,手动输入距离值,指

图 3-32　"圆角"对话框"变半径"选项卡

图 3-33　"圆角"对话框"过渡"选项卡

定过渡距离。

⑨ 单击"面圆角"图标 🔊，激活"面"选项卡，如图 3-34 所示。

图 3-34　"圆角"对话框"面"选项卡

⑩ 面圆角是相邻的面与面之间的圆角。单击"面集 1"按钮 ⤴ 和"面集 2"按钮 ⤴，单击图形窗口中的面，指定要创建圆角的模型或曲面体的一个或多个相切、连续面。取消"优化单个选择"复选框的选中状态，可以在每个面集中选择多个面。选中"包括相切面"复选框，允许圆角在相切面、相邻面上自动继续。取消复选框的选中状态则仅在两个选择的面之间创建圆角。在"半径"文本框中输入所选面集的圆角半径。

⑪ 单击"全圆角"图标 🔲，激活"圆角"选项卡，如图 3-35 所示。

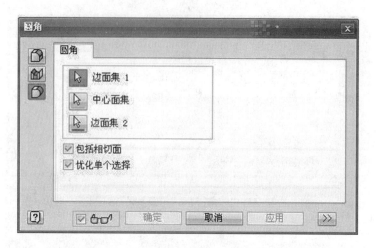

图 3 - 35 "圆角"对话框"圆角"选项卡

⑫ 全圆角是在三个相邻面之间的变半径圆角。依次单击"边面集 1"、"中心面集"和"边面集 2",在图形窗口中指定中心面和中心面集相邻的模型或曲面体的一个或多个相切、连续面。中心面变成曲面,与两个边面生成圆角。

⑬ 单击"确定"按钮,生成圆角。

3.2.3 倒 角

"倒角"命令位于功能区"模型"选项卡"修改"面板。使用"倒角"命令,可以在一条或多条零件边上添加倒角,如图 3 - 36 所示。

图 3 - 36 倒 角

① 单击"倒角"按钮 ◇ 倒角 ,弹出"倒角"对话框,如图 3 - 37 所示。

② 单击"距离"按钮 、"距离和角度"按钮 或"两个距离"按钮 ,确定倒角生成方式。

· 距离:指定与两个面的交线偏移同样的距离来创建倒角。

· 距离和角度:定义自某条边的偏移和面到此偏移边的角度来创建倒角。

· 两个距离:以到每个面的指定距离在单条边上创建倒角。

③ 单击"边"按钮 ,在图形窗口中指定线或面。在"距离"和"角度"框中输入数值。单击"更多"选项,在"链选边"中选择"所有相切连接边"后,选择边时可以选择共享切点的所有边。

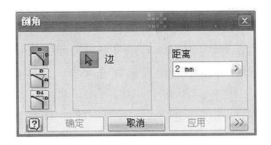

图 3 - 37 "倒角"对话框

在"过渡类型"中选择"过渡" 或"无过渡" 方式,定义三条倒角边相交于拐角时拐角的外观。

④ 单击"确定"按钮,生成倒角。

3.2.4 抽 壳

"抽壳"命令位于功能区"模型"选项卡"修改"面板。使用"抽壳"命令,可以从零件内部去除材料,创建一个具有指定厚度的空腔,如图 3 - 38 所示。

图 3 - 38 抽 壳

① 单击"抽壳"按钮 ,弹出"抽壳"对话框,如图 3 - 39 所示。

图 3 - 39 "抽壳"对话框

② 确定抽壳方向，单击"向内" 、"向外" 或"双向" 。

· 向内：向零件内部偏移壳壁。原始零件的外壁成为抽壳的外壁。

· 向外：向零件外部偏移壳壁。原始零件的外壁成为抽壳的内壁。

· 双向：向零件内部和外部以相同距离偏移壳壁。原始零件的外壁成为抽壳零件的中面。

③ 单击"开口面"按钮 ，在图形窗口中选择要删除的零件面，保留剩余的面作为壳壁。要取消选择某个面，按住 Ctrl 键并选择该面。"自动链选面"选项可以启用或禁用自动选择多个相切、连续面。"实体"按钮 可以在多实体零件文件中选择参与实体。如果该零件只包含一个实体，则该选项不可用。

④ 在"厚度"文本框中指定应用到壳壁的厚度。未选中进行删除的零件曲面将成为壳壁。

⑤ 单击"更多"选项，出现"特殊面厚度"选项，用于特别指定个别面的壁厚，如图 3-40 所示。

图 3-40　"特殊面厚度"选项

⑥ 单击"单击以添加"选项，在图形窗口中选定需要特别指定壁厚的面，在"厚度"输入值，完成特殊面厚度的设定。

⑦ 单击"确定"按钮，生成抽壳。

3.2.5　拔　模

"拔模"命令位于功能区"模型"选项卡"修改"面板。使用"拔模"命令，用户可以指定开模方向（模具相对零件拔出的方向）和拔模斜度，以向指定的特征面应用拔模，如图 3-41 所示。

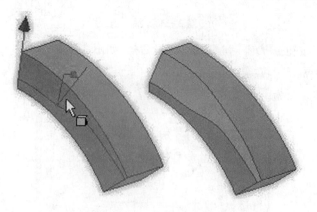

图 3-41　拔　模

① 单击"拔模"按钮 拔模，弹出"拔模斜度"对话框，如图 3-42 所示。

图 3 - 42　"拔模斜度"对话框

② 单击"固定边"按钮[图]或"固定平面"按钮[图]选择拔模方式。

- 固定边:在每个平面的一个或多个相切的连续固定边处创建拔模。结果将创建额外的面。

- 固定平面:选择一个平面或工作平面并确定拔模方向。拔模方向垂直于所选面或平面。根据固定平面的位置,拔模可以添加和去除材料。

③ 拔模方向表示从零件拔出的方向。单击"拔模方向"选项,当在图形窗口中移动光标时,显示一个垂直于亮显面或沿亮显边的矢量。当矢量显示时,单击平面、工作平面、边或轴,以进行选择。

④ 单击"面"按钮,指定从中拔模的所选平面或工作平面。当在图形窗口中移动光标时,显示亮显面的拔模方向,单击进行选择。单击"反向"可以反转开模方向。

⑤ 在"拔模斜度"框中设置拔模的角度。输入正的或负的角度,或者从列表中选择一种计算方法。

⑥ 单击"确定"按钮,生成拔模。

3.2.6　螺　纹

"螺纹"命令位于功能区"模型"选项卡"修改"面板。使用"螺纹"命令,用户可以在孔、轴、螺柱或螺栓上创建螺纹,如图 3 - 43 所示。

图 3 - 43　螺　纹

① 单击"螺纹"按钮[图] 螺纹,弹出"螺纹"对话框,如图 3 - 44 所示。

![3D动力学院](http://www.3ddl.cn)
② 单击"面"按钮 ，选择一个圆柱面或圆锥面。"在模型上显示"选项用于指定是否在模型上预览螺纹。"螺纹长度"用于定义螺纹的范围、方向和偏移量。选中"全螺纹"，对选定的面的整个长度范围创建螺纹。取消"全螺纹"选项，激活"偏移量"和"长度"数值框。"长度"数值指定选定的面上有螺纹部分的长度。"偏移"数值设置螺纹距起始面的距离。单击"方向"按钮，可以改变螺纹方向。

③ 单击打开"定义"选项卡，如图 3-45 所示。

图 3-44 "螺纹"对话框"位置"选项卡 　　　图 3-45 "螺纹"对话框"定义"选项卡

④ 用户可以选择系统预定义的螺纹类型，也可以输入公称直径、规格、精度和螺纹旋转方向等参数。

⑤ 单击"确定"按钮，生成螺纹。

3.2.7 分　割

"分割"命令位于功能区"模型"选项卡"修改"面板。使用"分割"命令，用户可以分割零件面，修剪整个零件并删除所得的某侧，或将一个实体分割成两个实体，如图 3-46 所示。

① 单击"分割"按钮 分割，弹出"分割"对话框，如图 3-47 所示。

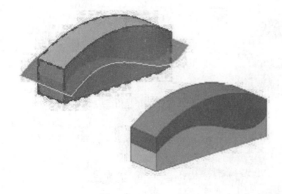

图 3-46 分　割 　　　　　　　图 3-47 "分割"对话框

② 单击"面分割"按钮、"修剪实体"按钮或"分割实体"按钮，选择分割方式。

· 面分割：选择要分割为两半的一个或多个面。

- 修剪实体:选择要分割的零件或实体,并丢弃一侧。
- 分割实体:选择要分割的零件或实体,将实体分割成两部分,成为各自独立的新实体。

③ 对于面分割。单击"分割工具"按钮 ,在图形窗口中选择用于分割的工具面。选中"全部"选项 ,单击"面"按钮 ,选择所有实体中所有的面进行分割。选中"选择"选项 ,单击"面"按钮 ,在图形窗口中选择被分割的面。

④ 对于"修剪实体"。单击"分割工具"按钮 ,在图形窗口中选择用于分割的工具面。在多实体情况下,单击"实体"按钮 ,选择参与分割的实体。当在图形窗口中移动光标时,显示一个垂直于亮显面的矢量。矢量指向为实体去除的部分。单击"删除"选项中的"方向"按钮 或 ,可以选择保留部分。

⑤ 对于"分割实体"。单击"分割工具"按钮 ,在图形窗口中选择用于分割的工具面。在多实体情况下,单击"实体"按钮 ,选择参与分割的实体。分割后形成各自独立的实体。

⑥ 单击"确定"按钮,生成分割。

3.2.8　合　并

"合并"命令位于功能区"模型"选项卡"修改"面板。使用"合并"命令,用户可以通过合并一个或多个实体的体积对它们求并集、交集和差集,如图 3 - 48 所示。

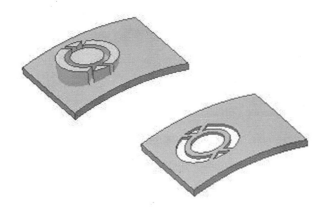

图 3 - 48　合　并

① 单击"合并"按钮 合并,弹出"合并"对话框,如图 3 - 49 所示。

② 单击"基础实体"按钮 ,选择要接受操作的实体。单击"工具实体"按钮 ,选择一个或多个要对基础实体执行操作的实体。选中"保留工具实体"选项,可将操作中涉及的工具实体保留为独立的实体。操作完成后将关闭其可见性。如果不选中,则工具实体将被占用并且不能再用于其他操作。

③ 单击"并集"按钮 、"差集"按钮 或"交集"按钮 ,选择运算方式。

- 并集:将基础实体和选定的工具实体的体积加在一起。
- 差集:从基础实体中减去选定工具实体的体积。
- 交集:将基础实体和选定工具实体的公共体积作为基础实体。

④ 单击"确定"按钮,生成合并。

图 3-49 "合并"对话框

3.2.9 移动面

"移动面"命令位于功能区"模型"选项卡"修改"面板。使用"移动面"命令,用户可以按照指定的距离和方向或者通过平面移动将面或特征上的一个或多个面移动到特定坐标。

① 单击"移动面"按钮 移动面,弹出"移动面"对话框,如图 3-50 所示。

图 3-50 "移动面"对话框

② 单击"面"按钮,选择一个或多个要移动的面。单击"方向及距离"或"平移"选项,选择面移动的方式。

· 方向及距离:可使面按照指定的方向和距离移动。

· 平移:可在平面上的选定点之间移动面。

③ 对于"方向及距离"。单击 和 按钮,在图形窗口中选取选择边或工作轴以定义方向。在"距离"框中输入移动的距离。

④ 对于"平移"。单击"平面"按钮,选择要在其上移动面的平面。单击"点"按钮,设置起点和终点,在图形窗口中高亮显示向量,以指定移动面。

⑤ 单击"确定"按钮,完成移动面。

3.2.10 复制对象

"复制对象"命令位于功能区"模型"选项卡"修改"面板。使用"复制对象"命令,用户可以在部件中从一个零件到另一个零件创建曲面几何图元的副本,将零件文件中的几何图元复制或移动到构造环境中的组合、基础曲面或组中,如图 3-51 所示。

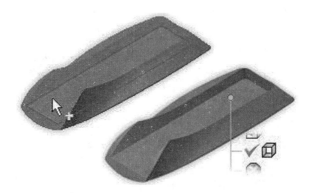

图 3-51　复制对象

① 单击"复制对象"按钮 复制对象,弹出"复制对象"对话框,如图 3-52 所示。

图 3-52　"复制对象"对话框

② 单击"选择"选项 ,确定对象为"面"或"实体"。在图形窗口中可以选择一个或多个面或实体。

③ 在"输出"选项区域中可以选择"新建对象"或"选择现有对象"选项。"新建对象"可以选择"组" 、"曲面" 或"组合" ,用来复制或移动组合、曲面或实体。

· 组:将选择集复制/移动到构造环境中的新组。

· 曲面:将选择集复制/移动到零件造型环境中的一个或多个基础曲面特征。为选定的每组连续面创建一个特征。

· 组合:将选择集复制/移动到零件造型环境中的单个组合特征。

④ "选择现有对象"选项允许选择输出到目标组合特征或组。选中"关联对象"复选框,创建特征时,可以在当前零件的复制几何图元和源零件之间建立关系。创建关联后,浏览器出现显示相应图标表示。选中"删除初始对象"选项,将删除原始位置的几何图元。

⑤ 单击"确定"按钮,生成复制对象。

3.2.11　移动实体

"移动实体"命令位于功能区"模型"选项卡"修改"面板。使用"移动实体"命令,用户可以在多实体零件文件中,在空间中向任意方向移动实体,如图 3-53 所示。

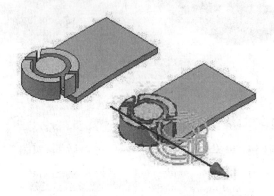

图 3-53　移动实体

① 单击"移动实体"按钮，弹出"移动实体"对话框,如图 3-54 所示。

图 3-54　"移动实体"对话框

② 单击按钮,选择要移动的单个零件实体。单击打开"移动类型"下拉列表框,选择"自由拖动"、"沿射线移动"或"绕直线旋转",确定移动方式。

- 自由拖动:输入精确的 X、Y 或 Z 偏移值。
- 沿射线移动:选择移动方向,输入线性偏移量。
- 绕直线旋转:选择旋转轴或直线,输入精确的旋转角度。

③ 单击"确定"按钮,生成移动实体。

3.2.12　折弯零件

"折弯零件"命令位于功能区"模型"选项卡"修改"面板。使用"折弯零件"命令,用户可以在多实体零件文件中,在空间中向任意方向移动实体,如图 3-55 所示。

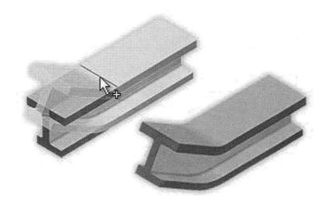

图 3 - 55　折弯零件

① 单击"折弯零件"按钮 折弯零件,弹出"折弯零件"对话框,如图 3 - 56 所示。

图 3 - 56　"折弯零件"对话框

② 单击"折弯线"按钮,选择现有零件过渡到折弯特征的变形区域处的切线。单击"实体"按钮,选择需要折弯的实体。在下拉菜单中选择折弯方式。
- 半径＋角度:允许通过指定"角度"的值和"半径"的值来创建折弯零件特征。"半径"定义了两条边之间折弯曲线的尺寸,"角度"定义了两条边的位置。
- 半径＋弧长:允许通过指定"弧长"的值和"半径"的值来创建折弯零件特征。"半径"定义了两条边之间折弯曲线的尺寸,"弧长"定义了该曲线的长度。
- 弧长＋角度:允许通过指定"弧长"的值和"角度"的值来创建折弯零件特征。"弧长"定义了曲线的长度,"角度"定义了两条边的位置。

③ 单击"边"按钮,反转要折弯的零件的边。单击"方向"按钮,反转向上或向下折弯的方向。

④ 单击"确定"按钮,生成折弯零件。

3.3 特征定位

3.3.1 工作平面

"工作平面"命令位于功能区"模型"选项卡"定位特征"面板。使用"工作平面"命令,用户可以定义使用特征基准面或其他定位特征的参考面,如图 3 – 57 所示。用户可以在生成的工作平面上绘制草图或作为配合参考使用。

定义工作平面的方式包括,在几何图元上(例如,在三个点上),与几何图元成法向,平行于几何图元或与几何图元成一定角度(在平面和轴上)。

用户可以选择合适的顶点、边或面以定义工作平面。要偏移工作平面,请将工作平面拖动到合适的位置并在"偏移"编辑框中输入距离或角度,如图 3 – 58 所示。

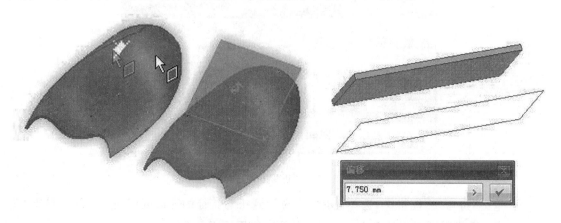

图 3 – 57　工作平面　　　　　　　　　　　图 3 – 58　偏移工作平面

还可以选择调整工作平面的大小。如果需要,可右击工作平面,然后在弹出的右键快捷菜单上取消"自动调整大小"复选框的选中状态。单击其中一个工作平面拐角上的夹点控点并拖动以调整尺寸。

3.3.2 工作轴

"工作轴"命令位于功能区"模型"选项卡"定位特征"面板。使用"工作轴"命令,用户可以指定未使用的草图几何图元、点或零件的边作为工作轴,如图 3 – 59 所示。

单击"工作轴"按钮 ☑ 工作轴,使用以下方法之一创建工作轴:

- 选择一个线性边、草图直线或三维草图直线,沿所选的几何图元创建工作轴。
- 选择一个旋转特征,沿其旋转轴创建工作轴。
- 选择两个有效点,创建通过它们的工作轴。
- 选择一个工作点和一个平面(或面),创建与平面(或面)成法向并通过该工作点的工作轴。

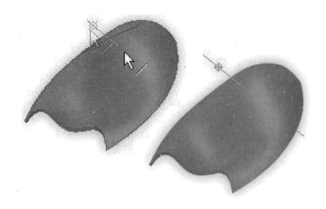

图 3-59 工作轴

- 选择两个非平行平面,在其相交位置创建工作轴。
- 选择一条直线和一个平面,使创建的工作轴与沿平面法向投影到平面上的直线重合。

3.3.3 点和固定点

"点"和"固定点"命令均位于功能区"模型"选项卡"定位特征"面板上。通过使用"点"或"固定点"命令,用户可以选择模型顶点、边和轴相交处、三个非平行表面或平面的相交处以及其他定位特征作为工作点,也可以创建工作点以作为其他要求选择一个点的定位特征命令的输入,如图 3-60 和图 3-61 所示。

"点" ◈点 或"固定点" ✎固定点 可以用于:标记轴和阵列中心、定义坐标系、定义平面(三点)和定义三维路径。固定工作点删除了所有自由度,因此在空间中保持固定。非固定工作点可以通过尺寸和约束重定位。

在零件文件中,使用"固定点"命令。在零件文件中创建固定工作点时,可以使用"三维移动/旋转"命令指定相对于固定工作点的某些操作或者使用关联菜单上的"三维移动/旋转"选项来重置工作点。

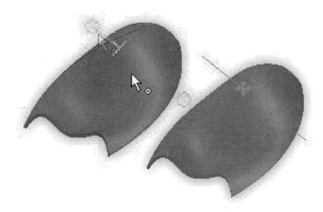

图 3-60 点

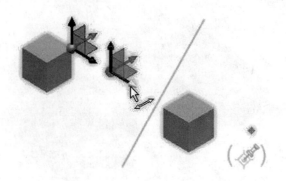

图 3-61　固定点

在部件中,先创建工作点并右击,然后在弹出的右键快捷菜单中选择"固定"选项。"三维移动/旋转"命令在部件文件中不可用。

3.3.4　UCS(用户坐标系)

"UCS"命令位于功能区"模型"选项卡"定位特征"面板。使用"UCS"命令,用户可以自定义多个原点和相应的坐标系,如图 3-62 所示。

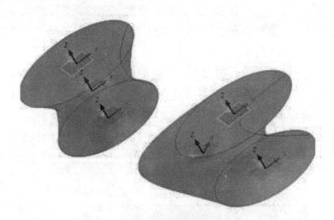

图 3-62　UCS

单击"UCS"按钮 ∠ UCS,弹出 UCS 对话框,如图 3-63 所示。

| 指定 UCS 的原点 | 绝对 | △X | -23.425 mm | △Y | -22.803 mm | △Z | -5.235 mm |

图 3-63　UCS 对话框

① 相对原点定位。在 UCS 对话框中输入相对于原点的 X、Y 和 Z 坐标值增量,确定新的 UCS 的原点坐标。

② 相对于现有几何图元定位。选择几何图元的顶点作为 UCS 原点,依次指定几何图元的点以选择 X 轴方向和 Y 轴方向,定义并放置新的 UCS。

3.4　特征阵列和镜像

3.4.1　矩形阵列

"矩形阵列"命令位于功能区"模型"选项卡"阵列"面板。使用"矩形阵列"命令,用户可以复制一个或多个特征或实体,并在矩形阵列中沿单向或双向线性路径,以特定的数量和间距来排列生成的对象,如图 3-64 所示。

① 单击"矩形阵列"按钮 ，弹出"矩形阵列"对话框,如图 3-65 所示。

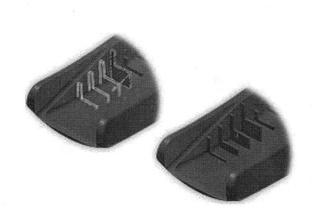

图 3-64　矩形阵列

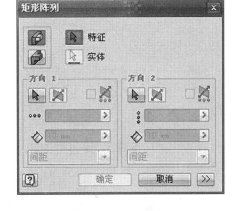

图 3-65　"矩形阵列"对话框

② 根据阵列对象的不同,分为"阵列各个特征"和"阵列实体"。单击"阵列各个特征"按钮 ，之后单击"特征"按钮 ，选择阵列各个实体特征、定位特征和曲面特征。

③ 单击"阵列实体"按钮 ，如果文件中有多个实体,则单击"实体"按钮 ，选择要包含在阵列中的实体。单击"包括定位/曲面特征"按钮 ，从零件中选择一个或多个要阵列的定位特征或曲面特征。单击"并集"按钮 ，将阵列附着到选择的实体上,将实体阵列为单个统一的实体。单击"新建实体"按钮 ，将创建包含多个独立实体的阵列。

④ "方向 1"与"方向 2"分别定义行或列的阵列方向、分布方式和阵列数量。单击 和 ，选择阵列方向。在"数量"文本框 中输入对应方向的阵列个数。单击"分布方式"的下三角按钮,通过下拉列表可以选择"间距"、"距离"或"曲线长度"三种分布方式。

・ 间距:输入每个阵列的距离,确定分布。

・ 距离:输入阵列的总距离,平均分布。

・ 曲线长度:根据选定的曲线,平均分布。

⑤ 选择所需的分布方式后,在"长度"框 中输入对应数据。激活"中间平面"选项 ，可以在原始特征的两侧分布引用。

⑥ 依次设定"方向 1"和"方向 2",完成后单击"确定"按钮,生成矩形阵列。

3.4.2　环形阵列

"环形阵列"命令位于功能区"模型"选项卡"阵列"面板。使用"环形阵列"命令,用户可以复制一个或多个 或实体,然后沿圆弧或环形以指定数量和间距排列生成的对象,如图 3-66 所示。

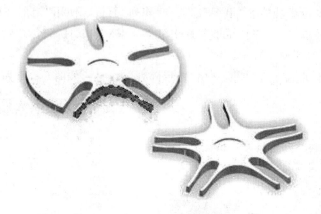

图 3-66　环形阵列

① 单击"环形阵列"按钮 环形,弹出"环形阵列"对话框,如图 3-67 所示。

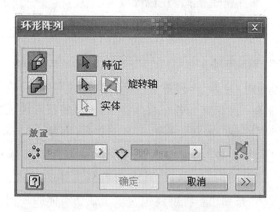

图 3-67　"环形阵列"对话框

② 根据阵列对象的不同,分为"阵列各个特征"和"阵列实体"。单击"阵列各个特征"按钮，如果文件中有多个实体,则单击"实体"按钮，选择要包含在阵列中的实体。单击"特征"按钮，选择阵列各个实体特征、定位特征和曲面特征。单击 和 按钮,选择旋转轴。

③ 单击"阵列实体"按钮，如果文件中有多个实体,则单击"实体"按钮，选择要包含在阵列中的实体。单击"包括定位/曲面特征"按钮，从零件中选择一个或多个要阵列的定位特征或曲面特征。单击"并集"按钮，将阵列附着到选择的实体上,将实体阵列为单个统一的实体。单击"新建实体"按钮，将创建包含多个独立实体的阵列。单击 和 按钮,选择旋转轴。

④ "放置"选项定义阵列中引用的数量、引用之间的角度间距和重复的方向。在"数量"文

本框 中输入阵列个数。单击"更多"按钮 ，在"放置方法"中可以选择"增量"或"范围"选项。

· 增量:指定了两个引用之间的角度间隔。

· 范围:指定了阵列所占用的总角度,并平均分布。

⑤ 在"角度"文本框 中输入相应的角度值。激活"中间平面"选项 ，可以在原始特征的两侧分布引用。

⑥ 单击"确定"按钮,生成环形阵列。

3.4.3 镜 像

"镜像"命令位于功能区"模型"选项卡"阵列"面板。使用"镜像"命令,用户可以生成所选特征的反向副本,如图 3-68 所示。

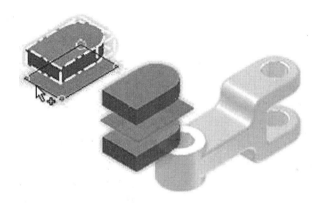

图 3-68 镜像

① 单击"镜像"按钮 ，弹出"镜像"对话框,如图 3-69 所示。

图 3-69 "镜像"对话框

② 根据镜像对象的不同,分为"镜像各个特征"和"镜像实体"。单击"镜像各个特征"按钮 ，如果文件中有多个实体,则单击"实体"按钮 ，选择要包含在镜像中的实体。单击"特征"按钮 ，选择镜像各个实体特征、定位特征和曲面特征。单击 按钮,选择镜像平面。

③ 单击"镜像实体"按钮 ，如果文件中有多个实体,则单击"实体" ，选择要包含在镜

像中的实体。单击"包括定位/曲面特征"按钮 ↳，从零件中选择一个或多个要镜像的定位特征或曲面特征。单击"并集"按钮 ↳，将镜像附着到选择的实体上，将实体镜像为单个统一的实体。单击"新建实体"按钮 ☝，将创建包含多个独立实体的镜像。单击 ↳ 按钮，选择镜像平面。激活"删除原始特征"，零件文件中仅保留镜像引用，删除原始实体。

④ 单击"确定"按钮，生成镜像。

3.5 曲 面

3.5.1 加厚/偏移

"加厚/偏移"命令位于功能区"模型"选项卡"曲面"面板。使用"加厚/偏移"命令，用户可以添加或去除零件面或曲面的厚度、或从零件面或曲面创建偏移曲面，或创建新实体，如图 3-70 所示。

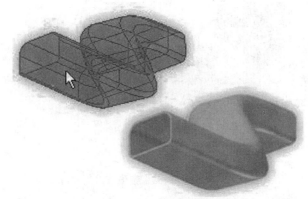

图 3-70　加厚/偏移

① 单击"加厚/偏移"按钮 ◇ 加厚/偏移，弹出"加厚/偏移"对话框，如图 3-71 所示。

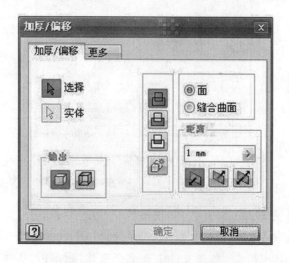

图 3-71　"加厚/偏移"对话框

② 单击"选择"按钮🔧,指定要加厚的面或要从中创建偏移曲面的面。如果存在多个实体,单击🔧按钮,选择参与实体。过滤几何图元以便将选择限制于单个面或缝合曲面。

③ 在"距离"文本框中指定加厚特征的厚度,或者指定偏移特征的距离。在"输出"中指定特征是实体还是曲面。指定加厚特征与实体零件相互关系,进行求并集、差集或交集的操作,或生成新的实体。

④ 单击"确定"按钮,生成加厚或偏移。

3.5.2　缝　合

"缝合"命令位于功能区"模型"选项卡"曲面"面板。使用"缝合"命令,用户可以将曲面缝合在一起形成缝合曲面或实体,如图 3-72 所示。

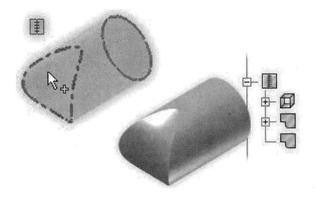

图 3-72　缝　合

① 单击"缝合"按钮📇 缝合,弹出"缝合"对话框,如图 3-73 所示。

图 3-73　"缝合"对话框

② 单击"曲面"按钮🔧,选择单个曲面或所有曲面以缝合在一起形成缝合曲面或进行分析。选定的曲面将在图形窗口中亮显。在"最大公差"文本框中选择或输入自由边之间的最大许用公差值,有助于确定将用于缝合的适当边。"查找剩余的自由边"选项区域用于显示缝合后剩余的自由边及它们之间的最大间隙。选中"保留为曲面"选项,可以将闭合的体积保留为曲面。如果不选中该选项,则通过缝合操作形成的封闭体积将变成实体。

③ 单击"完成"按钮,生成缝合。

3.5.3 灌 注

"灌注"命令位于功能区"模型"选项卡"曲面"面板。使用"灌注"命令,用户可以根据边界、自由曲面几何图元,在实体模型或曲面中添加和删除材料,如图 3 - 74 所示。

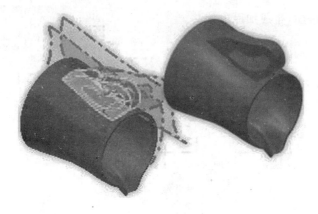

图 3 - 74 灌 注

① 单击"灌注"按钮 灌注,弹出"灌注"对话框,如图 3 - 75 所示。

图 3 - 75 "灌注"对话框

② 选择添加、删除或新建实体,确定灌注类型。根据选定的几何图元,单击"添加"按钮,将材料添加到实体或曲面,单击"删除"按钮,从实体或曲面中删除,单击"新建实体"按钮,将灌注特征生成为新实体。

③ 单击"曲面"按钮,选择单独的曲面或工作平面作为灌注操作的边界几何图元。在多实体零件中,单击"实体"按钮 选择参与该操作的实体。激活"预览"选项,计算选定的曲面,并显示灌注操作的默认方式以及面选择箭头。添加的曲面以绿色表示。删除的曲面以红色表示。清除该复选框可以关闭预览。

④ 单击"确定"按钮,生成灌注。

3.5.4 嵌 片

"嵌片"命令位于功能区"模型"选项卡"曲面"面板。使用"嵌片"命令,用户可以根据边界、自由曲面几何图元,在实体模型或曲面中添加和删除材料,通过在指定的边界内生成平面曲面或三维曲面来创建边界嵌片特征,如图 3 – 76 所示。

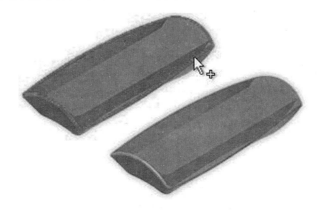

图 3 – 76　嵌　片

① 单击"嵌片"按钮 嵌片,弹出"嵌片"对话框,如图 3 – 77 所示。

图 3 – 77　"嵌片"对话框

② 指定嵌片的边界。选择闭合的二维草图和(或)相切连续的链选边,来指定闭合面域。选择的边界表示一个闭合面域后,可以选择下一个边界。

③ 列出选定边的名称和选择集中的边数。指定边条件来应用于边界嵌片的每条边。激活"预览"选项 ☑ ,计算选定的曲面。清除该复选框可以关闭预览。

④ 单击"确定"按钮,生成嵌片。

3.5.5　修剪曲面

"修剪曲面"命令位于功能区"模型"选项卡"曲面"面板。使用"修剪曲面"命令,用户可以通过删除选定的区域来修剪曲面,如图 3 – 78 所示。

① 单击"修剪曲面"按钮 修剪,弹出"修剪曲面"对话框,如图 3 – 79 所示。

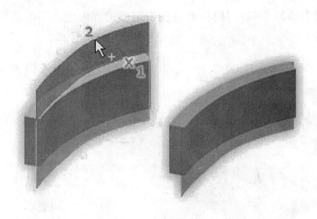

图 3－78　修剪曲面　　　　　　　　　　图 3－79　"修剪曲面"对话框

　　② 单击"修剪工具"按钮，选择用于修剪曲面的几何图元。单击"删除"按钮，选择要删除的一个或多个区域。单击"反转选择"按钮，取消当前选定的区域并选择先前取消的区域。

　　③ 单击"确定"按钮，生成修剪曲面。

3.5.6　删除面

　　"删除面"命令位于功能区"模型"选项卡"曲面"面板。使用"删除面"命令，用户可以删除零件面、体块或中空体，并将零件自动转换为曲面，如图 3－80 所示。

　　① 单击"删除面"按钮 删除面，弹出"删除面"对话框，如图 3－81 所示。

图 3－80　删除面　　　　　　　　　　图 3－81　"删除面"对话框

　　② 单击"面"按钮，选择一个或多个要删除的面。单击"选择单个面"按钮 或"选择体块或中空体"按钮，确定选择模式。

　　· 选择单个面：指定要删除的一个或多个独立面。

　　· 选择体块或中空体：指定要删除的体块的所有面。

　　③ 激活"修复"选项，删除单个面后，将通过延伸相邻面直至相交来填补间隙。

　　④ 单击"确定"按钮，完成删除面操作。

3.5.7　延伸曲面

"延伸曲面"命令位于功能区"模型"选项卡"曲面"面板。使用"延伸曲面"命令,用户可以通过指定距离或终止平面,使曲面在一个或多个方向上扩展,如图 3 - 82 所示。

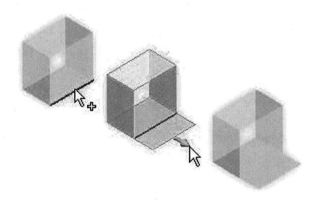

图 3 - 82　延伸曲面

① 单击"延伸曲面"按钮 ⚹ 延伸,弹出"延伸曲面"对话框,如图 3 - 83 所示。

图 3 - 83　"延伸曲面"对话框

② 单击"边"按钮 ⯈,选择单一曲面或缝合曲面的每个面边以进行延伸。激活"链选边"选项,自动延伸所选边,以包含相切连续于所选边的所有边。在"范围"内选择"距离"或"到",设置延伸终止方式。

- 距离:默认方式。将边延伸指定的距离。输入值或拖动方向箭头,以动态延伸曲面。
- 到:选择在其上终止延伸的终止面(实体或曲面体的)或工作平面。

③ 根据终止方向,在数值框中输入延伸的距离。

④ 单击"更多"按钮 ⯈⯈,控制用于延伸与要延伸的曲面边相邻的边的方法。

- 延伸:沿与选定的边相邻的边的曲线方向创建延伸边。
- 拉伸:沿直线从与选定的边相邻的边创建延伸边。

⑤ 单击"确定"按钮,生成延伸曲面。

3.5.8　替换面

"替换面"命令位于功能区"模型"选项卡"曲面"面板。使用"替换面"命令,用户可以用不同的面替换一个或多个零件面,如图3-84所示。

① 单击"替换面"按钮,弹出"替换面"对话框,如图3-85所示。

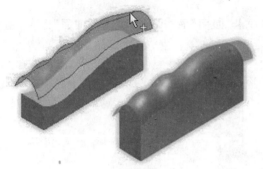

图3-84　替换面　　　　　　　　　　图3-85　"替换面"对话框

② 单击"现有面"按钮 ,选择要替换的单个面、相邻面的集合或不相邻面的集合。

③ 单击"新建面"按钮 ,选择用于替换现有面的曲面、缝合曲面、一个或多个工作平面。零件将延伸以与新面相交。

④ 激活"自动链选面"选项,自动选择与选定面连续相切的所有面。清除该复选框以选择个别面。

⑤ 单击"确定"按钮,生成替换面。

3.6　塑料零件

3.6.1　栅格孔

"栅格孔"命令位于功能区"模型"选项卡"塑料零件"面板。使用"栅格孔"命令,用户可以使用包含在一个或多个二维草图中的各种阵列创建栅格孔特征,如图3-86所示。

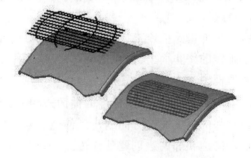

图3-86　栅格孔

① 单击"栅格孔"按钮 ,弹出"栅格孔"对话框,如图3-87所示。

② 根据所需栅格孔,设定"外部轮廓"、"内部轮廓"、"加强筋"、"加强肋"和"拔模"选项卡的相关参数。

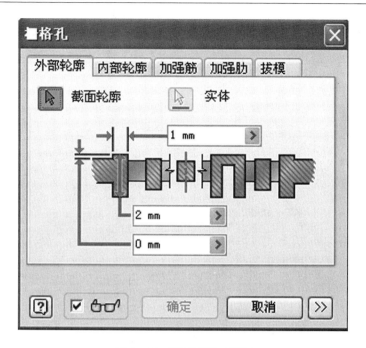

图 3 - 87　"栅格孔"对话框

· 外部轮廓：指定栅格孔的封闭范围。
· 内部轮廓：填满材料的区域，通常在栅格孔中心处。内部轮廓通常与抽壳的厚度相同。
· 加强筋：填充栅格孔区域的一组曲线。加强筋的外部面相对于外部轮廓的外部面是表面齐平或稍微嵌入的。
· 加强肋：一组二级曲线，通常添加其来增加加强筋的硬度。
· 拔模：确定栅格孔的拔模斜度。
③ 单击"确定"按钮，生成栅格孔。

3.6.2　螺钉固定柱

"螺钉固定柱"命令位于功能区"模型"选项卡"塑料零件"面板。使用"螺钉固定柱"命令，用户可以使用二维草图的点或三维工作点和方向元素创建螺钉固定柱特征，如图 3 - 88 所示。

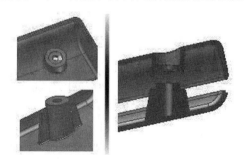

图 3 - 88　螺钉固定柱

① 单击"螺钉固定柱"按钮 螺钉固定柱，弹出"螺钉固定柱"对话框，如图 3 - 89 所示。

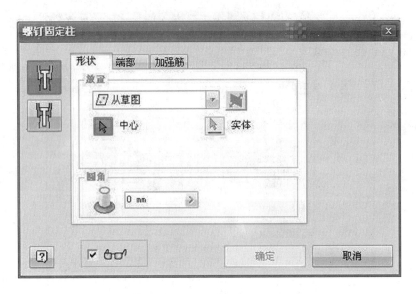

图 3-89 "螺钉固定柱"对话框

② 单击"头"按钮 或"螺纹"按钮 ,确定螺钉柱类型。"头"指紧固件头所在的位置,"螺纹"指紧固件螺纹所占的位置。

③ 在"形状"选项卡,选择放置方式为"从草图"或"参考点"。

· 从草图:选择已有草图上的点作为定位点。

· 参考点:选择已有实体上的点作为定位点。

④ 单击"中心"按钮 ,选择定位点。单击"方向"按钮 ,选择螺钉柱延伸方向。在多实体零件中,单击"实体"按钮 选择参与该操作的实体。在"圆角"框中可定义螺钉固定柱与目标零件实体之间的相交处的定半径圆角。

⑤ 对于螺钉柱的头部分,在"端部"和"加强筋"选项卡中设置相应参数,生成对应形状,如图 3-90 和图 3-91 所示。

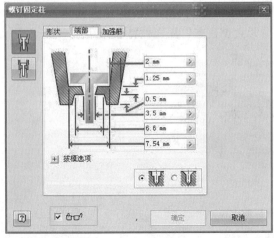

图 3-90 "端部"选项卡

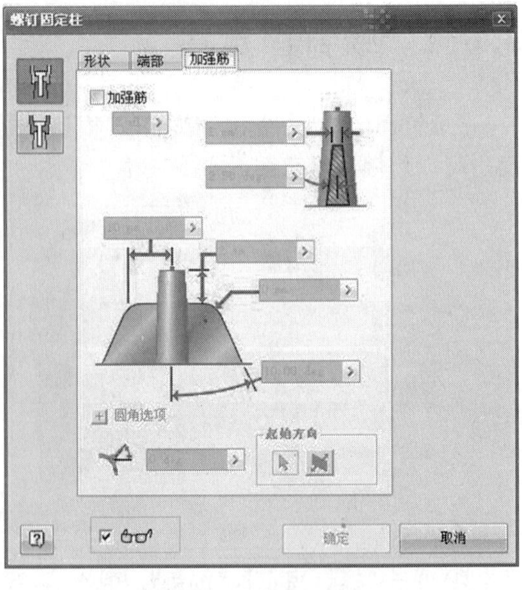

图 3-91 "加强筋"选项卡

⑥ 对于螺钉柱的螺纹部分。在"螺纹"和"加强筋"选项卡中设置相应参数,生成对应形状,如图 3-92 所示。

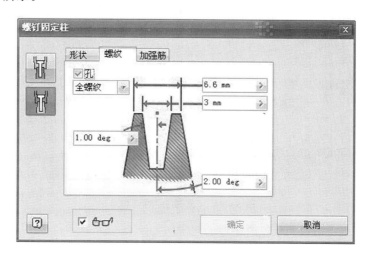

图 3-92　"螺纹"选项卡

⑦ 设定相应参数后,单击"确定"按钮,生成螺钉固定柱。

3.6.3　支撑台

"支撑台"命令位于功能区"模型"选项卡"塑料零件"面板。使用"支撑台"命令,用户可以使用封闭草图创建支撑台特征。支撑台特征将创建切透薄壁目标实体的薄壁面。然后通过相同厚度的壁将面连接到实体,如图 3-93 所示。

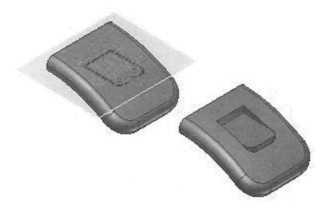

图 3-93　支撑台

① 单击"支撑台"按钮 支撑台,弹出"支撑台"对话框,如图 3-94 所示。

② "形状"选项卡,包含对支撑台放置和平台体选项的控件。单击"轮廓"按钮 ,在图形窗口中选择一个或多个封闭的草图截面轮廓。在多实体零件中,单击"实体"按钮 选择参与该操作的实体。选择"贯通"、"距离"或"目标曲面",确定扩展类型。

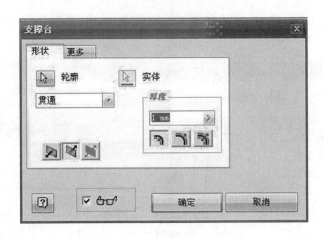

图 3-94 "支撑台"对话框

- 贯通：将平台体延伸到目标实体的下一个面。
- 距离：指定平台体壁的高度，在数值框中输入距离。
- 目标曲面：指定平台体壁的高度，并在偏移框中指定与参考曲面之间的偏移量。

③ 指定参考方向 选项。在"厚度"文本框中输入支撑台的厚度值。选定在轮廓截面的"内侧" 、"外侧" 或"双向" 端为参照创建薄壁。

④ "更多"选项卡，包含指定支撑台特征的平台面参数和拔模斜度。在"平台面选项"中选择"距离"或"目标平面"。

- 距离：指定平台面与草图平面的距离。
- 目标平面：指定要在其上放置平台面的曲面或指定相对于该平面的偏移值。

⑤ 在"平台面斜角"框中指定平台体向外突出的拔模斜度。在"挖空体斜角"框中指定平台体向内挖空的拔模斜度。

⑥ 单击"确定"按钮，生成支撑台。

3.6.4　卡扣式连接

"卡扣式连接"命令位于功能区"模型"选项卡"塑料零件"面板。使用"卡扣式连接"命令，用户可以使用二维草图的点或三维工作点和方向元素创建卡扣式连接特征，如图 3-95 所示。

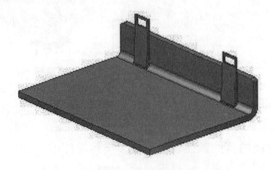

图 3-95　卡扣式连接

① 单击"卡扣式连接"按钮 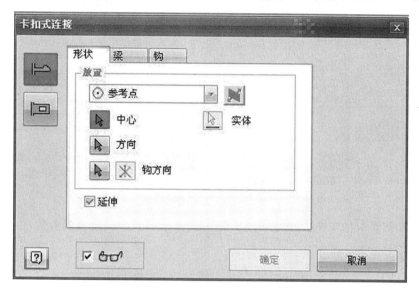 ，弹出"卡扣式连接"对话框，如图 3 - 96 所示。

图 3 - 96　"卡扣式连接"对话框

② 单击"悬臂式卡扣式连接钩"选项 或"悬臂式卡扣式连接扣"选项 ，确定连接类型。

③ 在"形状"选项卡，选择放置方式为"从草图"或"参考点"。

· 从草图：选择已有草图上的点作为定位点。

· 参考点：选择已有实体上的点作为定位点。

④ 单击"中心"按钮 ，根据放置方式，在图形窗中指定连接件的中心位置。单击"方向"按钮 ，指定连接件延伸方向。单击"钩方向"按钮 ，指定连接件钩的参考方向，沿所选方向旋转，提供可选择的四个方向，每个方向之间的尖角为 90°。激活"延伸"选项，将连接件底部反向延伸并与已有实体相交。

⑤ 对于悬臂式卡扣式连接钩，分别在"梁"和"钩"选项卡中设置相应参数，生成对应形状，如图 3 - 97 和图 3 - 98 所示。

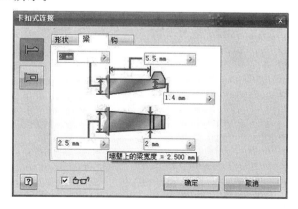

图 3 - 97　"梁"选项卡

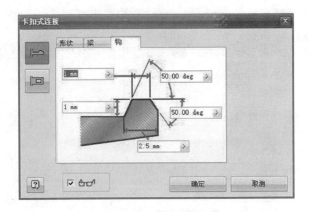

图 3-98　"钩"选项卡

⑥ 对于悬臂式卡扣式连接扣,分别在"夹"和"扣"选项卡中设置相应参数,生成对应形状,如图 3-99 和图 3-100 所示。

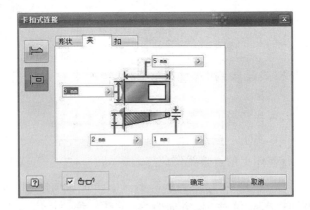

图 3-99　"夹"选项卡

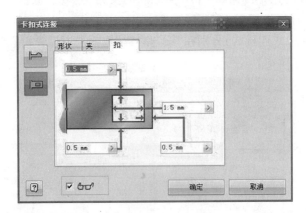

图 3-100　"扣"选项卡

⑦ 单击"确定"按钮,生成卡扣式连接件。

3.6.5 规则圆角

"规则圆角"命令位于功能区"模型"选项卡"塑料零件"面板。使用"规则圆角"命令,用户可以将定半径圆角创建到规则匹配的边,如图 3-101 所示。

图 3-101 规则圆角

① 单击"规则圆角"按钮 _{规则圆角},弹出"规则圆角"对话框,如图 3-102 所示。

图 3-102 "规则圆角"对话框

② 单击"源"下拉列表,选择"特征"或"面"作为目标实体。单击"半径",指定对应行的定半径圆角的半径。

③ 单击"规则"下拉列表,当"源"为"特征"时,选择"对照零件"、"对照特征"、"自由边"或"所有边",确定对应行的规则。

- 对照零件:仅给由特征的表面和零件实体的表面形成的边加上圆角(特征与实体)。
- 对照特征:当设置该规则时,在对话框中弹出"范围特征选择器",仅给由源集的特征和范围集中的特征相交生成的边加上圆角(特征与特征)。
- 自由边:仅给由源选择集中的特征面形成的边加上圆角(特征本身)。
- 所有边:所有由特征本身生成的边和所有由特征和零件实体相交生成的边都加上圆角(特征本身和所有相交边)。

④ 当"源"为"面"时,选择"所有边"、"对照特征"或"关联边",确定对应行的规则。

- 所有边:给由选定表面和任何其他零件实体表面生成的所有边加上圆角。

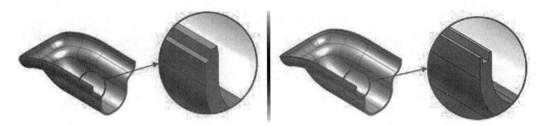
- 对照特征：当设置该规则时，在对话框中弹出"范围特征选择器"，仅给由源选中面和范围集中的特征表面生成的边加上圆角。
- 关联边：当设置该规则时，在对话框中弹出"关联边"框。"方向"选择器用于选择轴，并且"反转"按钮用于设置与规则匹配的边的方向。在此情况下，给在源面上终止并且与选定轴平行（在给定公差内）且方向相同的边加上圆角。

⑤ 单击"圆角类型"，确定"相切圆角"或"平滑圆角"。

⑥ 在选中"所有边"的情况下，"选项"中可以选择"所有圆角"和"所有圆边"，用于过滤选择。激活"所有圆角"，选择凹边。激活"所有圆边"，选择凸边。根据待选对象不同，两者可以组合设置。

⑦ 单击"确定"按钮，生成规则圆角。

3.6.6　止　口

"止口"命令位于功能区"模型"选项卡"塑料零件"面板。使用"止口"命令，用户可以在零件的薄壁上创建止口或槽特征，如图 3-103 所示。

图 3-103　止口

① 单击"止口"按钮 止口，弹出"止口"对话框，如图 3-104 所示。

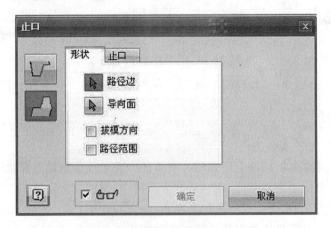

图 3-104　"止口"对话框

② 单击"槽"选项 或"止口"选项 ，确定止口类型。选择"形状"选项卡，单击"路径边"按钮 ，可选择一条或多条路径。每条路径都必须是相切连续的。单击"导向面"按钮 ，导向面包含相邻区域中的路径边。选中后，保留沿路径的定角处的止口或槽的截面。

③ 选中"拔模方向"选项,可选择止口或槽的拔模方向。导向面是可选的,选中后,确保止口或槽截面沿整条路径与其平行。选中"路径范围"选项,选择要用于修剪止口或槽的元素。

④ 对于槽,在"槽"选项卡中设置相应参数,生成对应形状,如图 3-105 所示。对于止口,在"止口"选项卡中设置相应参数,生成对应形状,如图 3-106 所示。

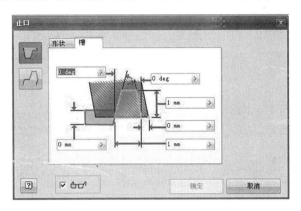

图 3-105　"槽"选项卡

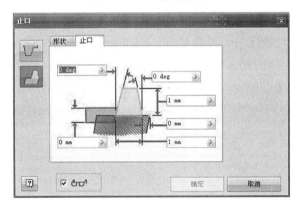

图 3-106　"止口"选项卡

⑤ 单击"确定"按钮,生成止口。

3.7　线　束

3.7.1　接　点

"接点"命令位于功能区"模型"选项卡"线束"面板。接点是添加到电气零件中、用于指示导线附着位置的点。

① 单击"接点"按钮 接点,在图形窗口中为接点选择一个点。选定一个有效点时,将亮显该点并显示"放置接点"对话框,在框中输入接点名称,如图 3-107 所示。

② 单击"线束特性"按钮,弹出"连接器接点特性"对话

图 3-107　"放置接点"对话框

框,如图 3-108 所示。用户可以添加接点的信息,便于分类和编辑。

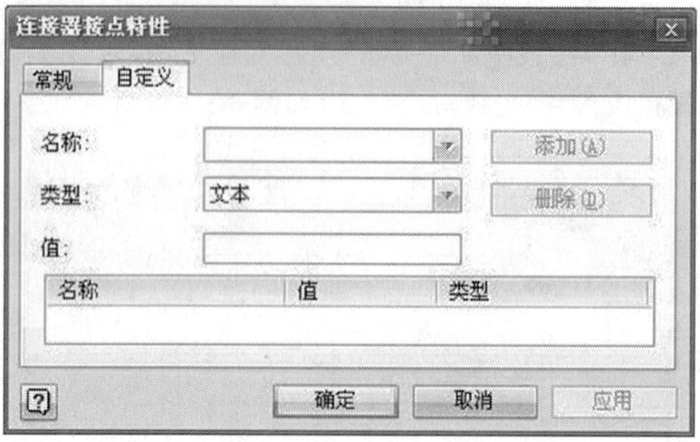

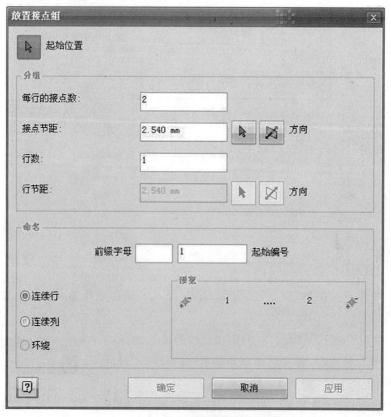

图 3-108 "连接器接点特性"对话框

③ 单击"确定"按钮,生成接点。

3.7.2 接点组

"接点组"命令位于功能区"模型"选项卡"线束"面板。使用"接点组"命令,用户可以在零件上自动放置具有指定名称、配置和方向的多个接点。

① 单击"接点组"按钮 [图] 接点组,弹出"放置接点组"对话框,如图 3-109 所示。

图 3-109 "放置接点组"对话框

② 单击"起始位置"按钮 ，在图形窗口中选择组中第一个接点的位置。在"分组"选项区域中设置"每行的接点数"、"接点节距"、"行数"和"行节距"等参数。单击 和 按钮，设置分布参考方向。在"命名"选项区域中设置组中接点的命名和配置。系统将根据前缀字母和起始编号按相关顺序自动生成接点名称。

③ 单击"确认"按钮，生成接点组。

3.7.3　特　性

"特性"命令位于功能区"模型"选项卡"线束"面板。使用"特性"命令，用户可以在选定的电气零件和电气零件引用上添加、修改和删除特性。

① 单击"特性"按钮 特性，弹出"零件特性"对话框，如图 3 - 110 所示。

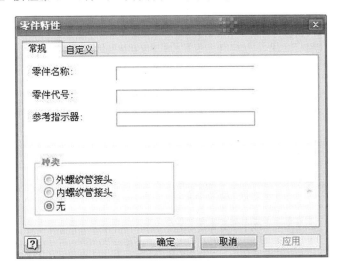

图 3 - 110　"零件特性"对话框

② 在"常规"选项卡中，用户可以设置"零件名称"、"零件代号"和"参考指示器"等参数，可以选择接头种类。在"自定义"选项卡中，用户可以设置"名称"、"类型"和"值"等参数。零件特性参数的设定，便于用户对电气接头零件的管理和调用。

③ 单击"确定"按钮，生成零件特性。

3.8　转换为钣金

"转换为钣金"命令位于功能区"模型"选项卡"转换"面板。单击"转换为钣金"命令 ，用户可以将当前模型文件转换为钣金文件，选项卡和面板变为钣金文件对应的配置。该命令使用户可以直接将实体转为钣金件进行设计。

练习 3

本练习要通过以下步骤完成一个零件模型，该零件的造型及过程涉及 Inventor 模型特征的大部分功能,要求读者掌握创建零件模型的基本方法和基本操作。

① 新建零件模型,进入草图模式,创建如图 3-111 所示草图。

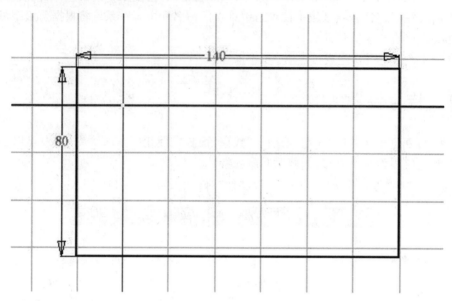

图 3-111　草图轮廓

② 完成草图,将截面轮廓拉伸,拉伸长度为 20 mm,如图 3-112 所示。

图 3-112　拉伸截面轮廓

③ 在长边的侧面上新建草图,如图 3-113 所示。

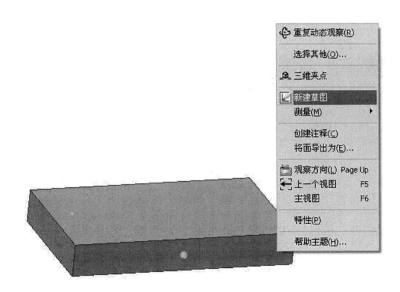

图 3 - 113　在新截面上建草图

④ 单击 ⬒ 图标,再单击选中的截面,并在新建的草图上作出直径为 70 mm 的圆,如图 3 - 114 所示。

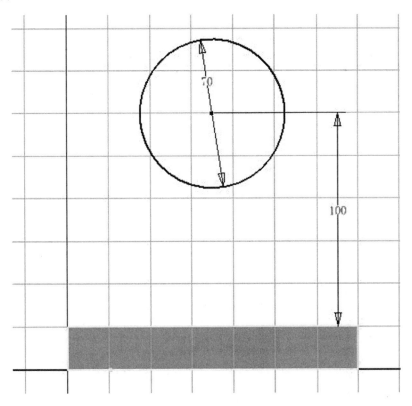

图 3 - 114　在草图截面上创建圆

⑤ 结束草图,并将圆的轮廓向里拉伸 65 mm,如图 3 - 115 所示。

图 3 - 115　拉伸截面轮廓

⑥ 在圆截面上新建草图。单击"投影几何图元"选项![icon],将矩形轮廓投影到新建草图上，然后作出两切线,如图 3 - 116 所示。

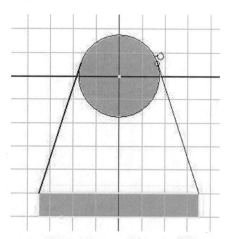

图 3 - 116　新建草图并作两条切线

⑦ 完成草图,并向里拉伸新创建的截面轮廓,拉伸距离为 20 mm,如图 3 - 117 所示。

⑧ 在内圆面上新建草图,并在草图中画出直径为 35 mm 的圆,如图 3 - 118 所示。

⑨ 完成草图,并将新建截面圆贯通,如图 3 - 119 所示。

⑩ 单击"平面"选项![icon],再分别单击零件模型的两个侧面,创建如图 3 - 120 所示截面。

图 3-117　拉伸新建轮廓截面

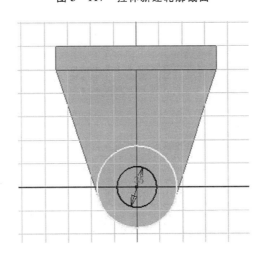

图 3-118　创建截面圆

⑪ 在新建截面上新建草图右击,并在弹出的右键快捷菜单中选择"切片观察"选项,如图3-121所示。

⑫ 将上下两边投影到草图上,辅助作出需要的直线,如图 3-122 所示,完成后将投影直线删掉。

⑬ 完成草图,单击"加强筋"选项,选择刚才的截面轮廓,并定义到表面的方式为垂直向里,加强筋厚度为 5 mm,方向为向两边,如图 3-123 所示。

⑭ 在长方体上表面新建草图,并创建一点,如图 3-124 所示。

⑮ 完成草图,单击"孔"选项,创建直径为 10 mm 的通孔,如图 3-125 所示。

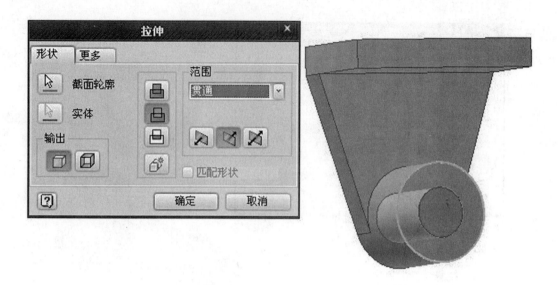

图 3-119 贯通新建截面圆

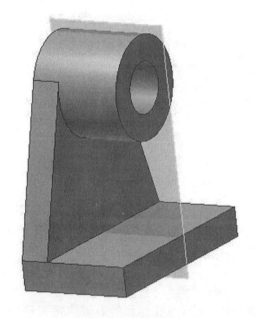

图 3-120 创建截面

⑯ 单击"镜像"选项 镜像,选择通孔为镜像特征,镜像平面为中间的平面,如图 3-126 所示。

⑰ 在新创建的两个圆孔上做螺纹操作,如图 3-127 所示。

⑱ 创建圆角特征,半径为 20 mm,如图 3-128 所示。

⑲ 隐藏中间工作平面,如图 3-129 所示。

⑳ 完成模型,如图 3-130 所示。

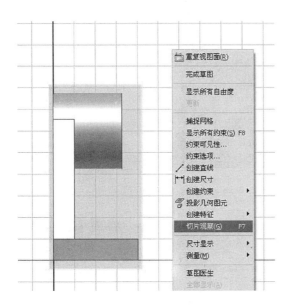

图 3 - 121　切片观察

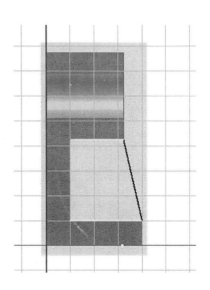

图 3 - 122　投影并作直线

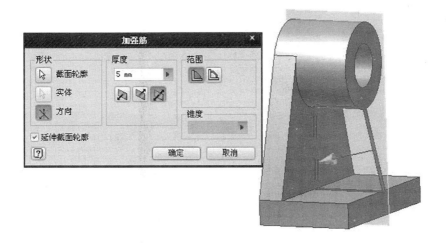

图 3 - 123　加强筋

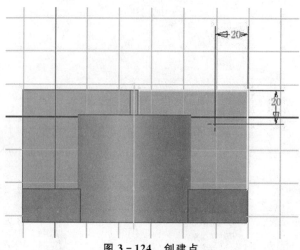

图 3 - 124　创建点

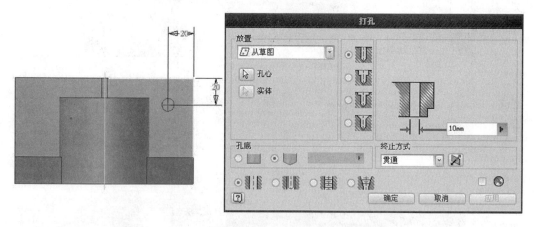

图 3 - 125　创建通孔

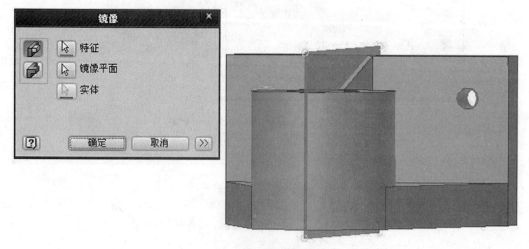

图 3 - 126　镜像圆孔特征

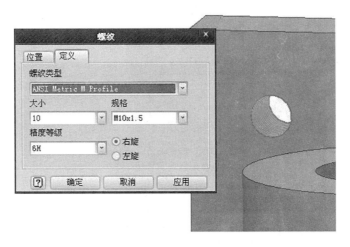

图 3 - 127　创建螺纹特征

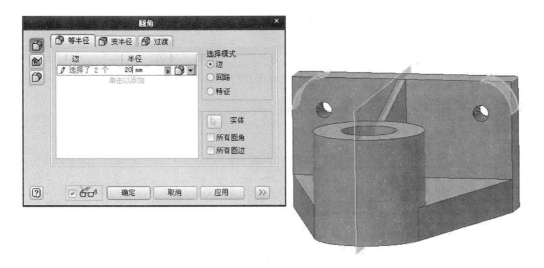

图 3 - 128　创建圆角

图 3-129　隐藏工作平面

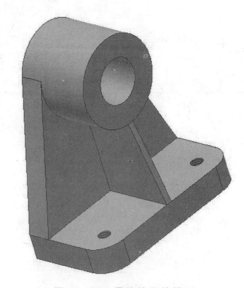

图 3-130　最终的零件模型

第 4 章　部件装配

教学要求

- 了解部件装配的概念。
- 掌握装配工具的使用。
- 掌握约束命令的使用。

4.1　装入零件

4.1.1　放　置

"放置"命令位于功能区"装配"选项卡"零部件"面板。使用"放置"命令,用户可以指定一个或多个文件作为零部件装入部件中,如图 4-1 所示。

图 4-1　放　置

单击"放置"按钮 ,弹出"装入零部件"对话框,如图 4-2 所示。选择要装入当前部件的零部件文件,单击"打开"按钮完成放置操作。

图 4-2 "装入零部件"对话框

4.1.2 从资源中心装入

"从资源中心装入"命令位于功能区"装配"选项卡"零部件"面板。用户可以将"资源中心"中的标准件直接装入当前装配的部件中。单击"从资源中心装入"按钮，弹出"从资源中心放置"对话框，如图 4-3 所示。

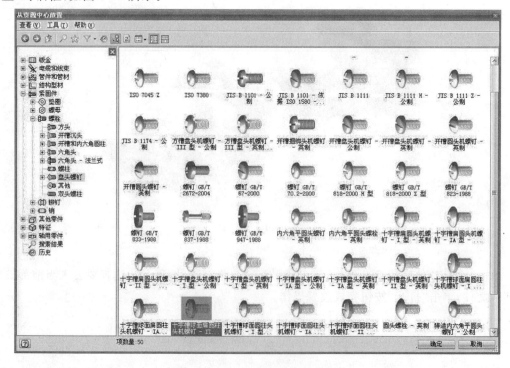

图 4-3 "从资源中心放置"对话框

4.2 创 建

"创建"命令位于功能区"装配"选项卡"零部件"面板。使用"创建"命令,用户可以在当前部件文件中新建零件或部件文件,新建文件作为当前部件的组成部分,如图 4 - 4 所示。

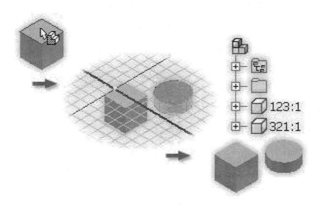

图 4 - 4 创 建

① 单击"创建"按钮 ⬚ ,弹出"创建在位零部件"对话框,如图 4 - 5 所示。

图 4 - 5 "创建在位零部件"对话框

② 在"新零部件名称"文本框中输入名称。单击"模板"下三角按钮或单击"浏览模板"按钮 🗋 ,选择新建零部件的类型。在"新文件位置"文本框中直接输入或单击"浏览新的文件位置"按钮 ⬛ ,选择新文件保存路径。选中"将草图平面约束到选定面或平面"选项,将在选定零件面和草图平面之间创建配合约束。

③ 单击"确定"按钮,生成完成创建零部件。

4.3 部件工具

4.3.1 阵 列

　　"阵列"命令位于功能区"装配"选项卡"零部件"面板。使用"阵列"命令，用户可以复制一个或多个零部件，并通过设置数量和间距，排列生成环形或矩形的引用，如图4-6所示。

　　① 单击"阵列"按钮 阵列，弹出"阵列零部件"对话框，如图4-7所示。

图4-6　阵　列　　　　　　　　　　图4-7　"阵列零部件"对话框

　　② 单击"零部件"按钮 ，选择要包含在阵列中的一个或多个零部件，也可选择包含部件的现有阵列。

　　③ 默认激活"关联" 选项卡。如果用户需要新建阵列零部件相对于已有特征阵列的放置位置和间距进行阵列，单击"特征阵列选择"按钮 ，在图形窗口或浏览器中选择要与新建阵列关联的已有特征阵列。在"特征阵列选择"对话框中显示已有特征阵列名称。对已有特征阵列的修改将自动更新生成部件阵列中零部件的数量和间距。

　　④ 单击"矩形阵列" 选项卡，如图4-8所示。单击 和 按钮，在图形窗口中选择矩形阵列的参考方向。在"列数" 和"行数" 文本框中输入列和行的个数，在"间距" 文本框中输入间距。

　　⑤ 单击"环形阵列" 选项卡，如图4-9所示。单击 和 ，在图形窗口中选择环形阵

　　图4-8　"矩形阵列"选项卡　　　　　　图4-9　"环形阵列"选项卡

列的旋转轴。在"环形特征数"⋯文本框中输入阵列的个数,在"环形特征夹角"◇框中输入间距角。

⑥ 单击"确定"按钮,生成阵列。

4.3.2　复　制

"复制"命令位于功能区"装配"选项卡"零部件"面板。使用"复制"命令,用户可以创建选定零部件的副本,如图 4 - 10 所示。

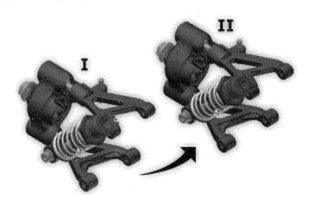

图 4 - 10　复　制

"复制"命令有两个对话框。"复制零部件:状态"对话框中,用户选择零部件,可以复制、创建引用或排除。"复制零部件:文件名"对话框中,用户可以指定文件名和文件位置。

① 单击"复制"按钮 ⧉ 复制,弹出"复制零部件:状态"对话框,如图 4 - 11 所示。

图 4 - 11　"复制零部件:状态"对话框

② 单击"零部件"按钮 ▹,在图形窗口或浏览器中选择零部件。在"状态命令"中选择"复制选定的对象" ⊛ 、"重用选定的对象" ⊕ 或"排除选定的对象" ⊘。除了使用对话框顶端的状态命令按钮之外,用户也可以单击单个符号以更改其状态。

- 复制选定的对象:创建零部件的副本,与源零部件无关联。
- 重用选定的对象:创建零部件的引用,与源零部件有关联。
- 排除选定的对象:从复制操作中排除零部件。

③ 单击"下一步"按钮,打开"复制零部件:文件名"对话框,如图 4 - 12 所示。

图 4 - 12 "复制零部件:文件名"对话框

④ "名称"栏中显示通过复制操作的所有零部件。在"新名称"栏中单击新零部件,可以编辑定义新零部件的名称。在"文件位置"栏右击,可以在弹出的右键快捷菜单上选择"源路径"、"工作空间"或"用户路径",以确定新零部件的保存路径。

- 源路径:新文件与原始零部件保存在相同的位置。
- 工作空间:新文件保存在系统定义的"工作空间"路径。
- 用户路径:新文件保存在用户键入路径或选取的文件夹路径。

⑤ 在"零部件目标"选项区域中,激活"插入到部件中"选项,将所有新零部件放到顶级部件中。激活"在新窗口中打开"选项,在新窗口中打开包含所有复制零部件的新部件。

⑥ 单击"重新进行选择"按钮,可以回到"复制零部件:状态"对话框,重新选择零部件和状态。

⑦ 单击"确定"按钮,完成复制。

4.3.3　镜　像

"镜像"命令位于功能区"装配"选项卡"零部件"面板。使用"镜像"命令,用户可以镜像复制正在编辑的整个部件,也可以镜像复制零部件的子集,如图 4 - 13 所示。

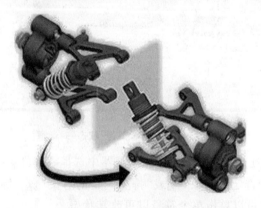

图 4 - 13　镜像

"镜像"命令有两个对话框。"镜像零部件:状态"对话框中,用户选择零部件和镜像平面,可以复制、创建引用或排除。"镜像零部件:文件名"对话框中,用户可以可以指定文件名和文件位置。

① 单击"镜像"按钮 ⊞ 镜像 ，弹出"镜像零部件：状态"对话框，如图 4 - 14 所示。

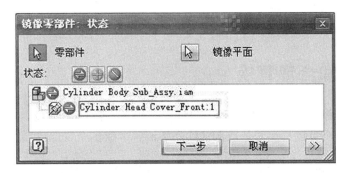

图 4 - 14　"镜像零部件：状态"对话框

② 单击"零部件"按钮 ，在图形窗口或浏览器中选择零部件。单击"镜像平面"按钮 ，将工作平面或平面指定为镜像平面。在"状态命令"中选择"镜像选定的对象" 、"重用选定的对象" 或"排除选定的对象" 。除了使用对话框顶端的状态命令按钮之外，用户也可以单击单个符号以更改其状态。

- 镜像选定的对象：创建零部件的镜像副本，与源零部件无关联。
- 重用选定的对象：创建零部件的镜像引用，与源零部件有关联。
- 排除选定的对象：从镜像操作中排除零部件。

③ 单击"下一步"按钮，打开"镜像零部件：文件名"对话框，如图 4 - 15 所示。

图 4 - 15　"镜像零部件：文件名"对话框

④ "名称"栏中显示通过镜像操作的所有零部件。在"新名称"栏中单击新零部件，可以编辑定义新零部件的名称。右击"文件位置"栏，在弹出的右键快捷菜单上选择"源路径"、"工作空间"或"用户路径"选项，以确定新零部件的保存路径。

- 源路径：新文件与原始零部件保存在相同的位置。
- 工作空间：新文件保存在系统定义的"工作空间"路径。
- 用户路径：新文件保存在用户键入路径或选取的文件夹路径。

⑤ 在"零部件目标"选项区域中，激活"插入到部件中"选项，将所有新零部件放到顶级部件中。激活"在新窗口中打开"选项，在新窗口中打开包含所有镜像零部件的新部件。

⑥ 单击"重新进行选择"按钮,可以回到"镜像零部件:状态"对话框,重新选择零部件和状态。

⑦ 单击"确定"按钮,完成镜像。

4.3.4 替换和全部替换

"替换"和"全部替换"命令位于功能区"装配"选项卡"零部件"面板。使用"替换"命令和"全部替换"命令,用户可以替换部件或部件阵列中的一个或多个零部件,如图 4 - 16 所示。

图 4 - 16 替换和全部替换

单击"替换"按钮 替换,在图形窗口中或浏览器中选择被替换的零部件。弹出"装入零部件"对话框,如图 4 - 17 所示。用户浏览并选择替换文件,单击"打开"按钮,完成替换。

图 4 - 17 "装入零部件"对话框

"替换"与"全部替换"的区别在于,在部件中使用"替换"命令,被替换对象仅为指定的零部件。使用"全部替换"命令,在当前部件中所有指定零部件的引用均为被替换对象。

4.3.5　生成布局

　　"生成布局"命令位于功能区"装配"选项卡"零部件"面板。布局是设计的根文档,使用二维草图几何图元来表示设计的零部件。使用"生成布局"命令,用户可以通过布局来定位零部件,并评估设计的可行性,如图 4 - 18 所示。

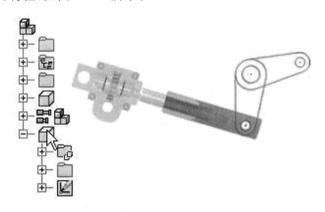

图 4 - 18　生成布局

　　① 单击"生成布局"按钮 ![按钮] 生成布局,弹出"生成布局"对话框,如图 4 - 19 所示。

图 4 - 19　"生成布局"对话框

　　② 在"新建布局名称"框中,输入新的零件文件的名称。单击"模板"下三角按钮或单击 ![按钮] 按钮,选择或浏览创建新文件所依据的零件模板。在"新文件位置"中输入或单击 ![按钮] 按钮,浏览新文件的保存位置。

　　③ 新生成的布局将以零件形式出现在当前部件中。用户使用二维草图几何图元来表示设计脚本和零部件,并创建布局。草图块用于按照设计中重复的刚性形状对几何图元分组。向草图添加几何图元并进行约束来展现设计布局。布局成熟后,使用"生成零部件"和"生成零件"命令将所选的草图块衍生出新的零件和部件文件。

4.3.6　包覆面提取和替换

　　"包覆面提取"和"包覆面提取替换"命令位于功能区"装配"选项卡"零部件"面板。使用"包覆面提取"命令,用户可以创建部件的简化单一零件表达,以提高后续部件或应用程序中的容量和性能,如图 4 - 20 所示。

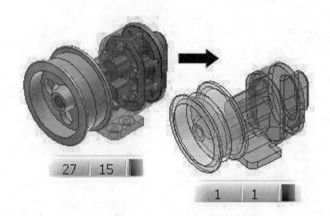

图 4-20　包覆面提取

①　单击"包覆面提取"按钮 ![包覆面提取图标] 包覆面提取，弹出"创建包覆面提取零件"对话框，如图 4-21 所示。

图 4-21　"创建包覆面提取零件"对话框

②　在"新的包覆面提取零件名称"框中，输入新的零件文件的名称。单击"模板"下三角按钮或单击 ![按钮图标] 按钮，选择或浏览创建新文件所依据的零件模板。在"新文件位置"框中输入或单击 ![按钮图标] 按钮，浏览新文件的保存位置。单击"确定"按钮，弹出"部件包覆面提取选项"对话框，如图 4-22 所示。

③　选择"实体合并后消除平面间的接缝" ![图标]、"实体合并后保留平面间的接缝" ![图标] 或"单个组合特征" ![图标]，确定包覆面提取样式。

·　实体合并后消除平面间的接缝：生成平面之间没有接缝的单个实体。

·　实体合并后保留平面间的接缝：生成平面之间保留接缝的单个实体。

·　单个组合特征：默认选项，生成单个曲面组合特征。

④　单击"预览"按钮，可以将对话框中的当前选择设置的结果形象表示。如果更改了选项，则重新单击"预览"按钮可以查看更改的效果。

⑤　激活"按可见性删除几何图元"选项，包括"仅整个零件"、"零件和面"、"可见性百分比"三项内容。

·　仅整个零件：删除满足可见性条件的零件，不删除满足可见性条件的单个面。

·　零件和面：删除包括满足可见性条件的整个零件的任何面，默认设置为"开"。

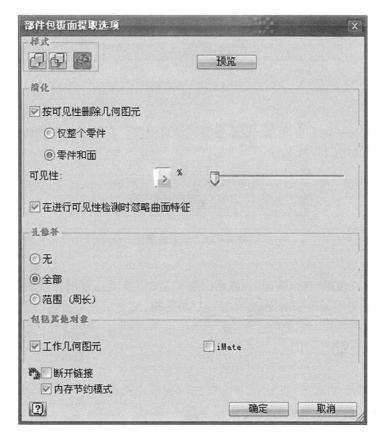

图 4 - 22　"部件包覆面提取选项"对话框

- 可见性百分比:零值将删除任意视图中不可见的所有零件或面。增大滑块值可以删除更多零件和面。

"包覆面提取"和"包覆面提取替换"的区别:使用"包覆面提取"命令,系统将创建包覆面提取零件文件。使用"包覆面提取替换"命令,将创建包覆面提取零件并使用该文件来创建替换详细等级表达。

4.4　定　位

4.4.1　夹点捕捉

"夹点捕捉"命令位于功能区"装配"选项卡"位置"面板。使用"夹点捕捉",用户可以指定选中的零件的自由度。

① 单击"夹点捕捉"按钮 🔓 夹点捕捉，如图 4 - 23 所示。

图 4 - 23　夹点捕捉

② 显示当前平动自由度， 显示当前转动自由度。在图形窗口中选择参考几何图元，
弹出移动选项栏，如图 4 - 24 所示。

图 4 - 24　移动选项栏

③ 移动选项栏包括"自由拖动"、"拖动平面"、"使用参考几何图元移动平面"、"沿法向拖
动"、"使用参考几何图元沿法向拖动"和"后退"功能按钮。

4.4.2　移　动

"移动"命令位于功能区"装配"选项卡"位置"面板。使用"移动"命令，用户可以在查看的
平面中向任意线性方向上拖动单个零部件，如图 4 - 25 所示。

图 4 - 25　移　动

① 单击"移动"按钮 🔓 移动，在图形窗口中单击零部件，将其拖动到新位置。释放鼠标按键
放下零部件。

无约束零部件保留在新位置，直到将其约束到另一个零部件。部分约束的零部件将调整
位置以满足约束。更新部件时，带约束的零部件返回到约束位置，固定零部件在新位置仍保持
固定，约束到固定零部件的零部件也将移动到新位置。

4.4.3　旋　转

"旋转"命令位于功能区"装配"选项卡"位置"面板。使用"旋转"命令,用户可以在指定方向上旋转单个零部件,如图 4 - 26 所示。

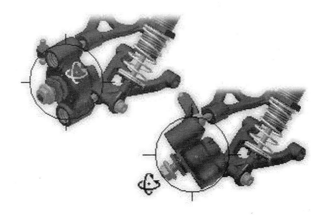

图 4 - 26　旋　转

① 单击"旋转"按钮 旋转 ,在图形窗口中单击零部件,出现三维旋转符号。旋转类型分为"自由旋转"、"水平轴旋转"、"竖直轴旋转"和"平行于屏幕旋转"。

- 自由旋转:单击三维旋转符号内部,然后沿适当的方向拖动。
- 水平轴旋转:单击三维旋转符号的顶部或底部控点,然后竖直拖动。
- 竖直轴旋转:单击三维旋转符号的左侧或右侧控点,然后水平拖动。
- 平行于屏幕旋转:将光标悬停于三维旋转符号的边缘上,直到该符号变为一个圆,然后单击边缘,随后沿环形方向拖动。

② 释放鼠标按键,在旋转位置放下零部件。单击"更新"后,受约束的零部件将捕捉回其约束位置,无约束或固定零部件则重新定位到新位置,约束到固定零部件的所有零部件将在新位置中捕捉到其约束位置。

4.5　约　束

"约束"命令位于功能区"装配"选项卡"位置"面板。使用"约束"命令,用户可以删除两个所选零部件之间的自由度,使它们相对于对方进行定位。

① 单击"约束"按钮 ,弹出"放置约束"对话框,如图 4 - 27 所示。

② "放置约束"对话框默认打开"部件"选项卡。选择"配合" 、"角度" 、"相切" 或"插入" ,指定约束类型。

- 配合:配合约束将零部件面对面放置,或者将零部件相邻放置并使表面齐平。删除平面之间的一个线性平移自由度和两个角度旋转自由度。在"方式"中选择"配合" 或"表面平齐" 。配合约束将选定面垂直放置,使它重合。表面齐平约束对齐相邻的零部件,使表面平齐。放置选定的面、曲线或点,使它们对齐,曲面法向指向同一

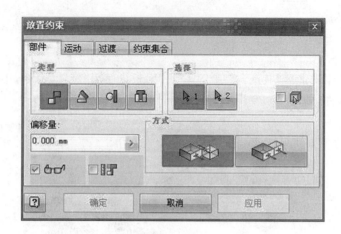

图 4 - 27 "放置约束"对话框

方向。

- 角度:角度约束是以一个指定角度定义的枢轴点来定义两个零部件上的边或平面之间的关系。约束后将会删除平面之间的一个旋转自由度或两个角度自由度。在"方式"中选择"定向角度"、"未定向角度"或"明显参考矢量"。定向角度始终应用右手规则。未定向角度可以定向,也可以拖动。显式参考矢量通过向选择过程添加第三次选择来显式定义 Z 轴矢量(叉积)的方向。

- 相切:相切约束使面、平面、柱面、球面和锥面在切点处接触。相切可能在曲线内部和外部,这取决于选定表面的法向。相切约束删除线性平移的一个自由度,或删除圆柱和平面之间的一个线性自由度和一个旋转自由度。在"方式"中选择"内边框"或"外边框"。内边框将在第二个选中零件内部的切点处放置第一个选中零件。外边框将在第二个选中零件外部的切点处放置第一个选中零件。

- 插入:插入约束是平面之间的面对面配合约束和两个零部件的轴之间的配合约束的组合。例如,插入约束可用于在孔中放置螺柄,螺柄与孔对齐,螺栓头部与平面配合。旋转自由度将保持打开。在"方式"中选择"反向"或"对齐"。反向是反转第一个选定零部件的配合方向。对齐是反转第二个选定零部件的配合方向。

③ 约束类型确定后,选择要约束到一起的两个零部件上的几何图元。单击每个"选择"按钮,可以在图形窗口中指定一个或多个曲线、平面或点来定义特征如何配合在一起。为了有助于用户查看约束应用的几何图元,每个选择按钮的颜色栏都对应选定的几何图元的颜色。在零部件处于紧密接近或部分相互遮挡时,可以激活"先单击零件"选项。先单击选中单一零部件,再单击选中该零部件上的几何图元。取消复选框的选中状态将恢复选择模式。

④ 指定零部件相互之间偏移的距离。用于输入一个与部件中的距离或角度相等的值。指定正值或负值。默认设置是零。第一个拾取的零部件决定了正方向。输入负数以反转偏移或角度的方向。

⑤ 激活"预览"选项,显示所选几何图元上的约束的效果。

⑥ 激活"预计偏移量和方向"选项,如果"偏移量"文本框未输入数值,则框中显示配合约束、表面齐平约束和角度约束的偏移量和方向值。如果所选零部件的法线(用方向箭头表

示)指向相同的方向,则类推一个表面齐平约束,并测量二者之间的偏移量。如果所选零部件的法线方向相对,则类推一个配合约束。对于角度约束,则测量角度并自动应用角度。取消该复选框的选中状态可以手动设置方向和偏移量。

⑦ 打开"运动"选项卡,如图 4 - 28 所示。运动约束用于指定零部件之间的预定运动。

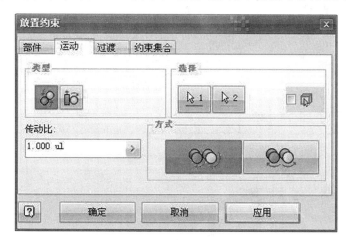

图 4 - 28　"运动"选项卡

⑧ 选择"转动"或"转动－平动",指定约束类型并确定显示所选零部件之间预定运动的方式。

- 转动:约束指定了选择的第一个零件按指定传动比相对于另一个零件转动。通常用于齿轮和皮带轮。在"方式"选项区域中确定"同向"或"反向"。
- 转动－平动:约束指定了选择的第一个零件按指定距离相对于另一个零件的平动而转动。通常用于显示平面运动,例如齿条和小齿轮。在"方式"选项区域中确定"同向"或"反向"。

⑨ 约束类型确定后,选择要约束到一起的两个零部件上的几何图元。单击每个"选择"按钮,可以在图形窗口中指定一个或多个曲线、平面或点来定义特征如何配合在一起。为了有助于用户查看约束应用的几何图元,每个选择按钮的颜色栏都对应选定的几何图元的颜色。在零部件处于紧密接近或部分相互遮挡时,可以激活"先单击零件"选项。先单击选中单一零部件,再单击选中该零部件上的几何图元。清除复选框选项将恢复选择模式。

⑩ 指定传送比或距离,确定第一次选定的零部件相对于第二次选定的零部件的运动。对于"转动"约束,"传动比"指定当第一个选择旋转时,第二个选择旋转了多少。对于"转动－平动"约束,"距离"指定相对于第一个选择的一次转动,第二个选择平移了多少。

⑪ 打开"过渡"选项卡,如图 4 - 29 所示。过渡约束指定了圆柱形零件面和另一个零件的一系列邻近面之间的预定关系,例如约束凸轮表面与插槽表面之间的关系,如图 4 - 30 所示。

⑫ 打开"约束集合"选项卡,如图 4 - 31 所示。"约束集合"使用户能够将两个 UCS 约束在一起。约束集合两个 UCS 在对应的 YZ、XZ 和 XY 平面对之间创建三个配合约束。

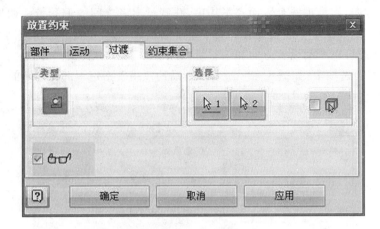

图 4 - 29　"过渡"选项卡

图 4 - 30　插槽面与凸轮面的约束

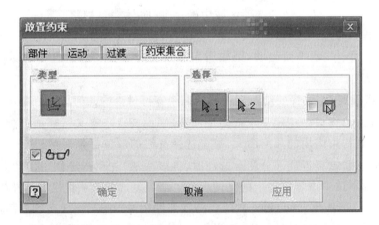

图 4 - 31　"约束集合"选项卡

4.6　装配检验

4.6.1　过盈分析

"过盈分析"命令位于功能区"检验"选项卡"过盈"面板。使用"过盈约束"命令,用户可以检查所选零部件集的干涉,如图 4 - 32 所示。

① 单击"过盈分析"按钮🔲,弹出"干涉检查"对话框,如图 4 - 33 所示。

图 4 - 32　过盈分析　　　　　　　　　　图 4 - 33　"干涉检查"对话框

② 依次单击"定义选择集 1"按钮🔌 和"定义选择集 2"按钮🔌,在图形窗口中选择要检查干涉的一个或两个零部件集。集之间的干涉将被检查,如果子部件或零部件组作为单个集被选择,将在集内部进行干涉检查。在检查过程中,屏幕上会显示完成的百分比。对于大量零部件或大型装配,检查可能所需很长时间。

③ 检查完成后,弹出"检测到干涉"对话框,干涉引用数及其总体积将显示在消息中,如图4 - 34 所示。

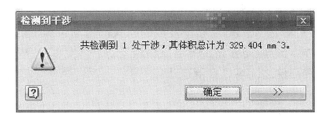

图 4 - 34　"检测到干涉"对话框

④ 单击"确定"按钮关闭对话框或单击"更多"按钮 >> 以表格形式显示检查报告,如图 4 - 35 所示。用户可以打印干涉报告,也可以将其复制到剪贴板,然后在文本编辑器或电子表格中打开它。

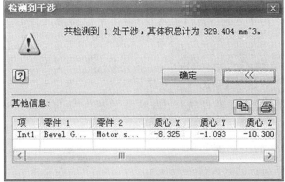

图 4 - 35　"检测到干涉"对话框

4.6.2　激活接触识别器

"激活接触识别器"命令位于功能区"检验"选项卡"过盈"面板。使用"激活接触识别器"命令,用户可以隔离接触集合中选定的零部件,确定零部件是否按照预期的方式进行机械运动,如图 4-36 所示。

在图形窗口中需要限定运动范围的零部件上右击,在弹出的右键快捷菜单中单击"接触集合"选项,完成该零部件的干涉限定设置。依次完成所需零部件的干涉限定设置。浏览器中对应的零部件上出现设定符号,如图 4-37 所示。

图 4-36　激活接触识别器　　　　图 4-37　浏览器中的接触限定符号

单击"激活接触识别器"按钮 ⊕,启动干涉限制模式。拖动设定"接触集合"的零部件时,它们之间无法出现干涉,可以限定在指定范围内相对运动。再次单击"激活接触识别器"按钮,取消接触限制模式。零部件之间可以自由运动。

练习 4

本练习要通过以下步骤完成零件的装配,该装配件涉及 Inventor 装配特征的大部分功能,要求读者掌握创建装配体的基本方法和基本操作。

① 新建一个部件类型的文件 ,如图 4-38 所示。

② 单击"放置"选项 ,从光盘\实例源文件\第 4 章中选择添加名字为 PistonCover.ipt 的零件,如图 4-39 所示。

③ 接着添加名为 AirCyclinderBody.ipt 的零件,单击"移动"选项 移动、"旋转"选项 旋转 来调整放置的零件的位置,如图 4-40 所示。

④ 单击"约束"选项 ,选择部件选项卡,约束类型为"配合",选择约束表面为 Piston-Cover 的下里端面和 AirCyclinderBody 的端面,单击"应用"按钮,如图 4-41 所示。

⑤ 选择 PistonCover 的侧端面和 AirCyclinderBody 的里端面约束,如图 4-42 所示。

图 4 - 38　创建部件文件

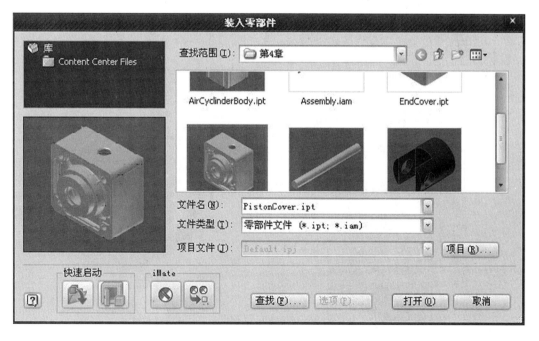

图 4 - 39　放置零件

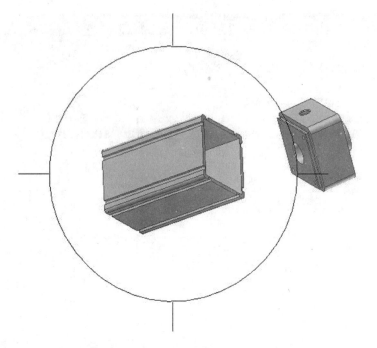

图 4 – 40　调整零件位置

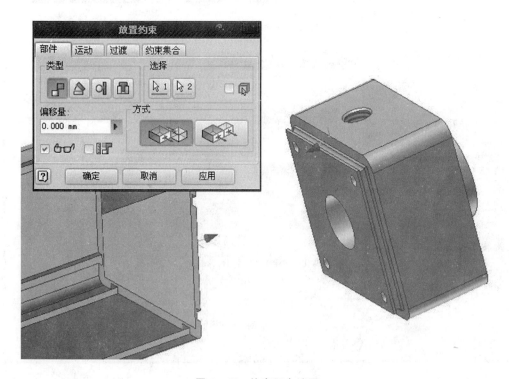

图 4 – 41　约束两个端面

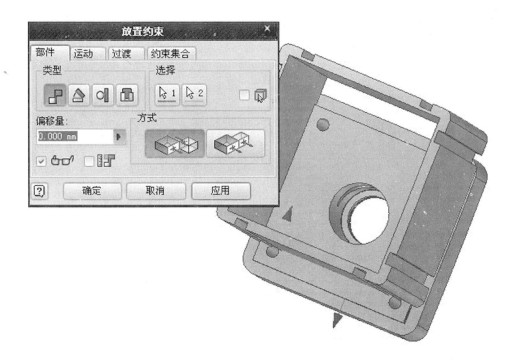

图 4－42　约束侧面

⑥ 单击"放置"选项,放置名为 EndCover.ipt 的零件,并调整位置,如图 4－43 所示。

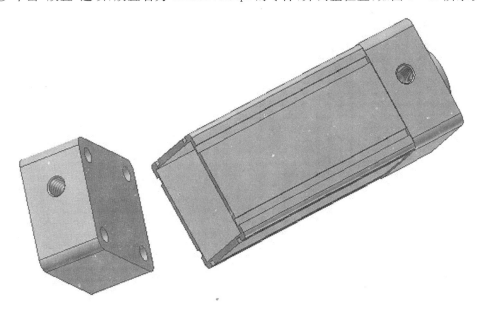

图 4－43　放置 EndCover

⑦ 单击"约束"选项,选择"部件"选项卡,约束类型为"配合",选择约束面为 AirCyclinder-Body 的端面和 EndCover 的带孔的端面,单击"应用"按钮,如图 4－44 所示。

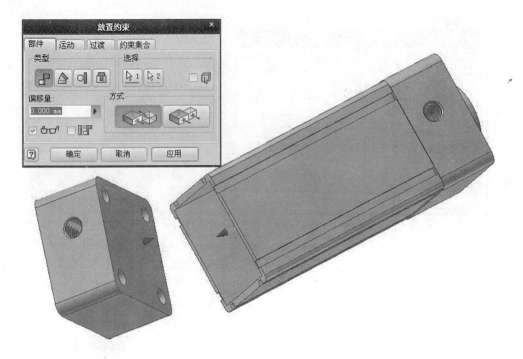

图 4-44　约束端面

⑧ 选择 EndCover 上对角的孔分别与 PistonCover 上的孔相对应,进行配合约束,使带螺纹孔的端面在一侧,如图 4-45 所示。

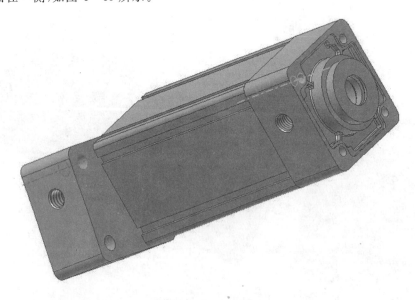

图 4-45　孔约束

⑨ 三个零件装配完成后,如图 4-46 所示。

⑩ 单击"放置"选项,放置名为 pushrod.ipt 的零件,并调整位置,如图 4-47 所示。

图 4 - 46 部分装配图

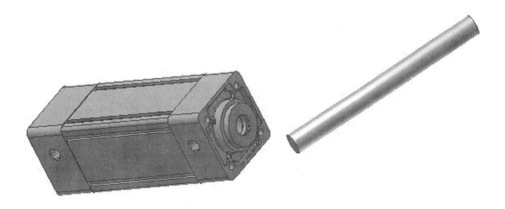

图 4 - 47 放置 pushrod

⑪ 单击"约束"选项,选择"部件"选项卡,约束类型为"配合",约束 PistonCover 和 pushrod,如图 4 - 48 所示。

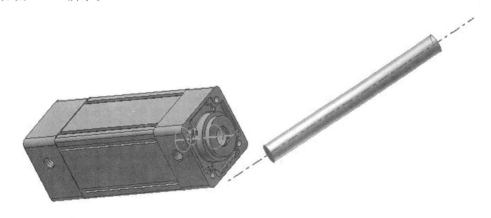

图 4 - 48 约束 PistonCover 和 pushrod

⑫ 单击"放置"选项,放置名为 rodend. ipt 的零件,并调整位置,如图 4 - 49 所示。

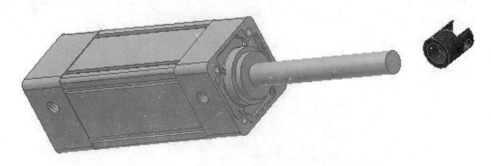

图 4 - 49 放置 rodend

⑬ 单击"约束"选项,选择"部件"选项卡,约束类型为"配合",选择 pushrod 的端面与 ro-
dend 的内端面为约束面,如图 4 - 50 所示。

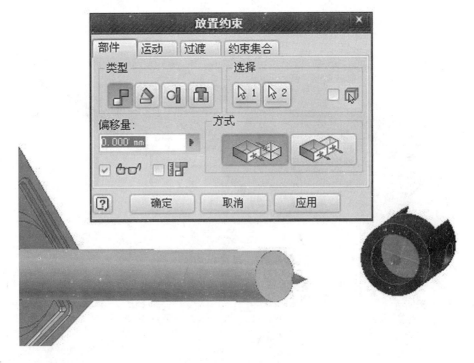

图 4 - 50 约束端面

⑭ 约束 pushrod 和 rodend 的轴线,如图 4 - 51 所示。

⑮ 最终装配图如图 4 - 52 所示。

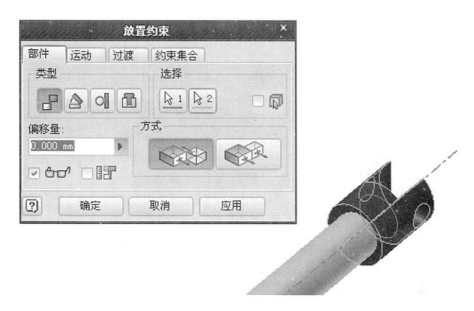

图 4 - 51　约束轴线

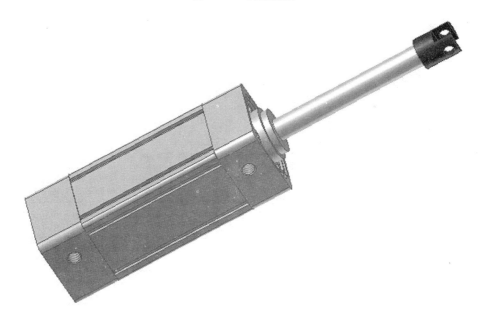

图 4 - 52　最终装配图

第 5 章 工程图

教学要求

- 了解工程视图的分类,以及各种视图的建立方法。
- 掌握标注尺寸方法。
- 掌握符号和特征的标注方法。
- 了解工程图的图层和样式。

5.1 创建工程图

5.1.1 基础视图

"基础视图"命令位于功能区"放置视图"选项卡"创建"面板。使用"基础视图"命令,用户可以根据零部件模型创建对应的二维工程图,如图 5 - 1 所示。

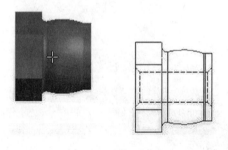

图 5 - 1 基础视图

① 单击"基础视图"按钮█,弹出"工程视图"对话框,如图 5 - 2 所示。

② 默认打开"零部件"选项卡。单击"文件"文本框的下三角按钮,从弹出的下拉列表中进行选择,指定要用于工程视图的源零件文件。

③ 在"方向"列表中设置视图的方向。从标准方向列表中进行选择。

④ 在"视图/比例标签"选项区域中,单击"切换标签的可见性"选项█,可打开或关闭视图标签的可见性。单击"比例"文本框的下三角按钮,在下拉列表中选择视图相对于零件或部件的比例,或直接在"比例"文本框中输入列表未列出的比例。

⑤ 激活"与基础视图样式一致"选项█,可将从属视图的比例设置为与其父视图相同。如果选中,从属视图将采用与其父视图相同的比例。要更改从属视图的比例,应取消此复选框的选中状态,然后设置比例。

图 5－2　"工程视图"对话框

　　⑥ 在"视图标识符"框中编辑视图代号。单击"编辑视图标签"按钮，弹出"文本格式"对话框，如图 5－3 所示。用户可以编辑和设置视图标签文本。

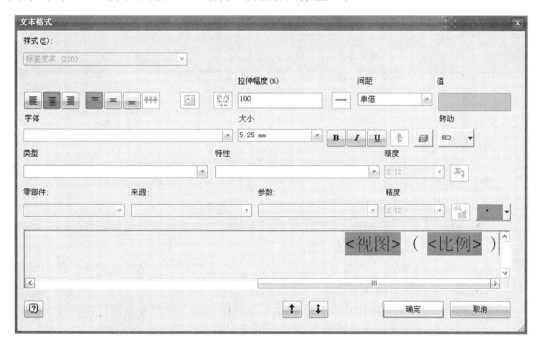

图 5－3　"文本格式"对话框

　　⑦ 在"显示方式"中，选择"显示隐藏线"、"不显示隐藏线"或"着色"，设置视图的显示方式。

　　· 显示隐藏线：显示视图中的隐藏线。

　　· 不显示隐藏线：从视图中删除隐藏线。

　　· 着色：显示视图中的着色模型。

⑧ 激活"与基础视图样式一致"选项 ，可将从属视图的显示方式设置为与其父视图相同。如果选中该选项，从属视图将采用与其父视图相同的显示方式。要更改从属视图的显示方式，应取消该复选框的选中状态，然后设置显示方式。

⑨ 打开"显示选项"选项卡，如图 5-4 所示。该选项卡用于设置工程视图的显示选项。选中一个选项可以将其添加到视图中，取消复选框的选中状态则从视图中删除它。

图 5-4 "显示选项"选项卡

各选项的含义如下所述。

- 所有模型尺寸：使模型尺寸与视图关联。选中该复选框，显示与视图平面平行并且没有被图纸上现有视图使用的尺寸。清除该复选框，则在放置视图时不带模型尺寸。

- 模型焊接符号：使模型焊接符号与视图关联。选中该复选框以获得模型焊接符号。取消该复选框的选中状态，则在放置视图时不带模型焊接符号。

- 折弯范围：设置视图中钣金折弯范围的可见性。选中复选框以显示折弯范围。取消该复选框的选中状态则隐藏相切边。

- 螺纹特征：设置视图中螺纹特征的可见性。选中复选框以显示螺纹特征。取消该复选框的选中状态则隐藏相切边。

- 焊接标注：使模型焊接焊肉以及末端填充与视图关联。选中该复选框以获得模型焊接标注。取消该复选框的选中状态则在放置视图时不带模型焊接尺寸。

- 用户定位特征：将模型的定位特征恢复到视图中。此设置仅用于最初放置视图。选择复选框来包含定位特征。取消该复选框的选中状态则不恢复定位特征。

- 干涉边：启用关联工程视图的可见性。如果选择该选项，关联的工程视图将显示之前由于干涉条件（压力、干涉配合条件、螺纹孔中的螺纹紧固件）而排除的隐藏边和可见边。

- 相切边：设置选定视图中相切边的可见性。选中该复选框以显示相切边。取消该复选框的选中状态则隐藏相切边。

- 断开:设置相切边的显示。选中该复选框则缩短相切边的长度,以区别于可见边。
- 显示轨迹:在源文件为表达视图时,显示或隐藏所选视图中的轨迹。
- 剖面线:设置所选剖视图中剖面线的可见性。
- 与基础视图对齐:设置所选视图与其基础视图间的对齐约束。选中复选框将存在对齐约束。取消复选框的选中状态则断开对齐约束。
- 在基础视图中显示投影线:控制局部视图边界圆、剖切线及其关联文本的显示。选中此选项将显示标注。
- 剖切继承:打开或关闭已编辑视图的局部剖、打断、剖视和剖切继承。选中此复选框可从基础视图中继承对应的剖切。
- "剖切标准零件"各选项用于控制工程视图中标准零件的。此剖切选项仅适用于部件视图。
- 从不:即使在浏览器中打开"剖视"选项,也不会剖视标准零件。
- 始终:即使在浏览器中关闭"剖视"选项,也会剖视标准零件。
- 遵从浏览器设置:默认为浏览器设置。将浏览器中可见的当前"剖切"选项设置用于部件视图。

⑩ "视图对齐"用于设置视图的对齐方式。单击该文本框右侧的下三角按钮以选择"居中"或"固定"选项。

⑪ 所有参数设置完成后,单击"确定"按钮,生成基础视图。

5.1.2　投影视图

"投影视图"命令位于功能区"放置视图"选项卡"创建"面板。使用"投影视图"命令,用户可以从基础视图或任意其他视图中生成正交视图或等轴测视图,如图5-5所示。

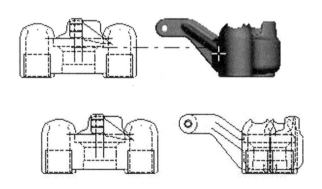

图5-5　投影视图

根据工程图的制图标准,可以用第一视角或第三视角投影法来创建投影视图。在创建投影视图之前,必须先有一个基础视图。投影与父视图对齐,并且继承其比例和显示设置。

单击"投影视图"按钮，选择要投影的父视图。将预览移到适当位置,然后单击以放置视图。在移动预览视图时,投影视图的方向会随之变化,以反映它与父视图之间的关系。继续通过移动预览视图和单击放置投影视图。右击,然后从弹出的右键快捷菜单中选择"创建",退出放置投影视图。

5.1.3 斜视图

"斜视图"命令位于功能区"放置视图"选项卡"创建"面板。使用"斜视图"命令,用户通过从父视图中的边或直线投影来放置斜视图。得到的视图与父视图对齐,如图5-6所示。

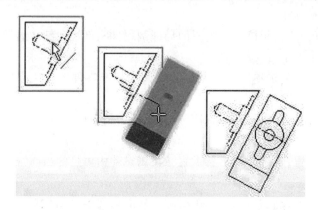

图5-6 斜视图

① 单击"斜视图"按钮📷,单击选定一个已有视图作为父视图,弹出"斜视图"对话框,如图5-7所示。

图5-7 "斜视图"对话框

② 在"视图/比例标签"中指定视图标签和比例。"视图标识符"文本框中编辑视图标识符号字符串。"比例"下拉列表框中设置相对于零件或部件的视图比例。在"比例"文本框中输入比例,或者单击箭头从常用比例列表中选择。单击🔆按钮,切换标签可见性。单击✏按钮,编辑视图标签。在"样式"选项区域中选择视图的显示样式,默认的显示样式与父视图的显示样式相同。单击相应命令,更改显示样式。

③ 在选定的父视图中选择从其方向投影视图的边或直线。将预览移到适当位置,然后单击以放置视图,或者在"斜视图"对话框中单击"确定"按钮。只能以与选定边或直线垂直或平

行的对齐方式放置视图。

5.1.4　剖　视

"剖视"命令位于功能区"放置视图"选项卡"创建"面板。使用"剖视"命令,用户可以从指定的父视图创建全剖视图、半剖视图、阶梯剖视图或旋转剖视图,如图 5-8 所示。

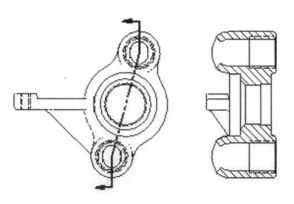

图 5-8　剖　视

① 单击"剖视"按钮,单击选定一个已有视图作为父视图。单击以设置视图剖切线的起点,然后再单击以确定剖切线的其余点。视图剖切线上点的个数和位置决定了剖视图的类型。右击,在弹出的右键快捷菜单中选择"继续"选项完成视图剖切线,弹出"剖视图"对话框,如图 5-9 所示。

图 5-9　"剖视图"对话框

② 在该对话框中,编辑视图标识符号并选择比例。单击"切换标签的可见性",更改标签可见性。单击"编辑视图标签"选项,然后在"文本格式"对话框中编辑视图标签。设定显示样式。

③ 单击"剖切深度"文本框右侧的下三角按钮,在其下拉列表中若选择"完全"选项,则为剖切线以外的所有几何图元创建剖视图,若选择"距离"选项,则可按照模型单位指定从剖切线开始的观察距离。

④ 当绘制多段剖切线或选择包含多段剖切线的视图草图时,需指定投影剖视图的方法。在剖视图的方法中选择"投影"或"旋转"选项。

⑤ 将预览移到适当位置,然后单击以放置视图。

5.1.5　局部视图

"局部视图"命令位于功能区"放置视图"选项卡"创建"面板。使用"局部视图"命令,用户可以创建和放置父视图上指定部分的局部工程视图。创建的局部视图并不与父视图对齐,如图 5-10 所示。

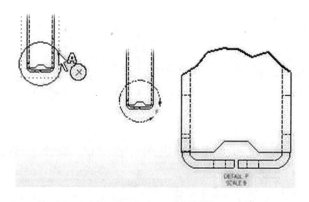

图 5-10　局部视图

① 单击"局部视图"按钮 ,单击选定一个已有视图作为父视图,弹出"局部视图"对话框,如图 5-11 所示。

② 设置视图标识符号、比例和视图标签的可见性。如果需要,则单击"编辑视图标签"按钮,并在"文本格式"对话框中编辑局部视图标签,设置显示样式。

③ 单击"圆形"按钮 或"矩形"按钮 ,确定局部视图的轮廓形状。

④ 单击"锯齿过渡"按钮 或"平滑过渡"按钮 ,确定局部视图的切断形状。如果选择了"平滑过渡"方式,则可以选择"显示完整局部边界"选项,并可以选择"显示连接线"选项,在父视图中的局部视图和局部视图边界之间添加连接线。

⑤ 在图形窗口中,单击以确定适当局部视图的中心,然后移动光标,并单击以确定局部视图的外边界。将预览移到适当位置,然后单击以放置视图。局部视图应与轮廓大小成比例。

图 5 - 11　"局部视图"对话框

5.1.6　重叠视图

"重叠视图"命令位于功能区"放置视图"选项卡"创建"面板。使用"重叠视图"命令,用户构建来自多个位置表达的一个视图以显示多个位置的部件,如图 5 - 12 所示。

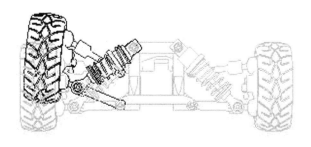

图 5 - 12　重叠视图

① 单击"重叠视图"按钮,单击选定一个已有视图,弹出"重叠视图"对话框,如图 5 - 13 所示。

② 在"位置表达"选项区域中,单击下三角按钮并选择位置表达,可以从一个位置表达中创建多个重叠视图。

③ 在"设计视图"选项区域中,单击下三角按钮并选择设计视图表达。设计视图可以与父视图不同,例如显示不同的可见零部件。

④ 在"标签"选项区域中,可以取消"使用位置表达名称"复选框的选中状态,输入新名称或接受默认名称。单击"编辑视图标签"按钮,然后在"文本格式"对话框中编辑视图标签。

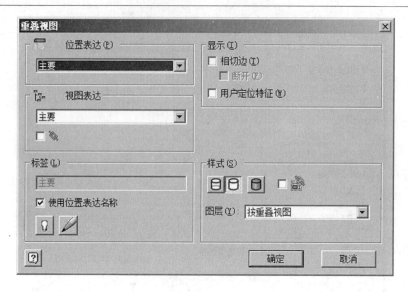

图 5－13　"重叠视图"对话框

⑤ 在"显示"选项区域中选中"相切边"复选框可以显示相切的边,选中"用户定位特征"复选框,用以在视图中显示它们。

⑥ 在"样式"选项区域中,可单击"显示隐藏线"按钮 、"不显示隐藏线"按钮 和"着色"按钮 来显示样式。若选中"与基础视图样式一致"复选项 ,则表示允许使用与父视图相同的线型显示重叠视图。

⑦ 在"图层"文本框中,通过下拉列表若选择"按重叠视图"选项,则将视图项目设置为"图层"样式指定的线样式,若选择"按零件"选项,则表示显示零件模型中使用的标准线样式。

⑧ 向基础视图添加其他重叠视图以显示多个位置。

⑨ 根据需要,创建其他投影视图和斜视图并为每个视图创建重叠视图。

5.1.7　草图视图

"草图视图"命令位于功能区"放置视图"选项卡"创建"面板。使用"草图视图"命令,可以创建仅包含二维或三维草图,不包含实体的零件视图,如图 5－14 所示。

① 单击"草图视图"按钮 ,弹出"草图视图"对话框,如图 5－15 所示。

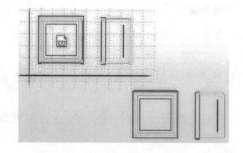

图 5－14　草图视图

图 5－15　"草图视图"对话框

② 设置视图标识符号、比例、和视图标签的可见性。如果需要,就单击"编辑视图标签"按钮,并在"文本格式"对话框中编辑局部视图标签。设置显示样式。

③ 单击"确定"按钮,进入编辑状态。用户可以在当前工程图中使用功能区"草图"选项卡中的工具绘制草图。单击"完成草图"按钮,退出草图编辑状态,生成草图视图。更改设置时,右击浏览器中的"草图"按钮,选择"编辑视图"选项,在"草图视图"对话框中重新设置。再次编辑草图时,展开浏览器中的"草图"按钮,右击子菜单中的"草图"按钮,选择"编辑"选项,回到绘制草图状态。

5.2　修改工程图

5.2.1　打断视图

"打断视图"命令位于功能区"放置视图"选项卡"修改"面板。使用"打断视图"命令,可以删除模型中不相关的部分,缩小模型以符合工程图的大小,如图 5 - 16 所示。

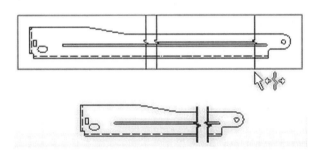

图 5 - 16　打断视图

① 单击"打断视图"按钮,单击选定一个已有视图,弹出"打断视图"对话框,如图 5 - 17 所示。

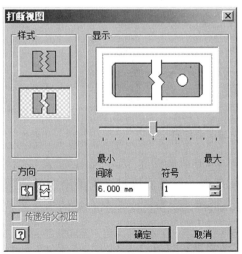

图 5 - 17　"打断视图"对话框

②"样式"选项将打断样式设置为"矩形"■或"构造"■。通过选择"矩形"或"构造"确定不同样式的打断线。

③"方向"选项用于设置"水平"■或"竖直"■的打断方向。

④"显示"选项用于控制每个打断类型的外观,与样式命令结合使用。选择某样式命令激活显示设置。在"显示"区域中显示设置预览。

⑤"最大最小"滑块,在选择"矩形"命令时,可控制显示的打断边的数量或节距。在选择"构造"命令时,可控制打断线的波动幅度,以打断间隙的百分比表示。

⑥"间隙"选项用于指定打断视图中的打断线之间的距离。使用单位为工程图指定的单位。

⑦"符号"选项只能在"结构"打断中使用,用于指定所选打断的打断符号数。每处打断最多允许使用 3 个符号。

⑧"传递给父视图"选中则将打断操作扩展到父视图。

5.2.2 局部剖视图

"局部剖视图"命令位于功能区"放置视图"选项卡"修改"面板。使用"局部剖视图"命令,可以去除一定区域的材料,以显示现有工程视图中被遮挡的零件或特征,如图 5 – 18 所示。

① 单击"局部剖视图"按钮■,单击选定一个已有封闭界面轮廓草图的视图,弹出"局部剖视图"对话框,如图 5 – 19 所示。

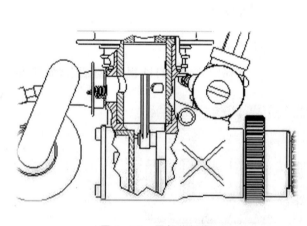

图 5 – 18　局部剖视图

图 5 – 19　"局部剖视图"对话框

② 选择"边界"选项区域中的"截面轮廓"选项■后,单击草图截面轮廓以选择该轮廓。

③ 在"深度"选项区域中选择几何图元以定义局部剖区域的深度。单击"选择箭头"按钮■,然后单击工程视图中的几何图元。单击文本框右侧的下三角按钮,然后从列表中选择"深度类型"选项。

- 自点:局部剖视图的深度设定数值。
- 至草图:使用与其他视图关联的草图几何图元定义局部剖视图的深度。

- 至孔：使用视图中孔特征的轴定义局部剖视图的深度。
- 贯通零件：使用零件的厚度定义局部剖视图的深度。

④ 选择"显示隐藏边"按钮 以在视图中暂时显示隐藏边。可以在隐藏线几何图元上拾取一点来定义局部剖深度。取消该复选框的选中状态则表示忽略视图中的隐藏线。

⑤ 选择"剖切所有零件"选项以剖切当前未在局部剖视图区域中剖切的零件。取消该复选框的选中状态以忽略视图中未剖切的零件。

5.2.3　剖面图

"剖面图"命令位于功能区"放置视图"选项卡"修改"面板。使用"剖面图"命令,可以生成一个或多个截面,如图 5-20 所示。

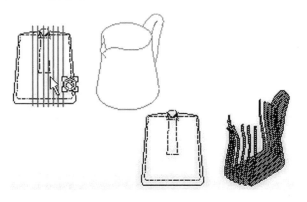

图 5-20　剖面图

① 单击"剖面图"按钮 ,单击选定一个已有封闭界面轮廓草图的视图,弹出"剖切"对话框,如图 5-21 所示。

② 单击"剖切线几何图元"选项区域中"选择草图"按钮 ,选择剖切线。

③ 选中"剖切所有零件"选项,则剖切草图几何图元穿过的所有零部件都参与剖切。与剖切草图几何图元不相交的零部件将不会参与剖切操作。

图 5-21　"剖切"对话框

5.2.4　修　剪

"修剪"命令位于功能区"放置视图"选项卡"修改"面板。使用"修剪"命令,可以从视图中删除图像中的多余部分,如图 5-22 所示。

① 单击"修剪"按钮 ,单击选定一个已有视图并右击,在弹出的右键快捷菜单中单击"修剪设置"选项,弹出"修剪设置"对话框,如图 5-23 所示。

② 在"默认边界类型"选项区域中选择修剪操作指定默认边界类型。通过"显示剪切线"选项,可以设定剪切线是否显示。

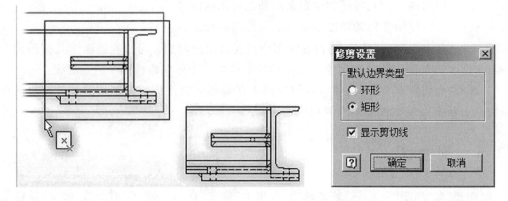

图 5-22 修 剪   图 5-23 "修剪设置"对话框

③ 在先前选定的视图中,分别单击选定矩形或环形剪裁框的起点和终点,系统将自动生成并保留剪裁框范围内的图像。

5.2.5 对齐视图

"对齐视图"命令位于功能区"放置视图"选项卡"修改"面板。使用"对齐视图"命令,可以使从属视图与其父视图之间建立位置约束关系,如图 5-24 所示。

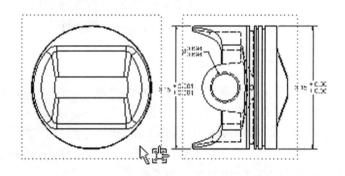

图 5-24 对齐视图

对齐的视图只能在约束的范围内移动。如果父视图被移动,与之对齐的视图也将移动,以保持对齐。在从属视图与父视图之间有以下四种可能的对齐关系。

- 水平对齐:水平对齐视图的原点的 Y 坐标值相同。水平对齐的视图只能沿其父视图的 X 轴移动。
- 垂直对齐:竖直对齐视图的原点的 X 坐标值相同。竖直对齐的视图只能沿其父视图的 Y 轴移动。
- 在位对齐:在位对齐视图沿既相对非水平也非竖直的轴或边进行对齐,保持子视图与父视图夹角不变。
- 断开对齐:删除对齐约束,使视图不对齐。非对齐视图与其他视图没有约束关系。非对齐视图可以在工程图纸上自由移动,并且当其父视图被移动时也不会自动移动。

单击"对齐"按钮 ，从列表中选择对齐关系。单击选择要对齐的子视图，再单击用于对齐的父视图。要对齐的视图将移动以与父视图对齐。

5.3　尺寸标注

5.3.1　基本尺寸

"基本尺寸"命令位于功能区"标注"选项卡"尺寸"面板。使用"基本尺寸"命令，可以为工程图添加工程图尺寸。工程图尺寸不更改或控制特征及零件的尺寸，可以作为工程视图或工程图草图中的几何图元的标注，如图 5-25 所示。

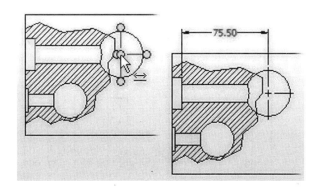

图 5-25　基本尺寸

① 单击"尺寸"按钮 ，在图形窗口中选择几何图元并拖动以显示尺寸。单击选择点、直线或曲线添加线性尺寸。

② 添加线性对称尺寸或线性直径尺寸，选择两条平行的直线或边并右击，在弹出的右键快捷菜单中选择"线性对称"或"线性直径"选项。

③ 添加半径或直径尺寸，单击以选择圆弧或圆。

④ 添加角度尺寸，选择两条曲线。

⑤ 用弦长、弧长或角度尺寸标注某段圆弧，选择该圆弧并右击，在弹出的右键快捷菜单中选择"弦长"、"弧长"或"角度"选项。

⑥ 单击此选项以在适当的位置放置尺寸。

5.3.2　基线尺寸和基线集尺寸

"基线尺寸"和"基线集尺寸"命令位于功能区"标注"选项卡"尺寸"面板。使用"基线尺寸"命令，可以指定一个基准，以此来计算尺寸，并选择要标注尺寸的几何图元，如图 5-26 所示。使用"基线集尺寸"命令，一次操作标注的所有尺寸作为一个整体标注进行操作，如图 5-27 所示。

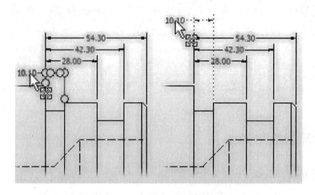

图 5－26　基线尺寸

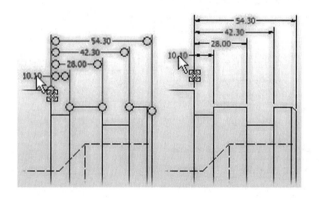

图 5－27　基线集尺寸

　　① 单击"基线尺寸"按钮 ▦ 基线 或"基线集尺寸"按钮 ▦ 基线集，单击以选择各条边，或单击并拖动窗口选择多条边，在图形窗口中选择要标注尺寸的几何图元。第一条选定边作为基准。要指定不同的基准，在要指定为基准的尺寸界线上右击，在弹出的右键快捷菜单中选择"创建基准"选项。

　　② 鼠标右击并选择"继续"选项。移动光标以预览尺寸的位置，然后单击以设置方向。如需将尺寸移动到不同的位置，可以选择尺寸并将其拖动到期望的位置。

　　③ 完成后，右击，在弹出的右键快捷菜单中选择"创建"。

5.3.3　同基准尺寸和同基准集尺寸

　　"同基准尺寸"和"同基准集尺寸"命令位于功能区"标注"选项卡"尺寸"面板。使用"同基准尺寸"命令，可以生成距离指定原点的一系列自动对齐的尺寸标注，如图 5－28 所示。使用"同基准集尺寸"命令，可以将一次操作标注的所有同基准尺寸作为一个整体标注进行操作，如图 5－29 所示。

　　操作方法参考"基线尺寸和基线集尺寸"的相关内容。

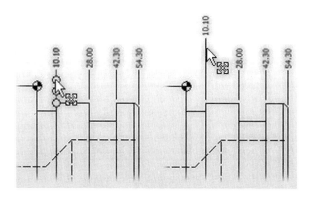

图 5 – 28　同基准尺寸

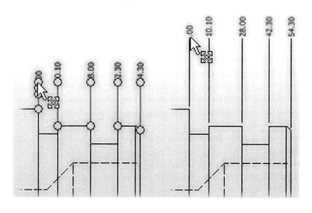

图 5 – 29　同基准集尺寸

5.3.4　检索尺寸和排列尺寸

　　"检索尺寸"和"排列尺寸"命令位于功能区"标注"选项卡"尺寸"面板。使用"检索尺寸"命令,可以检索所有草图尺寸、模型尺寸或与特定零件或特征相关的尺寸,用户通过它选择需要显示的尺寸,如图 5 – 30 所示。

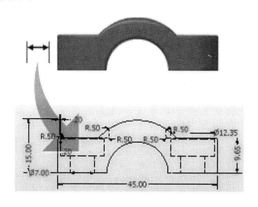

图 5 – 30　检索尺寸

① 单击"检索尺寸"按钮 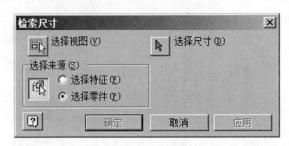 检索，弹出"检索尺寸"对话框，如图 5 - 31 所示。

图 5 - 31 "检索尺寸"对话框

② 单击"选择视图"按钮，在图形窗口中选中要检索尺寸的视图。

③ 单击"选择特征"选项，为一个或多个特征或草图几何图元检索尺寸。单击"选择零件"选项为视图中的一个或多个零件检索尺寸。然后在图形窗口中选择一个或多个零件，添加对应的检索尺寸。

④ 单击"选择尺寸"按钮，选择要显示的尺寸。单击每个要显示的可用尺寸，或者单击并拖曳窗口来选择标注。选定的尺寸将会亮显。

⑤ 单击"应用"按钮检索选定的尺寸，然后单击"取消"按钮关闭对话框。单击"确定"按钮并关闭对话框。只有在"尺寸选择"模式下亮显的尺寸才会显示。

⑥ 使用"排列"在视图中排列选定的尺寸组，可以排列线性尺寸、角度尺寸、坐标尺寸和真等轴测尺寸，如图 5 - 32 所示。

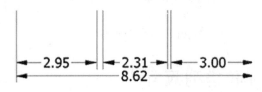

图 5 - 32 排列尺寸

⑦ 单击"排列尺寸"按钮 排列，单击要排列的可用尺寸组合，或者单击并拖曳窗口来选择。选定的尺寸将会亮显。

⑧ 右击鼠标以显示右键快捷菜单，然后选择"轮廓实体"或"完成"选项。选择"轮廓实体"选项，在工程图中单击以指定尺寸放置位置。选择"完成"选项，尺寸将自动排列。

5.4 特征注释

5.4.1 孔和螺纹

"孔和螺纹"命令位于功能区"标注"选项卡"特征注释"面板。使用"孔和螺纹"命令，可以添加具有指引线的孔注释或螺纹注释，如图 5 - 33 所示。

① 单击"孔和螺纹"按钮，在工程视图中选择孔或螺纹的特征边。移动光标，单击以确

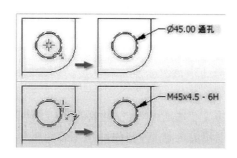

图 5 - 33　孔和螺纹

定注释放置位置。

② 完成放置孔/螺纹注释后,右击鼠标在弹出的右键快捷菜单中选择"结束"选项。

③ 在侧视图中创建线性标注螺纹注释。必须选择一对有效的螺纹边以定义线性标注螺纹注释。在图形窗口中,选择一条螺纹线。然后,选择第二条螺纹线。移动光标,单击以放置注释。完成放置孔/螺纹注释后,右击并在弹出的右键快捷菜单中选择"结束"选项,如图 5 - 34所示。

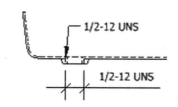

图 5 - 34　侧视图中创建线性标注螺纹注释

5.4.2　倒　角

"倒角"命令位于功能区"标注"选项卡"特征注释"面板。使用"倒角"命令,可以向工程视图添加倒角注释,如图 5 - 35 所示。

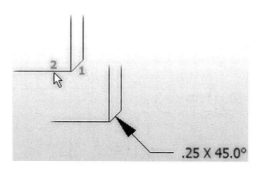

图 5 - 35　倒　角

单击"倒角"按钮 倒角,从模型或草图中选择与倒角具有共同端点或相交的参考线或边。单击以放置倒角注释。默认附着点为倒角的中点,但创建倒角注释后,可以单击该附着点,将该点拖动到同一视图的其他位置。继续创建和放置倒角注释,右击并在弹出的右键快捷菜单中选择"结束"选项进行退出。

5.4.3　冲　压

"冲压"命令位于功能区"标注"选项卡"特征注释"面板。使用"冲压"命令,可以向展开视图添加冲压。注释包含与冲压相关的数据,例如冲压 ID、冲压角度、冲压方向、冲压深度和数量注释等,如图 5 - 36 所示。

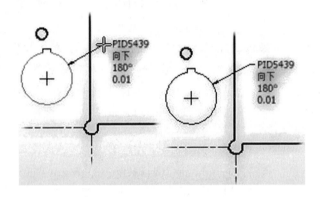

图 5 - 36　冲　压

单击"冲压"按钮 冲压,选择冲压几何图元或冲压中心标记。移动光标,单击以放置冲压注释。完成后,右击并在弹出的右键快捷菜单中选择"结束"选项。

5.4.4　折　弯

"折弯"命令位于功能区"标注"选项卡"特征注释"面板。使用"折弯"命令,可以将制造信息添加到钣金折弯中心线。折弯注释与工程视图相关联。每个单独的折弯中心线将被视为工程图中单独的折弯对象,如图 5 - 37 所示。

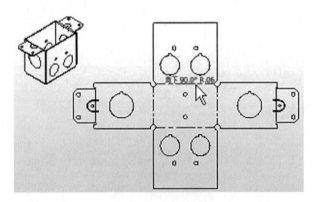

图 5 - 37　折　弯

单击"折弯"按钮 折弯,选择折弯中心线。系统将在选定折弯中心线的周围生成并放置折弯注释。右击,在弹出的右键快捷菜单中选择"结束"选项以完成命令。

5.5　文本标注

5.5.1　创建文本

"创建文本"命令位于功能区"标注"选项卡"文本"面板。使用"创建文本"命令,可以向工程图添加通用注释,如图 5 - 38 所示。

图 5 - 38　创建文本

① 单击"文本"按钮 **A**,在图形窗口中单击以放置文本框的插入点或拖动鼠标以定义文本框的区域。弹出"文本格式"对话框,如图 5 - 39 所示。

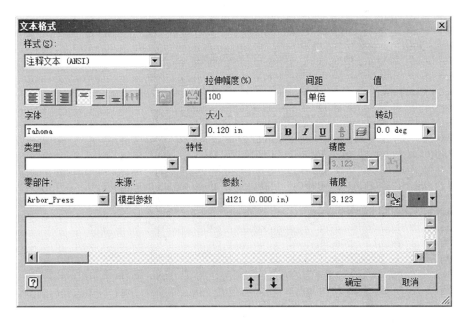

图 5 - 39　"文本格式"对话框

② 在"文本格式"对话框的文本框中输入文本。可以使用该对话框中的选项添加符号和命名参数,或者设置文本字体或大小等特性。

5.5.2　指引线文本

"指引线文本"命令位于功能区"标注"选项卡"文本"面板。使用"指引线文本"命令,可以向工程图添加具有指引线的注释,如图 5 - 40 所示。

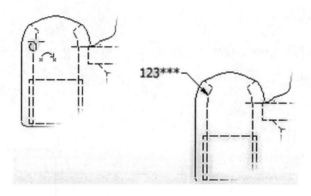

图 5 - 40　指引线文本

单击"指引线文本"按钮 ∧,在图形窗口中,单击以设置指引线的起点。如果将点放在亮显的边或点上,则指引线将附着到边或点上。移动光标并单击来为指引线添加顶点。在文本位置处右击,在弹出的右键快捷菜单中选择"继续"选项显示"文本格式"对话框,如图 5 - 39 所示。在"文本格式"对话框的文本框中输入文本。可以使用该对话框中的选项添加符号和命名参数,或者修改文本格式。

5.6　符号注释

符号注释由一系列基本命令组成,位于功能区"标注"选项卡"符号"面板,如图 5 - 40 所示。其中各按钮的功能如下所述。

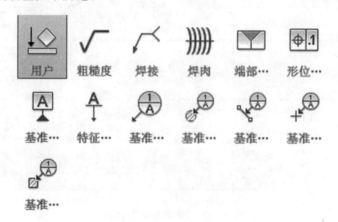

图 5 - 41　符号注释

① 用户符号 ：插入用户定义的略图符号,如图 5 - 42 所示。添加至关联到图纸上的视

图时,可以旋转和缩放符号。

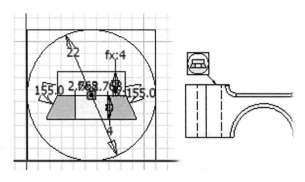

图 5-42　用户符号

② 粗糙度 √ :创建带有指引线的表面粗糙度符号,如图 5-43。

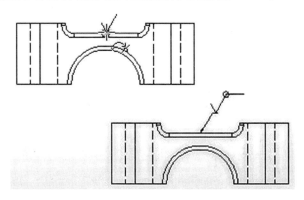

图 5-43　粗糙度

③ 焊接 ⌐ :向工程视图中添加焊接标注,如图 5-44 所示。

④ 焊肉 ⧘ :向工程视图中的几何图元添加焊肉标注,如图 5-45 所示。

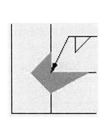

图 5-44　焊　接

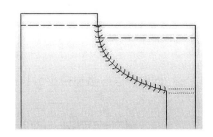

图 5-45　焊　肉

⑤ 端部填充 :向工程视图中添加焊接端部填充标注,指明焊道端部的填充区域,如图 5-46 所示。

⑥ 形位公差 :创建带有指引线的形位公差符号或单独的形位公差符号,如图 5-47 所示。

⑦ 基准标识 :将基准标识符号放置于选择的模型边或几何图元上,如图 5-48 所示。

⑧ 特征标识 :将特征标识符号放置于选择的模型边或几何图元上,如图 5-49 所示。

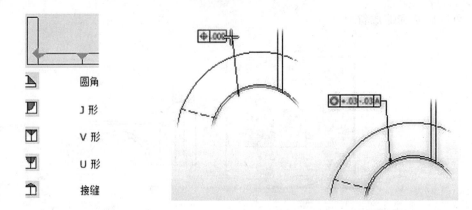

圆角	
J 形	
V 形	
U 形	
接缝	

图 5－46　端部填充

图 5－47　形位公差

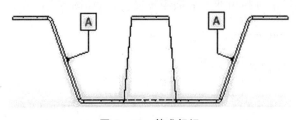

图 5－48　基准标识

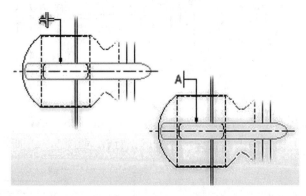

图 5－49　特征标识

⑨ 基准目标-指引线 ：添加带指引线的基准目标标注，如图 5－50 所示。

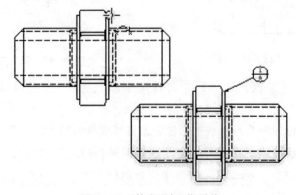

图 5－50　基准目标-指引线

⑩ 基准目标-圆 ：添加基准目标圆和对应的标注,如图 5－51 所示。

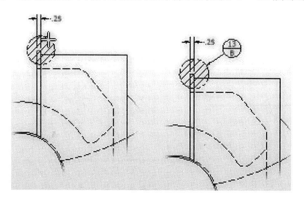

图 5－61　基准目标-圆

⑪ 基准目标-线 ：添加基准目标线和对应的标注,如图 5－52 所示。

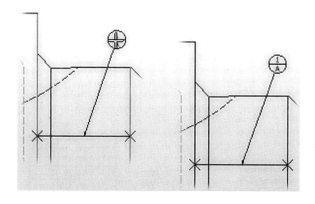

图 5－52　基准目标-线

⑫ 基准目标-点 ：添加基准目标点和对应的标注,如图 5－53 所示。

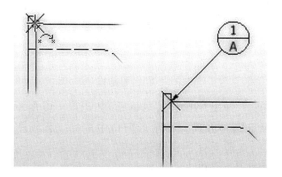

图 5－53　基准目标-点

⑬ 基准目标-矩形 ：添加基准目标矩形和对应的标注,如图 5－54 所示。

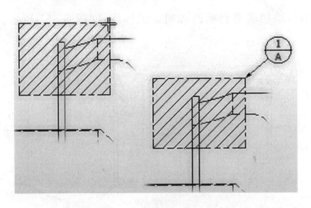

图 5-54　基准目标-矩形

5.7　表格和序号

5.7.1　明细栏

　　"明细栏"命令位于功能区"标注"选项卡"表格"面板。通过使用"明细栏"命令,可以生成明细列表,显示 BOM 表数据库中列出的全部或指定的零件和子部件,如图 5-55 所示。

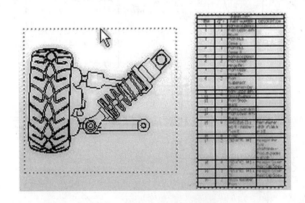

图 5-55　明细栏

　　① 单击"明细栏"按钮▤,弹出"明细栏"对话框,如图 5-56 所示。

　　② 选择明细栏的来源有两种方式。在图形窗口中选择工程视图,以创建工程视图的明细栏,或者单击"浏览"并打开,从源文件创建明细栏。

　　③ 在"BOM 表设置和特性"选项区域中选择明细栏参数。单击"BOM 表视图"选项框的下三角按钮,打开的下拉列表中包括"装配结构"、"仅零件"、"结构化(旧的)"和"仅零件(旧的)"四个选项。

　　④ 在"表拆分"选项区域中,设置拆分方向。如果合适,则可以选择"启用自动拆分"选项,然后设置明细栏的最大行数或明细栏要拆分的部分数。

图 5－56　"明细栏"对话框

⑤ 选择"确定"按钮关闭"明细栏"对话框。

⑥ 在工程图上要放置明细栏的位置处单击，也可以将明细栏捕捉到图纸或标题栏的边或角。

5.7.2　孔参数表

"孔参数表"命令位于功能区"标注"选项卡"表格"面板，包括"孔选择"、"孔视图"和"孔特征"命令。使用"孔参数表"命令，可以向工程视图添加孔参数表，其中包含所有孔、包含选定的孔，或者包含选定指定类型的孔，如图 5－57 所示。

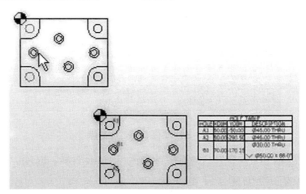

图 5－57　孔参数表

- "孔选择" 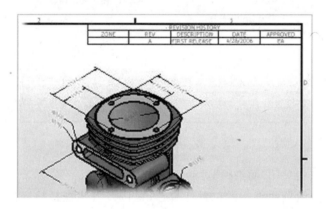:创建仅列出选定孔的孔参数表。
- "孔视图" :创建列出选定工程视图中的所有孔的孔参数表。
- "孔特征" :创建列出选定孔和所有相关孔的孔参数表。

单击命令按钮,在图形窗口中选择工程视图。单击某点以放置孔参数表的基准指示器,再次单击以放置孔参数表。视图中每个孔的旁边将显示 。

5.7.3　修订表和修订标签

"修订表"命令位于功能区"标注"选项卡"表格"面板。使用"修订表"命令,可以编辑修订表中显示的数据,在表格中自定义文字样式、线样式、文本格式、添加或删除行及列,如图 5-58 所示。

图 5-58　修订表

① 单击"修订表"按钮 ,弹出"修订表"对话框,如图 5-59 所示。

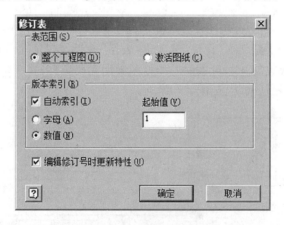

图 5-59　"修订表"对话框

② "表范围"选项区域包括"整体工程图"和"激活图纸"两个选项。前者为整个工程图创建修订表,后者为激活的图纸创建修订表。

③ 在"版本索引"选项区域中,选中"自动索引"复选项为修订自动创建索引。如果未选择此选项,则新修订行中的修订单元保持空白。选择"字母"或"数值"选项为修订创建字母或数字索引,并在"起始值"框中输入初始修订字母或数字。

④ 如果选择"编辑修订号时更新特性"选项,则修订表内激活行中的修订号将与工程图iProperty 或图纸特性中保存的修订号特性相连接。

"修订标签"命令位于功能区"标注"选项卡"表格"面板。使用"修订标签"命令,可以修订标签表明工程图纸上的对象的修订,如图 5 - 60 所示。

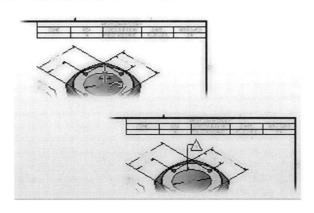

图 5 - 60　修订标签

显示在修订标签中的修订号资源是对应的修订表。创建修订标签时,将会显示处于激活状态的行的修订号。若要显示其他修订号,在修订标签上右击,然后从弹出的右键快捷菜单,即"标签"列表中选择修订号。

5.7.4　常规表

"常规表"命令位于功能区"标注"选项卡"表格"面板。使用"常规表"命令,可以创建具有指定行数和列数的空表,或者可以使用外部的 ＊.xls、＊.xlsx 或 ＊.csv 文件作为表来源,如图5 - 61 所示。

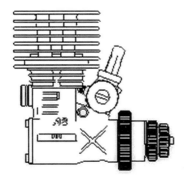

图 5 - 61　常规表

① 单击"常规表"按钮 ▦,弹出"表格"对话框,如图 5 - 62 所示

图 5 - 62 "表格"对话框

② 在"源"选项区域中指定表参考的源文档。选择视图,单击以从列表中选择文件,或者单击浏览按钮导航到文件位置。

③ 分别在"列"和"数据行"文本框中输入需要生成表格的列数和行数。单击"确定"按钮,生成表格预览。在工程图上单击,确定表格放置位置。

5.7.5 引出序号和自动引出序号

"引出序号"和"自动引出序号"命令位于功能区"标注"选项卡"表格"面板。使用"序号标注"和"自动引出序号"命令,可以向该视图中的零件和子部件添加引出序号,如图 5 - 63 所示。

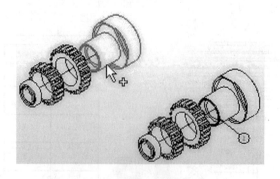

图 5 - 63 序号标注

① 单击"引出序号"按钮 ⓵。在图形窗口中,选择视图几何图元以设置指引线的起点。移动光标,然后单击以添加引出序号指引线的顶点。当符号指示器位于适当的位置时,右击并选择右键快捷菜单中的"继续"选项放置该符号。

② 单击"自动引出序号"按钮 ⓸,弹出"自动引出序号"对话框,如图 5 - 64 所示。

图 5 - 64　"自动引出序号"对话框

③ 单击"选择视图集"选项,在图形窗口中设置引出序号零部件编号的来源视图。"添加或删除零部件"选项可以向引出序号附件的选择集添加零部件或从中删除零部件。

④ 指定引出序号在视图中的放置位置。在"放置"选项区域中单击"选择放置方式"选项,指定"环形"、"水平"或"竖直"。在"偏移间距"文本框中设置引出序号边之间的距离。

⑤ "替代样式"选项区域提供创建时引出序号形状的替代样式。选中"引出序号形状"复选框可以用其他形状来替换样式定义的引出序号形状。单击其中的样式按钮可以指定适当的引出序号形状。取消该复选框的选中状态可以使用默认的引出序号样式形状。

⑥ "BOM 表设置"选项区域用于选择和设置 BOM 表视图的特性。

5.8　工程图格式

5.8.1　编辑图层

"编辑图层"命令位于功能区"标注"选项卡"格式"面板。使用"编辑图层"命令,可以使用对象图层和对象样式的标准设置来格式化所有对象。

单击"编辑图层"命令,弹出"样式和标准编辑器"对话框,如图 5 - 65 所示。用户通过图层编辑器可以将不同图层的元素分别放置,并加以编辑。每个图层可以用不同的颜色标识,设置相应的线形和线宽,用于工程图的打印出图。

图 5-65 "样式和标准编辑器"对话框

5.8.2 选择图层和选择样式

"选择图层"和"选择样式"命令位于功能区"标注"选项卡"格式"面板。使用"选择图层"和"选择样式"命令,可以查看并更改所选图元的图层和样式,分别如图 5-66 和图 5-67 所示。

图 5-66 选择图层

图 5-67 选择样式

在工程图中选择图元后,"选择图层"框和"选择样式"框中显示对应的图层信息。单击箭头打开列表,通过单击新的图层或样式可以改变已选的图元信息。

练习 5

本练习要通过以下步骤完成第 3 章的零件的工程图,要求读者掌握创建工程图的基本方法和基本操作。

① 新建一个工程图类型的文件,如图 5 - 68 所示。

图 5 - 68　创建工程图

② 单击"基础视图"选项,在"光盘\实例源文件\第 3 章"中打开现有文件,如图 5 - 69所示。

图 5 - 69　打开第 3 章所作零件

③ 在"工程视图"对话框中,单击 图标以改变视图方向,进入"自定义视图"窗口,如图 5 - 70 所示。

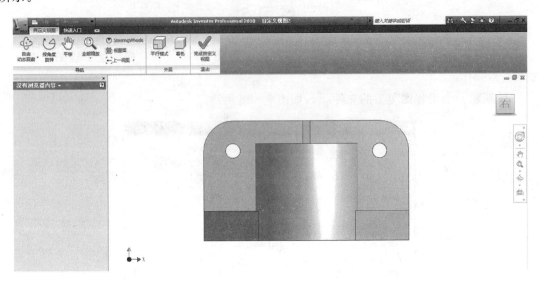

图 5 - 70　自定义视图

④ 选择适当的视图方向,单击"完成自定义视图"选项 ,进入"工程视图"对话框,在工程图上要放置基础视图的地方单击,则完成基础视图的创建,调整基础视图位置,如图 5 - 71 所示。

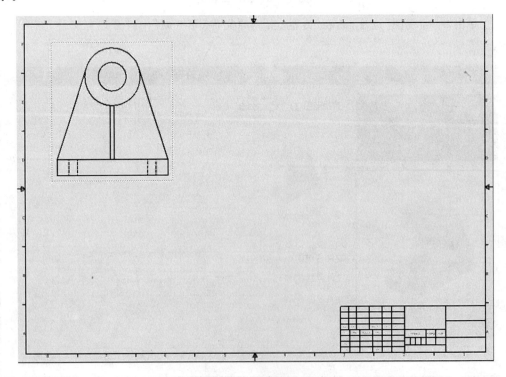

图 5 - 71　创建基础视图

⑤ 单击"投影视图"选项 ⬚，选中基础视图并向下拉，在适当位置单击，再右击鼠标，选择右键快捷菜单中的"创建"选项，如图 5-72 所示。

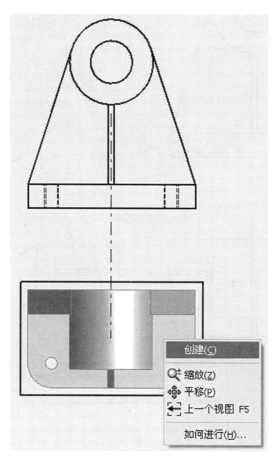

图 5-72　创建俯视图

⑥ 选中基础视图，单击"投影视图"选项，在斜下方创建等轴侧视图，如图 5-73 所示。

⑦ 选中基础视图，单击"剖视"选项 ⬚，分别单击圆的中心与底边的中点以从中心剖视基础视图，右击，在弹出的右键快捷菜单中选择"继续"选项，如图 5-74 所示。

⑧ 向右移动鼠标，在适当的地方单击，创建剖视图，如图 5-75 所示。

⑨ 选中俯视图，单击"局部视图"选项 ⬚，将比例改为 4∶1，选择螺纹孔为局部视图，创建的局部视图如图 5-76 所示。

⑩ 创建完成后的工程图如图 5-77 所示。

⑪ 选择"标注"选项卡，单击"尺寸"选项 ⬚，给工程图标注基本尺寸，如图 5-78 所示。

⑫ 单击"孔和螺纹"选项 ⬚，在局部视图中标注螺纹尺寸，如图 5-79 所示。

⑬ 单击文本选项，在工程图适当位置添加文本，如图 5-80 所示。

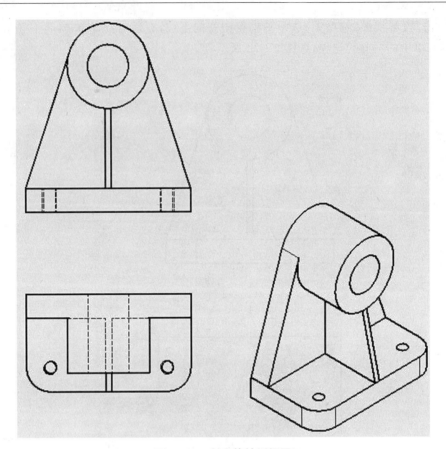

图 5-73　创建等轴侧视图

图 5-74　选择剖视图方向

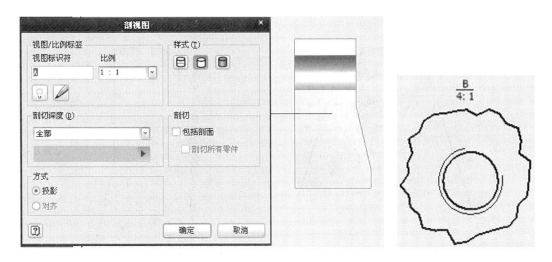

图 5-75　创建剖视图　　　　　　　　图 5-76　创建局部视图

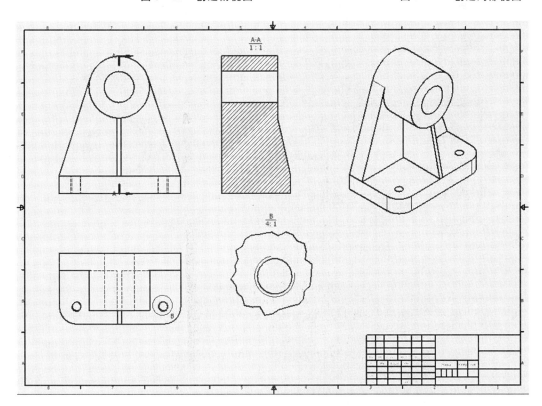

图 5-77　创建的工程图

⑭ 单击"粗糙度"选项 ，在表面标注粗糙度，单击"继续"来添加，如图 5-81 所示。

⑮ 单击"基准标识符号"选项 ，标注基准面，如图 5-82 所示。

⑯ 单击"形位公差"选项 ，标注形位公差，如图 5-83 所示。

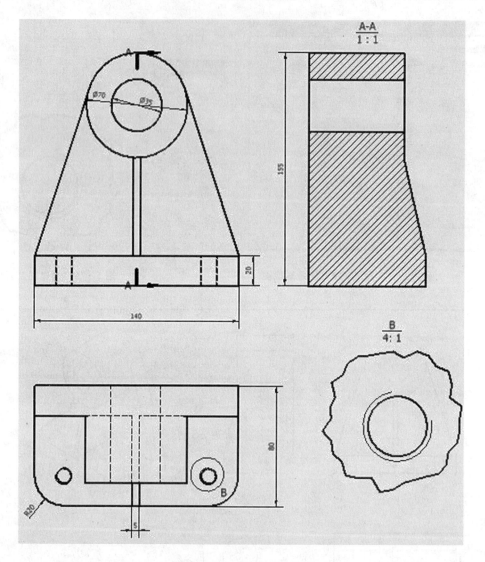

图 5-78　标注基本尺寸

⑰ 单击"明细栏"选项▦,选择要添加明细栏的视图,单击确定,放置在指定位置,如图5-84所示。

⑱ 选中明细栏并右击,在弹出的右键快捷菜单中选择"编辑明细栏"选项,对明细栏进行修改,如图 5-85 所示。

⑲ 完成后,最终的工程图如图 5-86 所示。

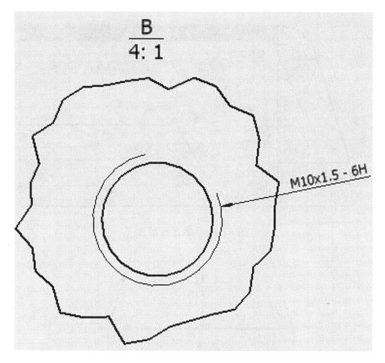

图 5 - 79　标注螺纹尺寸

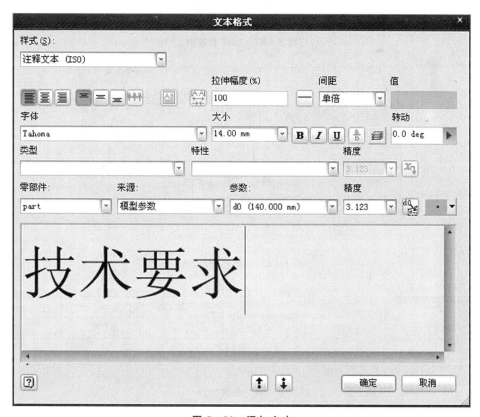

图 5 - 80　添加文本

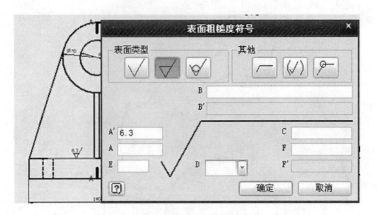

图 5-81　标注粗糙度

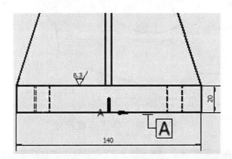

图 5-82　标注基准面

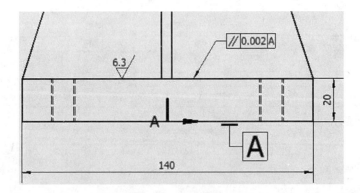

图 5-83　标注形位公差

1			1	默认	
项目	标准	名称	数量	材料	注释
明细栏					

图 5-84　创建明细栏

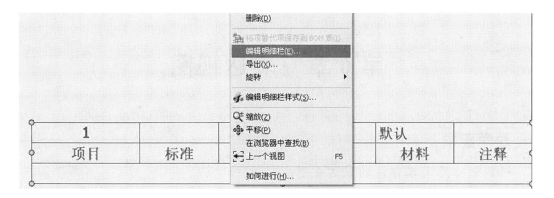

图 5-85　编辑明细栏

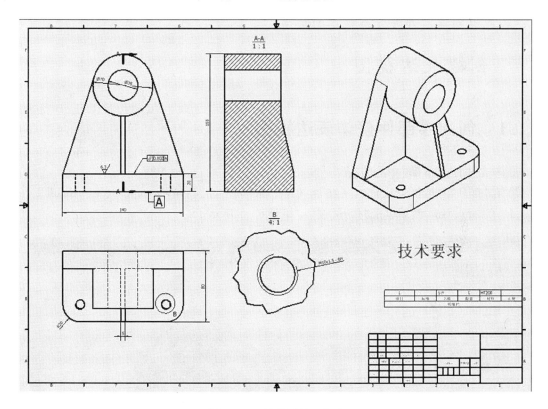

图 5-86　编辑后的工程图

第6章　表达视图

教学要求

- 能创建已有零部件的表达视图。
- 能根据需要调整零部件的视图。
- 能够创建零部件的分解视图并创建关联的工程图。
- 能够创建零部件分解视图的动画。

6.1　创建表达视图

6.1.1　创建零部件整体表达视图

① 单击程序菜单 ▉ 中的"打开"选项。

② 在"打开"对话框中选择以下路径：Inventor 安装目录\Inventor 2010\Tutorial Files\Cylinder Clamp. iam，然后单击"打开"按钮，如图 6 – 1 所示。

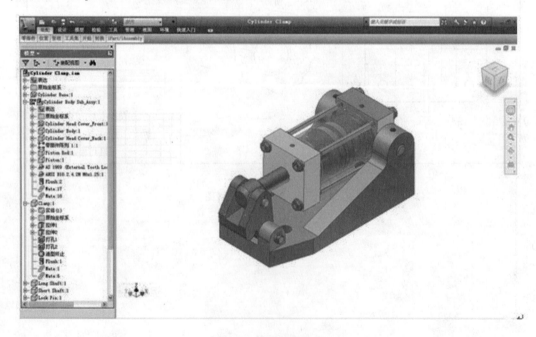

图 6 – 1　打开部件图

③ 单击程序菜单 中的"新建"选项。选择"表达视图"选项，单击"打开"按钮，空表达视图文件已打开。"表达视图"选项在功能区中的显示如图 6-2 所示。

图 6-2　新建表达视图

④ 在功能区上，单击"表达视图"选项卡→"创建"面板→"创建视图"按钮，如图 6-3 所示。或是右击，在弹出的右键快捷菜单中选择"创建视图"选项，如图 6-4 所示。

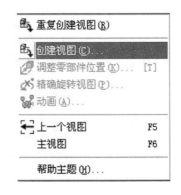

图 6-3　"创建视图"按钮　　　　**图 6-4　通过右键快捷菜单选择"创建视图"选项**

⑤ 在"选择部件"对话框中单击"确定"按钮，如图 6-5 所示。圆柱体夹具部件放置在表达视图文件中。

⑥ 完成后的界面如图 6-6 所示。

图 6-5　选择需要创建的部件

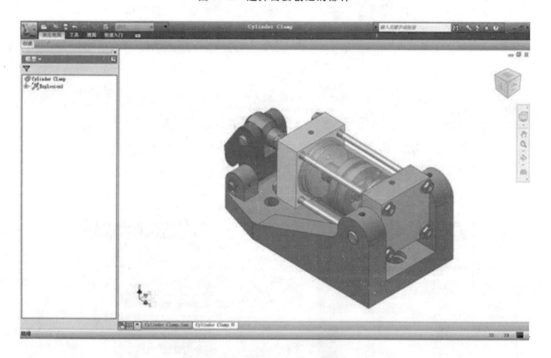

图 6-6　创建的表达视图界面

6.1.2　创建分解视图

　　分解视图是在表达视图文件中设计的,并被用来创建分解的工程视图。当创建表达视图时,可以自动分解表达视图,将分解距离添加到现有表达视图中的所有零部件,或者手动调整表达视图中的零部件以创建分解视图,如图 6-7 所示。

　　对于绝大多数零部件来说,都需要进行位置的手动调整。在此对自动分解方式只做简单介绍,而手动方式将在下面的章节介绍。

图 6－7　选择自动分解方式

当选择自动创建方式后,可以选择"距离"和"创建轨迹"选项进行设定。

· "距离":为所选零部件设置位置参数距离。

· "创建轨迹":在分解视图中,显示每个位置参数的轨迹。选中复选框以显示轨迹。清除该复选框的选中状态可以隐藏轨迹。

6.2　调整表达视图

6.2.1　表达视图浏览器

① 创建了表达视图后,经常使用"表达视图浏览器",如图 6－8 所示。

② 可以在浏览器中的任何项目上右击,并使用右键快捷菜单中的选项来创建和编辑表达视图,如图 6－9 所示。此外,表达视图浏览器还提供了拖放和单击功能。

③ 使用浏览器顶部的"浏览器过滤器"按钮 可以改变浏览器中的项目层次。单击"浏览器过滤器"以显示菜单,在菜单上选择需要的层次,如图 6－10 所示。

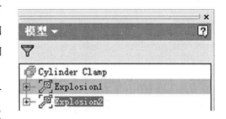

图 6－8　表达视图浏览器

④ 此外,使用浏览器还可以进行改变激活的表达视图和重命名浏览器中的项等功能。当在一个表达视图文件中有多个表达视图时,除了激活的表达视图外,其他视图都变得灰暗。双击着色视图可使其变成激活的视图,如图 6－11 所示。

⑤ 表达视图、位置参数和其他项在添加时会被自动命名。可以在浏览器中改变其名称。单击以选择要重命名的选项,在项名称上单击并保持一秒的时间,直至其周围显示出方框,输入项的新名称,如图 6－12 所示。

注意:不能改变部件及其零部件的文件名。

图 6 - 9　表达视图浏览器可进行的操作　　　　图 6 - 10　浏览器过滤器选择菜单

图 6 - 11　通过双击激活了不同的表达视图

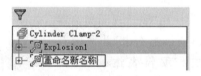

图 6 - 12　重命名功能

6.2.2　动态观察命令

　　ViewCube 工具是一种可单击、可拖动的常驻界面,用户可以用它在模型的标准视图和等轴测视图之间进行切换,如图 6 - 13 所示。ViewCube 工具显示后,将在窗口一角以不活动状态显示在模型上方。尽管 ViewCube 工具处于不活动状态,但在视图发生更改时仍可提供有关模型当前视点的直观反映。将光标悬停在 ViewCube 工具上方时,该工具会变为活动状态。用户可以切换至其中一个可用的预设视图,转动当前视图或更改至模型的主视图。

　　控制 ViewCube 的外观的操作如下所述。ViewCube 工具以不活动状态或活动状态显示。当 ViewCube 工具处于不活动状态时,默认情况下它显示为半透明状态,这样便不会遮挡模型的视图。当 ViewCube 工具处于活动状态时,它显示为不透明状态,并且可能会遮挡模型当前视图中对象的视图。

图 6 - 13 ViewCube 工具

用户除控制 ViewCube 工具在不活动时的不透明度级别外,还可以控制 ViewCube 工具的以下特性:大小位置、默认方向、指南针显示、使用指南针。

指南针显示在 ViewCube 工具的下方并指示为模型定义的北向。可以单击指南针上的基本方向字母以旋转模型,也可以单击并拖动其中一个基本方向字母或指南针圆环以绕视图中心以交互方式旋转模型,如图 6 - 14 所示。

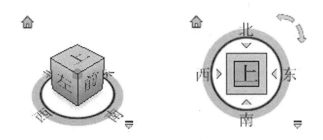

图 6 - 14 ViewCube 指南针功能

使用 ViewCube 可以方便地调整观察方向,如图 6 - 15 所示。

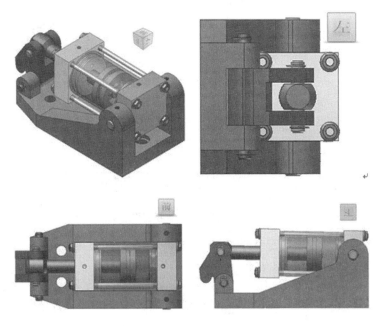

图 6 - 15 使用 ViewCube 工具从不同角度观察零部件

此外,ViewCube还包括以下工具。

- 🖳:全导航控制盘。
- 🖐:光标变为四向箭头用来在图形窗口中拖动视图。
- 🔍:在零件或部件中,缩放视图以便使模型中的所有元素适当地显示在图形窗口中。在工程图中,缩放视图以便使所有激活的图纸适当地显示在图形窗口中。
- 🔄:在零件或部件中,向视图中添加旋转符号和光标。用户可以绕中心标记、绕水平轴或竖直轴,或者绕X轴和Y轴平行于屏幕旋转视图。不能在工程图中使用。
- 🔲:在零件或部件中,缩放并旋转模型使所选的元素与屏幕保持平行或使所选的边或线对于屏幕水平。不能在工程图中使用。

6.2.3　精确视图旋转

如果需要精确旋转视图,可单击"表达"选项卡→"创建"面板→"精确视图旋转"按钮(如图6-16所示),打开"按增量旋转视图"对话框,如图6-17所示。从 🔄🔄🔄🔄🔄🔄 这六个选项中可以选择相应的旋转方式。在增量一栏中输入相应的变化值。增量以度数为单位来设置角度,每单击一次,视图就旋转相应的角度。

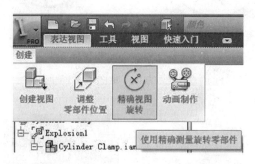

图6-16　精确视图旋转

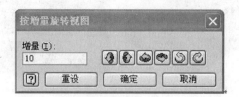

图6-17　"按增量旋转视图"对话框

6.2.4　创建位置参数

① 在功能区上,单击"表达视图"选项卡→"创建"面板→"调整零部件位置"按钮,如图6-18所示。

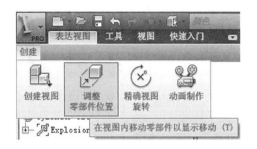

图 6 - 18　调整零部件位置

② 系统将显示"调整零部件位置"对话框,如图 6 - 19 所示。若要创建位置参数,必须定义方向、选择要移动的零部件并提供距离。首次显示"调整零部件位置"对话框时,"方向选择"命令处于激活状态。

图 6 - 19　调整零部件位置对话框

③ 在图形窗口中,将光标移动到部件中的各种零部件上(不要单击),并注意方向轴空间坐标轴。将光标移动到"气缸座"的表面上,如图 6 - 20 所示。

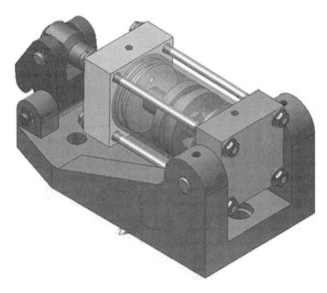

图 6 - 20　选择方向

④ 请注意,Z 轴指向外部(远离面),Y 轴指向上方,X 轴指向水平方向的正向。单击以选择此方向。还应注意,选择面后,方向轴空间坐标轴将更改颜色。而且,"调整零部件位置"对话框中"平移"区域的"Z 轴"按钮已被选中(按下)。

⑤ 默认情况下,Z 轴是激活的,必须沿 Y 轴向上移动气缸。第一步是更改平移方向。单击"调整零部件位置"对话框的"平移"区域的"Y"按钮,如图 6-21 所示。请注意,图形窗口中方向空间坐标轴中的 Y 轴更改了颜色。

⑥ 在浏览器中选择"气缸体"子部件,如图 6-22 所示。要执行此操作,请先单击位于"圆柱体夹具"顶部节点正下方"Explosion1"节点左侧的"+"图标。

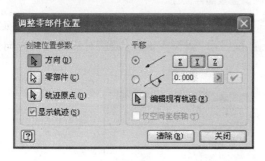

图 6-21 确定平移的方向

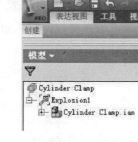

图 6-22 选择部件

⑦ 单击"Cylinder Clamp.iam"部件节点左侧的"+"图标,以查看部件的零部件,如图 6-23 所示。

⑧ 将光标移动到浏览器零部件名称"Cylinder Body Sub_assy:1"上。请注意亮显文本的红色矩形底色。当文本亮显时,单击以选择子部件,如图 6-24 所示。

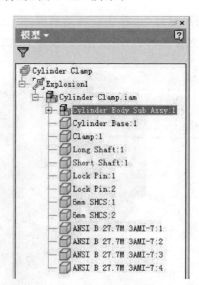

图 6-23 查看部件

图 6-24 选择需要移动的零件

⑨ 将光标移动到图形窗口的"白色空间"上并单击。按下鼠标左键的同时,向下拖动光标(朝向窗口的下边缘)。零件的位置发生了改变,如图 6-25 所示,图(a)为原零件位置,图(b)为移动后的零件位置。

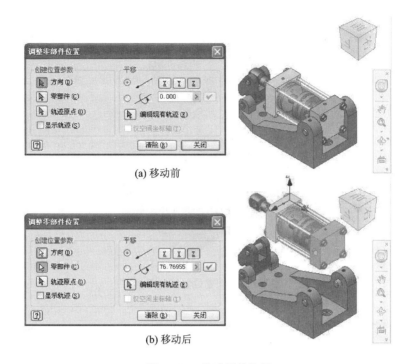

(a) 移动前

(b) 移动后

图 6 - 25　移动零件位置

　　注意:拖动时,选定的子部件沿选定的 Y 轴方向移动。在零部件的原始位置和当前位置之间出现一条图形"轨迹"。"调整零部件位置"对话框中的平移距离值也随着拖动而增加。

　　⑩ 停止拖动(松开鼠标左键),将光标移动到"调整零部件位置"对话框中的平移值字段上。

　　⑪ 双击以选择该值进行编辑,如图 6 - 26 所示。输入"100"并按下键盘上的 Enter 键,从而在 Y 轴上将子部件从原始位置精确移动 100 mm。

图 6 - 26　精确调整零件位置

　　⑫ 精确调整后零件间的位置如图 6 - 27 所示。单击"调整零部件位置"对话框上的"清除"按钮。"清除"操作将重置对话框以用于新的位置参数。

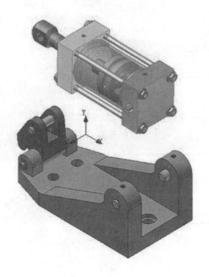

图 6 - 27　调整位置后的零件

6.2.5　调整零件位置

先调整名为"Clamp.ipt"零件的位置。

① "方向选择"命令再次激活。将鼠标移动到先前选择的"气缸座"的表面上,单击以选中它,如图 6 - 28 所示。

② 单击"调整零部件位置"对话框的"平移"区域的"X"按钮。注意此时图形窗口中方向空间坐标轴中的 X 轴更改了颜色,如图 6 - 29 所示。

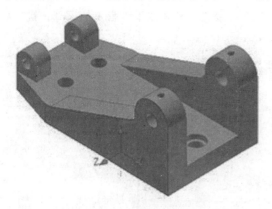

图 6 - 28　选择移动方向

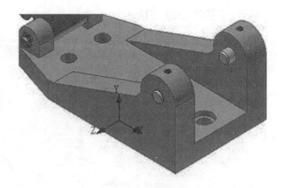

图 6 - 29　选择新的移动方向

③ 在图形窗口中,将光标移动到 Clamp.ipt 上方。

④ 零件亮显时,单击并且将零件向图形窗口的左侧拖动,如图 6 - 30 所示。

⑤ 单击"调整零部件位置"对话框上的"清除"按钮。

⑥ "方向选择"命令再次激活。将光标移动到合页移走后显示出的销的上方。

⑦ 当销亮显时,单击以定义方向轴。

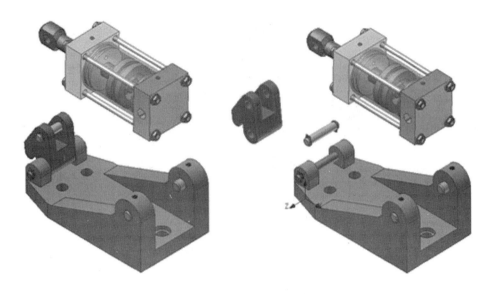

图 6 - 30　调整前后零件的位置

⑧ 在此情况下,沿 Z 轴(默认情况下,该轴为激活的平移轴)移动挡圈。

⑨ 单击两个挡圈以进行选择。将这两者拖动到视图两侧,如图 6 - 31 所示。

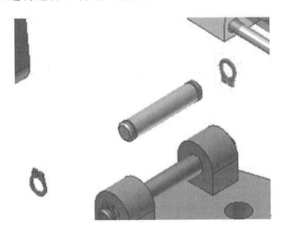

图 6 - 31　调整挡圈位置

⑩ 单击"调整零部件位置"对话框上的"关闭"按钮,调整后位置如图 6 - 32 所示。

⑪ 在调整零部件位置的过程中,可以选择显示轨迹或不显示。方式有两种。当出现调整位置对话框时,其中一项为"显示轨迹",可以根据需要进行选择,如图 6 - 33 所示。

⑫ 或是从表达视图浏览器中选择需要进行调整的零件,选择相应的位置调整选项,进行可见性的选择,如图 6 - 34 所示。

⑬ 单击"程序菜单"按钮 ▄▄▄ →"保存"选项。默认情况下,创建的表达视图文件将与初始放置的部件具有相同的名称。表达视图文件具有 IPN 类型的文件扩展名,文件名为 Cylinder Clamp. ipn。

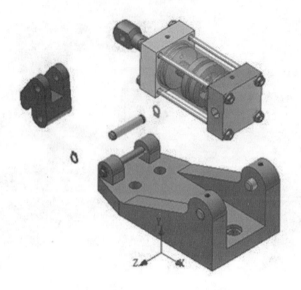

图 6-32　调整位置后的零部件视图

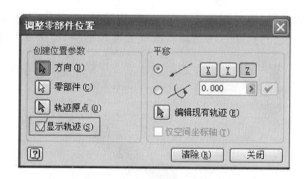

图 6-33　显示轨迹选项

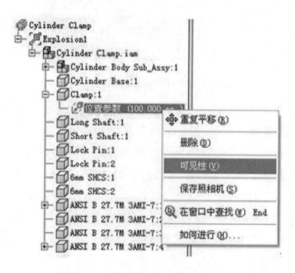

图 6-34　位置调整可见性的选择

6.3 动画制作

6.3.1 创建部件的分解视图

将表达视图中的零部件进行一定的位置调整，创建相应的分解视图。分解视图常用来表达零件之间的装配关系。

创建分解视图，主要采用 6.2 小节中的"调整零部件位置"命令，创建位置参数，改变零件的位置。操作步骤如下。

① 单击"程序菜单" →"打开"选项，在弹出的"打开"对话框中选择 Cylinder Clamp. iam，然后单击"打开"按钮。

② 单击"程序菜单" →"新建"选项，选择"表达视图"选项，单击打开。空白表示视图文件已打开。"表达视图"选项卡在功能区中显示。

③ 在功能区上，单击"表达视图"选项卡→"创建"面板→"创建视图"按钮。

注：此前的步骤与 6.2 小节中创建表达视图的内容相同，具体操作可参见 6.2 小节。

④ 使用"调整零部件位置"命令 ，创建各个零件的位置参数。将零部件调整到合适的位置，使之能够正确表达部件的装配关系。

⑤ 通过一系列的位置调整，创建出零件的位置参数和整个部件的分解视图，如图 6-35 所示。

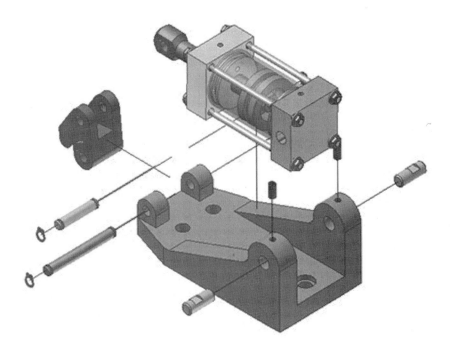

图 6-35 分解视图

⑥ 保存该分解视图,并作为下一章节制作分解视图动画的基础。

6.3.2　制作动画

使用 6.3.1 小节中创建的分解视图制作反映部件装配关系的动画。

打开方式:单击功能区的"表达视图"选项卡→"创建"面板→"动画制作"按钮,如图 6 - 36 所示,出现"动画"对话框,如图 6 - 37 所示。该对话框主要包括参数、运动和动画顺序等几部分。其中各选项功能如下。

图 6 - 36　动画制作

图 6 - 37　"动画"对话框

① 参数:指定动画的重复次数和间隔。

- "间隔"：设置位置参数中的间隔次数。输入所需的间隔次数或者用微调按钮选择次数。
- "重复次数"：设置重复播放的次数。输入所需的重复次数或者用微调按钮选择次数。

② 运动:播放激活分解视图的指定动画。

- :动画每次前进一个位置参数。
- :动画每次前进一个间隔。单击该按钮以前进一个间隔。
- :动画每次后退一个间隔。单击该按钮以后退一个间隔。
- :动画每次后退一个位置参数。
- :按指定重复次数正向播放动画。在每次重复之前,将视图设置回起始位置。
- :按指定重复次数播放动画。每次播放从开始到结束,然后反向播放。
- :按指定重复次数反向播放动画。在每次重复之前,将视图设置回结束位置。
- :暂停动画播放。

- :将指定的动画录制到文件,以便以后播放。
- "在录制时最小化对话框"[☑在录像时最小化对话框]:在录制动画时最小化对话框。选中复选框以最小化对话框,清除复选框则使对话框保持激活。

③ 动画顺序:更改位置参数的动画顺序。选择位置参数,然后单击命令进行所需的操作。如果播放动画,则当每个顺序在图形窗口中播放时,它都会在列表中亮显,如图 6-38 所示。

图 6-38　调整动画顺序

- 上移:在列表中将所选位置参数上移一个位置。
- 下移:在列表中将所选位置参数下移一个位置。
- 组合:组合所选位置参数,以便在改变顺序时使它们保持在一起。组合位置参数后,该组合将会采用最小位置参数编号的顺序。
- 分解组合:分解所选的位置参数组合,以便在列表中独立地移动。此时,将假设组合中第一个位置参数的编号比组合的编号高一位。其余位置参数依次排列在第一个位置参数之后。

在熟悉各部分功能后,创建动画。在动画顺序框内可以查看建立的位置参数,可以根据装配的需要通过"上移"和"下移"命令来改变位置参数之间的相对位置关系。运用 Shift 按键选中两个以上的位置参数,可以进行组合命令,使组合的位置参数在动画时同步进行。

① 当调整好位置参数。

② 将间隔调整为 10,重复次数为 1。

③ 单击"录像"按钮,出现"另存为"对话框,选择视频文件保存的位置和格式。视频格式可以选择 AVI 和 WMV 两种。选择确定后出现"视频压缩"对话框,可以对压缩程序和压缩质量进行设定,如图 6-39 所示。

④ 单击"反向"按钮◀,开始按逆向进行位置参数。开始录制动画。

⑤ 录制完成后,到之前设定的保存路径查看录制的动画。

图 6-39　"视频压缩"对话框

练习 6

本练习要通过以下步骤创建已有零部件的表达视图,要求读者掌握创建表达视图的基本操作。

① 新建表达视图文件,如图 6-40 所示。

图 6-40　创建表达视图文件

② 在"创建"面板上单击"创建视图"选项，弹出"选择部件"对话框,如图 6-41 所示。

图 6-41　"选择部件"对话框

③ 单击"打开现有部件"选项,选择以下路径:Inventor 安装目录\Inventor 2010\Tutorial Files\SpurGear.iam,然后单击"打开"按钮,如图 6 - 42 所示。

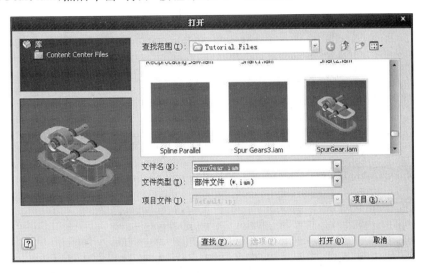

图 6 - 42　打开现有部件

④ 单击"精确视图旋转"选项 ,可以按一定量来精确旋转视图进行观察,如图 6 - 43 所示。

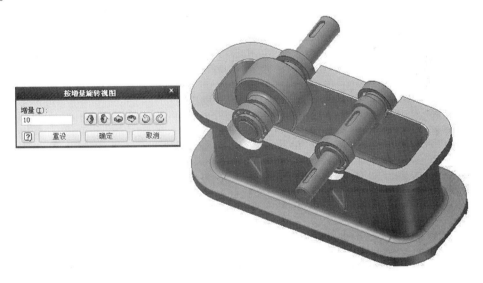

图 6 - 43　精确旋转视图

⑤ 单击"调整零部件位置"选项 ,弹出如图 6 - 44 所示的"调整零部件位置"对话框。

⑥ 在零部件上单击以选择方向,如图 6 - 45 所示。

⑦ 单击左侧浏览器中的 Gear Box 零件,则在窗口中该零件亮显。在平移字段中,选择 Z 方向,输入位置参数距离为－80,则移动后如图 6 - 46 所示。

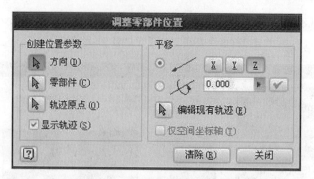

图 6-44 "调整零部件位置"对话框

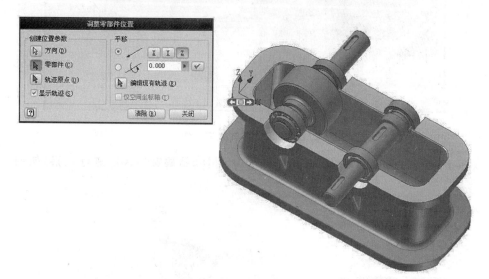

图 6-45 选择坐标系方向

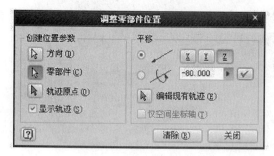

图 6-46 移动 Gear Box 的位置

⑧ 单击 DIN 625 - T1 6003_17×35×10：1,则该零件亮显。在平移字段中,选择 Y 方向,输入位置参数距离为－80,则移动后如图 6－47 所示。

图 6－47　移动 DIN 625－T1 6003_17×35×10：1 的位置

⑨ 单击 DIN 625 - T1 6003_17×35×10：2,则该零件亮显。在平移字段中,选择 Y 方向,输入位置参数距离为80,则移动后如图 6－48 所示。

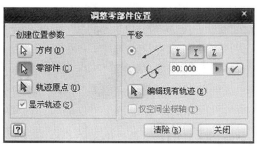

图 6－48　移动 DIN 625－T1 6003_17×35×10：2 的位置

⑩ 单击 DIN 720 32904_20×37×12：1,则该零件亮显。在平移字段中,选择 Y 方向,输入位置参数距离为 100,则移动后如图 6－49 所示。

⑪ 单击 DIN 720 32904_20×37×12：2,则该零件亮显。在平移字段中,选择 Y 方向,输入位置参数距离为－100,则移动后如图 6－50 所示。

⑫ 最终的表达视图如图 6－51 所示,单击"保存"选项。

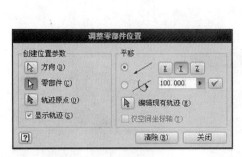
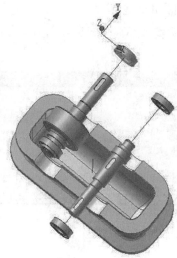

图 6-49　DIN 720 32904_20×37×12：1 的位置

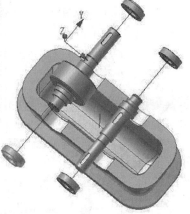

图 6-50　DIN 720 32904_20×37×12：2 的位置

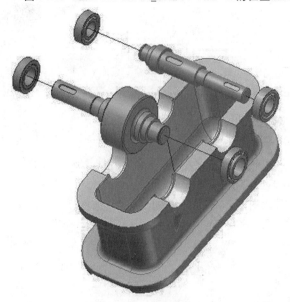

图 6-51　表达视图

第7章 钣 金

教学要求

　　钣金至今为止尚未有一个比较完整的定义,根据国外某专业期刊上的一则定义可以将其定义为:钣金是针对金属薄板(通常在 6 mm 以下)的一种综合冷加工工艺,包括剪、冲/切/复合、折、焊接、铆接、拼接、成型(如汽车车身)等,其显著的特征就是同一零件厚度一致。

　　在本章中要学会以下内容:
- 使用 Autodesk Inventor 进行基本的钣金操作,学会创建常用的钣金特征。
- 学会对已创建的钣金件进行修改,并根据实际要求设计钣金件。
- 学会对钣金选项的设置。

7.1 创建钣金

7.1.1 平 板

　　用户可以通过为草图截面轮廓添加深度来创建钣金平板,平板通常是钣金零件的基础特征。再次创建,可以与已有平板构成连接结构。启动平板命令的方式是:单击功能区的"钣金"选项卡→"创建"面板→"平板"按钮⬜。在草图截面的基础上,访问平板功能,可以打开"平板"对话框进行编辑,如图 7-1 所示。

图 7-1 "平板"对话框

平板特征介绍如下所述。

（1）"形状"选项卡

① "形状"选项区域包括两个选项。

- 截面轮廓：可以选择一个或多个截面轮廓，按厚度进行拉伸。如果只有单个截面轮廓，则自动选择截面轮廓并预览钣金平板；如果有多个截面轮廓需要选择，则可以将光标放在截面轮廓上，然后单击选择，如果要取消，可以按 Ctrl 键并单击截面轮廓。
- 偏移：单击"偏移"按钮可以更改拉伸的方向。

② "折弯"选项区域包括两个选项。

- 半径：显示默认的折弯半径。
- 边：选择要包含在折弯中的其他钣金平板边。

（2）"展开"选项选项卡

展开规则：下拉选择菜单，允许选择先前定义的任意展开规则。默认的钣金展开规则是在"钣金规则"中为零件设置的，可以通过更改该选项卡上的样式选择来替代用于正在创建的特征的展开规则。

（3）"折弯"选项卡

通过钣金规则确定用于当前钣金零件的折弯选项，通过更改该选项卡上的参数来替换用于正在创建的特征的折弯选项。

- 释压形状：使用该选项接受在"钣金样式"中指定的默认释压形状，还有三种其他的形状可以选择：水滴形、圆角、线性过度。
- 释压宽度（A）：定义了折弯释压的宽度。
- 释压深度（B）：定义了折弯释压的深度。
- 最小余量：定义了沿折弯释压切割允许保留的最小备料的可接受大小。

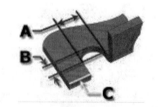

图 7 - 2　折弯选项中的参数定义

- 折弯过渡：除了默认的选项还有五种类型可以选择：无、交点、直线、圆弧、修剪到折弯。

各个参数定义如图 7 - 2 所示，其中 C 为余量。

7.1.2　凸　缘

凸缘是在已有板的基础上，以选定的边为界，实现与边长相关的矩形弯折特征。启动该命令的方法是：单击功能区的"钣金"选项卡→"创建"面板→"凸缘"按钮。

通过上述访问可以打开凸缘参数设置界面，如图 7 - 3 所示。凸缘特征介绍如下。

（1）"形状"选项卡

- 边：选择应用于凸缘的一条或多条边，或者还可以选择由选定面周围的边回路定义的所有边。

图7-3　凸缘参数设置界面

- 凸缘角度：角度可以在0°～180°之间，对于0°和180°，虽然可以输入和使用，但是一般不会用到。
- 折弯半径：定义了凸缘和包含选定边的面之间的折弯半径的数据字段。该字段将接受数字输入、公式、参数或测量值。
- 高度范围：通过选择可以确定凸缘高度是由特定的"距离"定义，还是通过"到"几何图元来定义。使用该选项区域中的选项可以指定凸缘的高度。选择左边的图标，可以将指定的高度定义为"距离"时反转凸缘的方向。
- 高度基准：通过该选项区域可以选择定义凸缘高度时哪些面作为高度测量基准。
- 按钮：单击"更多"按钮可以访问"宽度范围"选项。有四种指定凸缘范围的方法：边、宽度、偏移量、从表面到表面。凸缘的更多选项如图7-4所示。通过设置"宽度范围"选项区域的参数可以在指定边上创建某一范围的凸缘，而不一定在整条边上创建。凸缘实例如图7-5所示。

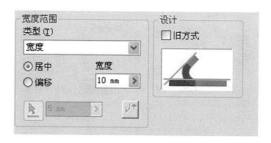

图7-4　凸缘更多选项

(2)"展开选项"选项卡

其功能类似于平板的。

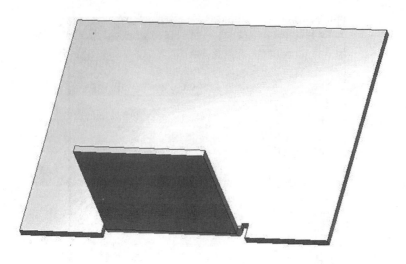

图 7 - 5　凸缘实例

(3)"折弯"选项卡

其功能类似于平板的同样功能。

7.1.3　异形板

异形板是沿着"边"的方向,将矩形条带形原料按弯折路径草图生长出弯曲钣金结构的结果,截面草图轮廓由线、圆弧、样条曲线和椭圆弧组成。启动该命令的方法是:单击功能区的"钣金"选项卡→"创建"面板→"异形板"按钮。

通过上述访问可以打开异形板参数设置界面,如图7-6所示。

图 7 - 6　异形板参数设置

异形板特征介绍如下。

（1）形状选项卡

① 截面轮廓：选定弯折路径草图。

② 边：选择应用于异形板的一条或多条边，还可以选择由选定面周围的边回路定义的所有边。在选择边时应该注意以下事项：

- 为异形板选择的边必须垂直于截面轮廓草图平面。
- 如果选择"回路"选项，则截面轮廓草图必须和回路的任一边重合和垂直。

③ 折弯半径：定义了异形板中凸缘和包含选定边的面之间的折弯半径的数据字段。

"折弯范围"选项区域包括两个选项。

- 与侧面对齐的延伸弯折：沿由折弯连接的侧边上的平板延伸材料，而不是垂直于折弯轴，主要用在平板的侧边不垂直的情况。
- 与侧面垂直的延伸弯折：与侧面垂直地延伸材料，初始时默认选择该选项。
- 偏移：板厚度的方向选择。

④ 按钮：可有五种终止方式，分别是边、宽度、偏移量、从表面到表面和距离。

- 边：按前边选定的、现有特征上的边的长度创建。
- 宽度：指定前边所选的边的一个端点为"偏移"基准，并输入"宽度"。
- 偏移量：指定前边所选的边的两个端点为"偏移"基准，并输入两个相对的"偏移量"距离。
- 从表面到表面：通过选择现有零件几何图元并定义异形板的宽度来创建异形板。
- 距离：直接输入拉伸宽度，并指定方向。

异形板实例如图7-7所示，左边是平板及截面轮廓草图，右边是生成的异形板。

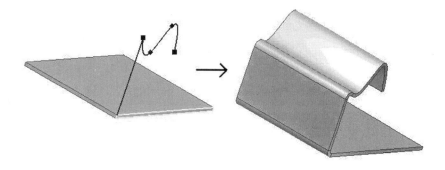

图 7-7 异形板实例

（2）"展开选项"选项卡

其功能类似于平板的。

（3）"折弯"选项卡

其功能类似于平板的。

(4)"拐角"选项卡

默认设置是在"钣金样式"对话框中指定的,使用该选项卡可以更改各个特征的这些参数。

- 释压形状。
- 释压大小:允许输入值来更改选定特征的"拐角释压"值的默认大小。
- 应用自动斜接:允许在创建过程中自动拉伸相邻凸缘边之间的材料,或允许在折弯角度大于 90°时通过一次操作编辑至少两个凸缘边。
- 斜接间隙:允许在启用"自动斜接"选项时输入值以更改凸缘之间自动应用的间隙大小。

7.1.4 钣金放样

钣金放样凸缘特征是利用两个选定的截面轮廓草图定义形状的。草图几何图元可以表示钣金材料的内侧面或外侧面,还可以表示材料中间平面。通常,封闭的截面轮廓最易于定义过渡形状的两端。启动该命令的方法是:单击功能区的"钣金"选项卡→"创建"面板→"钣金放样"按钮 。

通过上述访问可以打开钣金放样参数设置界面,如图 7-8 所示。

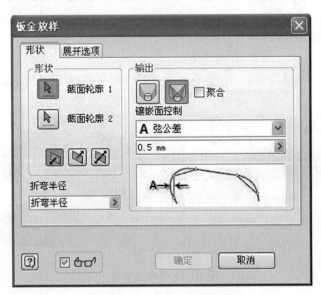

图 7-8 钣金放样参数设置

"钣金放样"对话框的"形状"选项卡介绍如下。

(1)"形状"选项区域

- 截面轮廓 1:选择第一个用于定义放样凸缘的截面轮廓草图。
- 截面轮廓 2:选择第二个用于定义放样凸缘的截面轮廓草图。
- 反转到对侧:该选项处于激活状态时,可以将材料厚度偏移到选定截面轮廓的对侧。

- ☒ 反转到对侧:该选项处于激活状态时,可以将材料厚度偏移到选定截面轮廓的对侧。
- ☒ 对称:可以将材料厚度等量偏移到选定截面轮廓的两侧。

(2)"输出"选项区域

- ▣ 冲压式:对得到的放样凸缘启用平滑的冲压式输出。冲压式输出如图 7-9 所示。

图 7-9　冲压式输出

- ▣ 折弯式:对得到的放样凸缘启用镶嵌的折弯式输出。折弯式输出如图 7-10 所示。

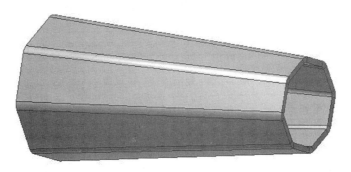

图 7-10　折弯式输出

- 聚合:使展平的镶嵌部分的折弯收敛到某个点附近。该选项仅对"折弯式"输出类型可用。
- 镶嵌面控制:该选项仅对"折弯式"输出类型可用。
  A. 弦公差:输入值决定从弧段到面段弦的最大距离。
  B. 镶嵌面角度:输入值决定镶嵌面顶点与弦段的最大角度。
  C. 镶嵌面距离:输入值决定细分圆弧截面轮廓时镶嵌面的最大宽度。
- 控制值:允许输入值来控制指定的镶嵌面类型。

(3) 折弯半径

允许输入与在激活的钣金规则中指定值不同的折弯半径值。

7.1.5 轮廓旋转

通过旋转包含线、圆弧、样条曲线和椭圆弧的截面轮廓可以创建轮廓旋转特征,其中需要引入一条线来表示草图中的旋转轴或确保草图定位为使某个默认轴作为旋转轴。启动该命令的方法是:单击功能区的"钣金"选项卡→"创建"面板→"轮廓旋转"按钮 。

通过上述访问可以打开轮廓旋转参数设置界面,如图 7-11 所示。

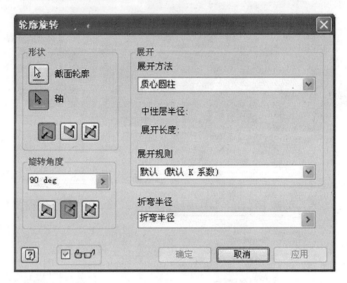

图 7-11 轮廓旋转参数设置

轮廓旋转特征介绍如下。

(1)"形状"选项区域

- 截面轮廓:用于选择截面轮廓几何图元。
- 轴:用于选择旋转轴,而且旋转轴几何图元必须包含在含有截面轮廓几何图元的草图内。
- 偏移方向选项:选择偏移方向。

(2)"旋转角度"选项区域

- 旋转角度:可以输入旋转部分的角度值,系统默认为 90°。多段截面轮廓的角度值不能等于 360°。360°的"旋转角度"值可用于包含一条直线的截面轮廓。
- 偏移方向选项:选择偏移方向。

(3)"展开"选项区域

① 展开方法:可以通过下拉列表选择用于展开轮廓旋转特征的方式,它们通过提供的输入类型进行区分。

- 质心圆柱:平行于外卷轴的轴将通过估算的质心位置,提供输入以定义中立圆柱表面。

- 自定义圆柱:允许选择草图线,草图线定义圆柱中立表面。
- 延展长度:允许输入明确的值,该值可用来定义展平的卷曲段的延展长度。
- 中立半径:允许中立半径使用参数决定的值(当考虑多段截面轮廓时)。
- K 系数:用于单段线性截面轮廓的方式。
② 展开规则:下拉列表中列出允许选择与激活钣金规则中指定的不同的展开规则。
③ 折弯半径:输入折弯半径的值。
④ 中性层半径:显示当使用旋转角度计算延展长度时使用的中间层半径值。
⑤ 展开长度:显示展开的轮廓旋转特征的长度值。

轮廓旋转实例如图 7-12 所示。

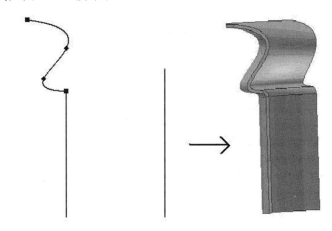

图 7-12　轮廓旋转实例

7.1.6　卷　边

　　沿所选已有板上的全部直线边,按指定的形状模式可以创建卷边。沿钣金边创建折叠的卷边可以加强零件或删除尖锐边,以防发生意外伤害。启动该命令的方法是:单击功能区的“钣金”选项卡→“创建”面板→“卷边”按钮🖊。

　　在已创建平板的基础上,通过上述访问可以打开卷边特征参数设置界面,如图 7-13 所示。

　　“卷边”对话框的“形状”选项卡包含如下选项。

- 类型:有四种类型的卷边可供选择,如图 7-14 所示,自左向右分别是:单层、水滴形、滚边形和双层。
- 边:左边的按钮用来选定要处理的边,右边的按钮用来调整设置卷边的方向。
- 间隙:对于“单层”和“双层”卷边类型,指定卷边内表面之间的距离。
- 长度:对于“单层”和“双层”卷边类型,指定卷边的长度。
- 半径:对于“滚边形”和“水滴形”卷边形状,指定应用于折弯的折弯半径。
- 角度:对于“滚边形”和“水滴形”卷边形状,指定应用于卷边的角度。
- 宽度范围:边、宽度、偏移量、从表面到表面。

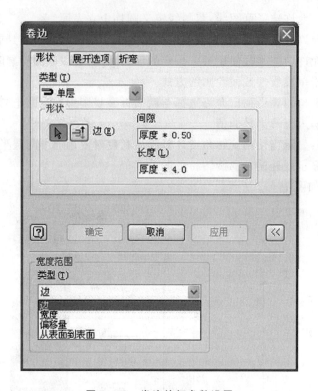

图 7 – 13　卷边特征参数设置

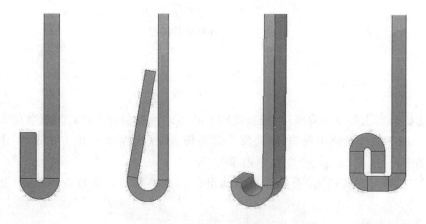

图 7 – 14　卷边的各种类型

7.1.7　折　弯

　　钣金折弯特征通常用于连接为满足特定设计条件而在某个特殊位置创建的钣金平板,通过选择现有钣金特征上的边,创建折弯连接部分。两片板之间可以平行或有夹角,但相关的边必须是平行的。启动该命令的方法是:单击功能区的"钣金"选项卡→"创建"面板→"折弯"按钮 。

在已创建平板的基础上,通过上述访问可以打开折弯特征参数设置界面,如图 7-15 所示。

图 7-15 折弯特征参数设置

"折弯"对话框的"形状"选项卡的介绍如下。

(1)"折弯"选项区域

① 边:在每个平板上选择模型边,选择以后将出现折弯预览,也可以根据需要修剪或延伸钣金平板以创建折弯。

② 折弯半径:显示默认的折弯半径,可以输入用户的值来创建折弯的弧形部分。单击向右的箭头可以选择以下选项。

· 测量:使用"测量"工具来计算折弯半径值。

· 显示尺寸:显示尺寸值,单击可以添加折弯半径值。

· 列出参数:显示与模型关联的参数,单击以在"半径"字段中选择并输入参数名称。

(2)"折弯范围"选项区域

· 与侧面对齐的延伸折弯:沿由折弯连接的侧边上的平板延伸材料,而不是垂直于折弯轴。

· 与侧面垂直的延伸折弯:与侧面垂直地延伸材料,初始化对话框时该选项为默认选项。

(3)"双向折弯"选项区域

· 固定边:等长折弯将被添加到现有的钣金边。

· 45 度:钣金平板可以根据需要进行修整或延伸,并插入 45°折弯。

· 全半径:钣金平板可以根据需要进行修整或延伸,并插入全半径(半圆)折弯。

· 90 度:钣金平板可以根据需要进行修整或延伸,并插入 90°折弯。

· 固定边反向:默认情况下,对 45°、全半径或 90°折弯而言,第一条选定边处于固定状态,并根据需要修剪或延伸匹配边。选择"固定边反向"以反转顺序。

折弯实例如图 7 - 16 所示。

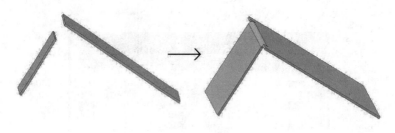

图 7 - 16　折弯实例

7.1.8　折　叠

在已有板的基础上,以一条终止于平板边的草图直线为翻折的界,来折弯该钣金平板,实现翻折特征。启动该命令的方法是:单击功能区的"钣金"选项卡→"创建"面板→"折叠"按钮 。

在已创建平板及草图线的基础上,通过上述访问可以打开折叠特征参数设置界面,如图 7 - 17 所示。

图 7 - 17　折叠特征参数设置

"折叠"对话框"形状"选项区的介绍如下。

① 折弯线:选定指定用折弯界线的草图直线。线的两个端点必须落在现有板的边界上,否则该线不能选作折弯线。

② "反向控制"选项区域包含两个按钮。

· 反转到对侧:将折弯线的折叠侧改为向上或向下。

· 反向:更改折叠的上/下方向。

③ "折叠位置"选项区域包含三个按钮。

· 折弯中心线:将草图线用作折弯的中心线。

- ⬛折弯起始线:将草图线用作折弯的起始线。
- ⬛折弯终止线:将草图线用作折弯的终止线。

④ 折叠角度:指定应用于折叠的角度。

⑤ 折弯半径:指定折弯的半径。如果不输入半径值,则将使用当前钣金样式中的默认值。

7.2　修改钣金

7.2.1　剪　切

剪切就是从钣金平板中删除材料,在钣金平板上绘制截面轮廓,然后贯穿(或部分贯穿)一个或多个平板进行切割,切割特征的形状由草图截面轮廓控制。启动该命令的方法是:单击功能区的"钣金"选项卡→"修改"面板→"剪切"按钮⬜。

在已创建平板的基础上,通过上述访问打开剪切特征参数设置界面,如图 7 - 18 所示。

图 7 - 18　剪切特征参数设置

剪切特征介绍如下。

① 截面轮廓:选择要删除材料的截面轮廓。如果存在多个截面轮廓但并未进行选择,请单击"截面轮廓"按钮,然后单击一个或多个截面轮廓。

② 范围类型包含如下选项。

- 距离:默认方式。建立切割的深度和方向,切割垂直于草图平面。
- 到表面或平面:选择切割方向,切割终止于下一个表面或平面。
- 到:选择终止切割的表面或平面。可以在所选面或其延长面上终止切割。在部件中,面或平面可以在其他零件上。
- 从表面到表面:选择终止拉伸的起始和终止面或平面。在部件中,面或平面可以在其他零件上。
- 贯通:在指定方向上贯通所有特征和草图拉伸截面轮廓。选择切割方向,或在两个方向上拉伸相等的切割。

③ 厚度:默认切割深度与钣金材料的厚度参数相等,并产生贯穿切割。选中"冲裁贯通折弯"选项时,可以对位于草图下面的平板和折弯应用切割,同时零件处于展平状态,切割深度贯穿材料。

剪切实例操作步骤如下。

① 创建平板,并在平板上绘制要删除材料的形状的截面轮廓。如图 7-19 所示。

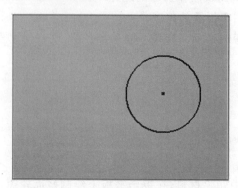

图 7-19　在平板上绘制截面轮廓

② 在功能区上单击"钣金"选项卡→"修改"面板→"剪切"按钮。

③ 如果草图中只有一个截面轮廓,它将自动亮显,如果有多个截面轮廓,请单击"截面轮廓"按钮,然后选择要切割的截面轮廓。

④ 单击范围类型的下三角按钮,选择终止拉伸的方式为贯通。

⑤ 单击"确定"按钮。

⑥ 剪切后结果如图 7-20 所示。

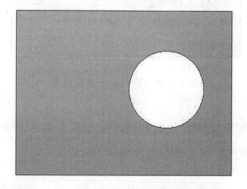

图 7-20　剪切结果

7.2.2　拐角接缝

在创建了具有拐角的钣金模型之后,需要处理拐角的结构关系,以便完成拐角释压工艺结构,也可以处理相平行的面的接缝。拐角接缝可以定义面如何沿缝相交(距离和位置),以及折弯如何在展开模式中释压。在创建期间,这些选项默认为由钣金规则定义的值和设置,但是也可更改为适合单个拐角唯一的特有设计。启动该命令的方法是:单击功能区的"钣金"选项卡→"修改"面板→"拐角接缝"按钮 。

通过上述访问可以打开拐角接缝特征参数设置界面,如图 7-21 所示。

图 7 - 21　拐角接缝特征参数设置

"拐角接缝"对话框"形状"选项卡的介绍如下。

(1)"形状"选项区域

- 接缝:指定现有的共面或相交钣金平板之间的新拐角几何图元。
- 分割:指定分割的拐角。使用此选项打开方形拐角以创建钣金拐角接缝(通常位于转换的零件模型上)。
- 边:用于在各个面上选择模型边。

(2)"接缝"选项区域

- 最大间隙距离:使用该选项创建拐角接缝间隙,可以与使用物理检测标尺方式一致的方式对其进行测量。
- 面/边距离:使用该选项创建拐角接缝间隙,可以测量选定的第一条边相邻的面到选定的第二条边的距离。
- 交迭选项:显示的选项取决于选定的边或面以及之前选定的间隙距离测量方式。
- 📐百分比交迭:使用 0～1 的小数值来定义交迭部分占凸缘厚度的百分比。当交迭类型指定为交迭或反向交迭时,该选项有效。
- 间隙:指定拐角接缝的边之间(或面与边之间)的距离。

(3)"延长拐角"选项区域

- 对齐:投影第一个平板使其与第二个平板对齐。

· 垂直:投影第一个平板使其与第二个平板垂直。

拐角接缝操作实例如下。

① 创建平板,并且在其相邻边上分别创建凸缘,如图 7 - 22 所示。

② 在功能区上,单击"钣金"选项卡→"修改"面板→"拐角接缝"按钮。

③ 在相邻的两个钣金凸缘上均选择模型边。

④ 接受默认接缝类型。

⑤ 将间隙大小设置为 0.2。

⑥ 单击"确定"按钮。

⑦ 拐角接缝实例结果如图 7 - 23 所示。

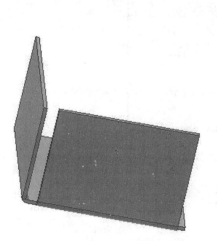

图 7 - 22　在平板上创建凸缘

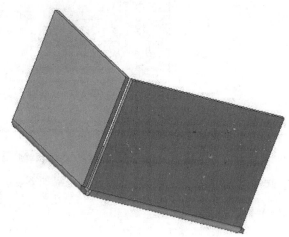

图 7 - 23　拐角接缝实例

7.2.3　冲压工具

在已有板的基础上,以一个草图点基准,插入已经做好的、标准的冲压型孔或者拉深结构,可以在钣金平板上冲压出三维形状。这样的特征也可以被进一步阵列处理。启动该命令的方法是:单击功能区的"钣金"选项卡→"修改"面板→"冲压工具"按钮 。

冲压工具原型是 iFeature,默认位置在 C:\Program Files\Autodesk\Inventor 10\Catalog\Punches\文件夹中。钣金冲压工具使用过程如下。

① 创建一块平板,并在上面新建草图,创建一个放置冲压工具的草图点,结束草图,平板如图 7 - 24 所示。

② 在钣金特征工具面板中单击"冲压工具"按钮,打开冲压工具目录,在弹出的界面中选定工具的样式,如图 7 - 25 所示。

③ 选定工具样式后,单击"打开"按钮,弹出"冲压工具"对话框,"冲压工具"对话框包含三个选项卡:预览、几何图元、大小。"预览"选项卡可以对之前选定的工具样式进行预览,如图7 - 26 所示。

图 7 - 24 平板及草图点

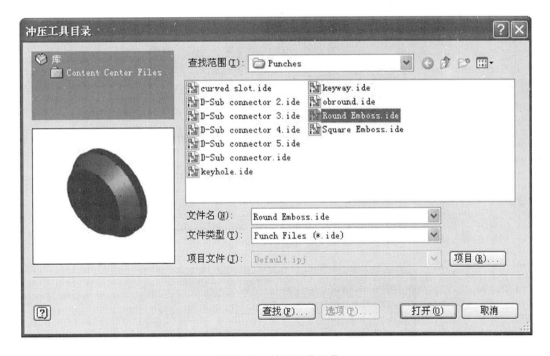

图 7 - 25 冲压工具目录

- 单击"几何图元"标签,由"孔心"可以选择草图点,如果只有一个草图点,Inventor 将自动使用它,由"角度"选项还可以设置结果形状的转角。"几何图元"选项卡如图 7 - 27 所示。
- 单击"大小"标签,可以通过预览来改变工具样式的大小,使其符合设计要求。"大小"选项卡如图 7 - 28 所示。

④ 单击"完成"按钮,最后结果如图 7 - 29 所示。

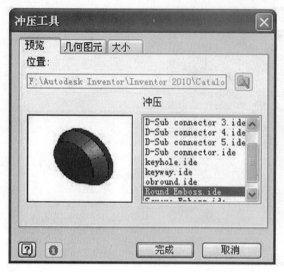

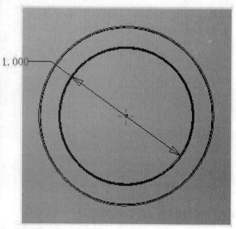

图 7-26 "预览"选项卡

图 7-27 "几何图元"选项卡

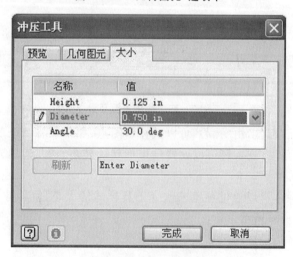

图 7-28 "大小"选项卡

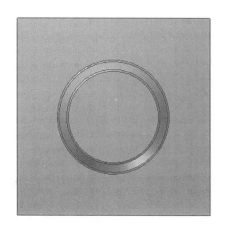

图 7 - 29　冲压工具使用结果

7.2.4　分　割

　　分割是使封闭的截面轮廓产生开放的间隙,有些设计必须经过"分割"才允许展开为展开模式,"分割"特征还有一些选项可以简化特征的创建过程。启动方法是:单击功能区的"钣金"选项卡→"修改"面板→"分割"按钮 。创建分割的方式有三种。

- 选择曲面边上的草图点。
- 在选定面的相对侧上的两个点之间分割。
- 删除整个选定的面。

　　创建分割实例的步骤如下。

　　① 创建一块平板,并在上面新建草图,创建两个用来分割的位置不同的草图点,结束草图,如图 7 - 30 所示。

图 7 - 30　创建平板及草图点

　　② 在功能区上,单击"钣金"选项卡→"修改"面板→"分割"按钮,弹出"分割"对话框。

③ 在"分割"对话框中，从"分割类型"下拉列表中选择"单点"选项，在图形窗口中，选择要进行分割的钣金模型的面，选择定义分割位置的可见草图点，并根据需要输入与分割间隙值大小不同的值。创建"单点"分割如图7-31所示。

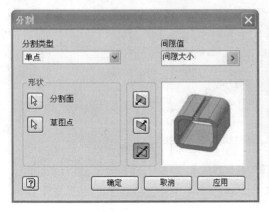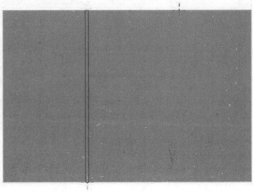

图7-31 "单点"分割的创建

④ 在"分割"对话框中，从"分割类型"下拉列表中选择"点对点"选项，在图形窗口中，选择要进行分割的钣金模型的面，选择将定义分割开始位置的可见草图点，选择将定义分割结束位置的可见草图点，并根据需要输入与分割间隙值大小不同的值。创建"点对点"分割如图7-32所示。

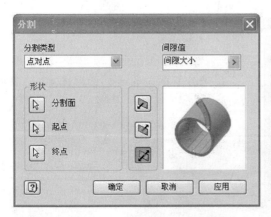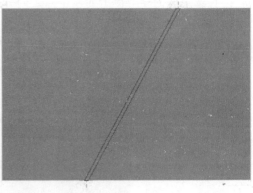

图7-32 "点对点"分割的创建

⑤ "单点"分割（左）与"点对点"分割（右）结果，如图7-33所示。

⑥ "面范围"分割与其他分割类似。在"分割"对话框中，从"分割类型"下拉列表中选择"面范围"选项，在图形窗口中，选择要删除的钣金模型的面来作为分割特征，单击"确定"按钮以创建分割并关闭对话框。面范围分割特征通常用于删除小的折弯面，此类折弯面是使用折弯式输出创建的放样凸缘的创建结果。尽管删除折弯面很常见，但是任何面都可以通过使用"面范围"选项创建分割来删除。

图 7 - 33　"单点"分割与"点对点"分割

7.2.5　展　开

在至少包含一个平面的钣金模型中工作时,使用"展开"命令可以展开一个或多个钣金折弯或相对参考面的卷曲。"展开"命令会向钣金零件浏览器中添加展开特征,并允许用户向模型的展平部分添加其他特征。

只要是使用钣金相关特征创建的零件,或者在钣金环境中创建的可展形状的特征,一般都能正确产生展开模型。如果模型改变后,展开结果就不能正确跟随,Inventor 将报错。一般情况下,删除展开,重新建立即可。

启动方法是:多数条件下,在钣金工具面板单击"展开模式"图标即可,或者单击功能区的"钣金"选项卡→"修改"面板→"展开"按钮 🗋。展开实例的步骤如下。

① 建立如图 7 - 34 所示的模型。

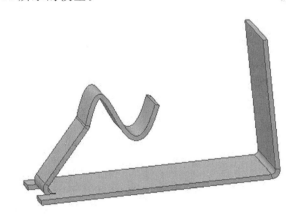

图 7 - 34　展开所建模型

② 在功能区上,单击"钣金"选项卡→"修改"面板→"展开"按钮,打开"展开"对话框,如图 7 - 35 所示。其中各选项作用如下。

- 基础参考:用来选择将用于定义参考的面或参考平面,折弯将相对该参考进行展开。
- 折弯:用来选择要展开的单个折弯特征。
- 添加所有折弯:使用该选择工具,可以选择要展开的所有折弯特征。
- 草图:使用该选择工具,可以选择要展开的未使用的草图。

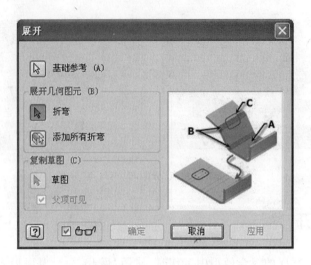

图 7 - 35　"展开"对话框

③ 单击要用作展开参考的面,对于本例,选择最下面的平板为基础参考面。

④ 单击要展开的各个亮显的折弯特征。在本例中,使用"添加所有折弯"来选择所有要展开的几何图元。

⑤ 预览展平的状态。

⑥ 单击"确定"按钮,展开后的模型如图 7 - 36 所示。

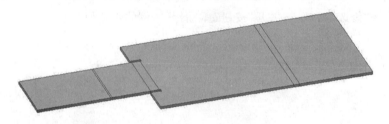

图 7 - 36　展开后的模型

7.2.6　重新折叠

在至少包含一个展开特征(处于展开状态)的折叠钣金模型中工作时,使用"重新折叠"命令可以重新折叠一个或多个钣金折弯或卷曲。重新折叠特征只能添加到包含处于展开状态的展开特征的钣金模型。单击功能区的"钣金"选项卡→"修改"面板→"重新折叠"按钮 启动该命令。"重新折叠"命令与"展开"命令相似,"重新折叠"对话框如图 7 - 37 所示。

重新折叠特征介绍如下。

- 基础参考:使用该选择工具,可以选择将用于定义参考的面或参考平面,折弯或卷曲将相对该参考进行重新折叠。
- 折弯:使用该选择工具,可以选择要重新折叠的单个折弯或卷曲特征。
- 添加所有折弯:使用该选择工具,可以选择要重新折叠的所有折弯或卷曲特征。
- 草图:使用该选择工具,可以选择要重新折叠的未使用的草图。

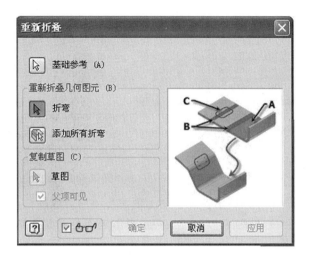

图 7 - 37 "重新折叠"对话框

7.2.7 孔

使用"孔"命令,可以在现有钣金件上创建孔特征。启动方法是:单击功能区的"钣金"选项卡→"修改"面板→"孔"按钮 。

通过上述操作可以打开"打孔"对话框,如图 7 - 38 所示。

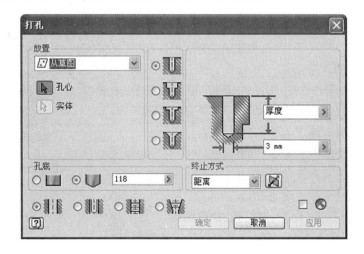

图 7 - 38 "打孔"对话框

孔特征介绍如下。

① "放置"下拉列表框包括四个选项:从草图、线性、同心、参考点。

- "从草图"选项,如图 7 - 39 所示。根据在现有特征上绘制孔中心点或草图点进行打孔操作。单击"孔心"按钮,选择相应草图。
- "线性"选项,如图 7 - 40 所示。根据两条线性边在面上创建孔。单击"面"按钮,选择要放置孔的平面。单击"参考 1"和"参考 2",选择为标注孔放置而参考的两条线性边,弹出"编辑尺寸"对话框,输入孔心与参考边的距离,如图7-41所示。

图7-39 "从草图"选项

图7-40 "线性"选项

· "同心"选项,如图7-42所示。在平面上创建与环形边或圆柱面同心的孔。单击"面"按钮,选择要放置孔的平面。单击"同心参考",选择与新建孔同心的圆形边或圆柱面。

图7-41 "编辑尺寸"对话框

图7-42 "同心"选项

· "参考点"选项,如图7-43所示。创建与工作点重合并且根据轴、边或工作平面定位的孔。单击"点"按钮,选择要设为孔中心的工作点。单击"方向",选择与孔的轴垂直的平面或工作平面,或选择与孔的轴平行的边或轴。

② 孔型1:直孔、沉头孔、沉头平面孔、倒角孔,可以根据实际需要选择合适的孔型。

③ 孔底:可以选择"平直"形式或"角度"形式。对于"角度",需要输入孔底角度尺寸。

④ 终止方式:用来确定孔的范围。

· 距离:用一个正值来定义孔的深度。

· 贯通:孔穿透所有面。

· 到:在指定的平面处终止孔。

图7-43 "参考点"选项

⑤ 孔型2:简单孔、配合孔、螺纹孔、锥螺纹孔。

经过上述选择,单击"确定"按钮,就可以生成孔特征。

7.2.8 圆 角

圆角通常应用于钣金零件,以从平直材料中删除锐利拐角。圆角可以添加到拐角的内侧和外侧,并经常应用于允许从平板材料继续切割出零件形状,在一次操作中创建的所有圆角都是一个特征。启动方式是:单击功能区的"钣金"选项卡→"修改"面板→"圆角"按钮 。

通过上述操作可以打开"圆角"对话框,如图7-44所示。

圆角特征介绍如下。

图 7-44 "圆角"对话框

- "拐角"列:定义用于圆角的一组钣金拐角,单击"拐角"可以添加一组新的拐角。
- "半径"列:指定一组选定拐角的半径,单击"半径"后可以输入需要设置的值。

选择模式栏目包含两个选项。

- 拐角:可以选择或删除单个拐角。
- 特征:可以选择或删除某个特征的所有拐角。

圆角特征如图 7-45 所示。

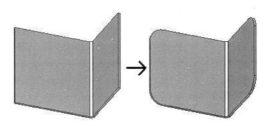

图 7-45 圆角特征实例

7.2.9 拐角倒角

拐角倒角通常应用于钣金零件,以从平直材料中删除锐利拐角,在一次操作中创建的所有倒角都是一个特征。启动方式是:单击功能区的"钣金"选项卡→"修改"面板→"拐角倒角"按钮 。

通过上述操作,可以打开"拐角倒角"对话框,如图 7-46 所示。

图 7-46 "拐角倒角"对话框

拐角倒角特征介绍如下所述。

- 一个距离:使用自拐角两条边上偏移相同的距离来创建倒角。
- 距离和角度:通过定义族钣金边的偏移量和钣金边偏移的角度来创建倒角。
- 两个距离:使用每条钣金边的指定距离来在一个拐角上创建倒角。
- 拐角:选择要倒角的各个拐角,并预览默认距离。
- 边:对于由距离和角度定义的倒角,选择钣金边。
- 距离:对于由一个距离,或者由距离和角度定义的倒角,指定所选钣金边的偏移距离。
- 角度:对于由距离和角度定义的倒角,指定应用的角度。
- 距离 1:对于由两个距离定义的倒角,指定第一个偏移距离。
- 距离 2:对于由两个距离定义的倒角,指定第二个偏移距离。

拐角特征如图 7 - 47 所示。

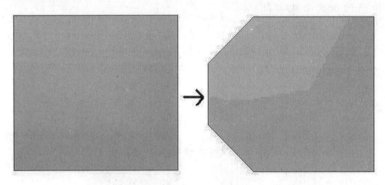

图 7 - 47　拐角特征实例

7.3　选项设置

在钣金工具面板中,"样式"功能是确定钣金模型的基本参数,这些参数将成为以后设计中的默认值。这些参数可以在某特征中继承使用,也可以单独对这个特征修改。单击"管理"选项卡→"样式和标准"面板→"样式编辑器"按钮以启动该功能。

7.3.1　钣金选项

在浏览器窗格中,单击"样式和标准编辑器"对话框左侧部分中的"钣金规则"项中的"＋"以显示现有规则列表。单击"默认"选项,打开"钣金"选项卡,如图 7 - 48 所示。

① "钣金"选项区域的各选项含义如下。

- 材料:可用材料的列表。如果样式和标准编辑器过滤器设置为"本地样式",则只有在本地文档中出现的材料才可见。如果样式和标准编辑器过滤器设置为"所有样式",则材料列表控件将显示所有可用的材料,无论材料是否为真正的钣金材料。
- "编辑材料"按钮:用于访问"样式和标准材料编辑器"并允许编辑材料的按钮。
- 厚度:允许输入一个材料厚度。

② 展开规则:分为默认 K 系数和折弯补偿两个选项。关于 K 系数可以解释如下:实际在

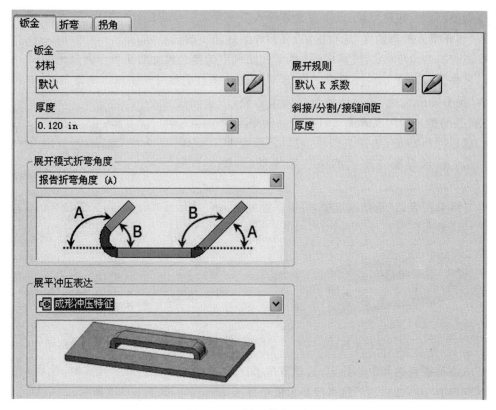

图 7 - 48　"钣金"选项卡

折弯中,折弯圆角内侧材料被压缩、外侧材料被拉伸,保持原状的材料呈圆弧线分布(图中的虚线部分),圆弧所在位置是钣的材料力学中性线,这就是用来计算展开长度的线,它不可能超过钣厚的几何形状的1/2处。折弯示意图如图 7 - 49 所示。系数 K 就是对材料中性线位置的计算系数。在线性展开方式下,K 决定了计算折弯圆角部分结构在计算展开长度时的系数。其范围是 0~1,默认值是 0.44。

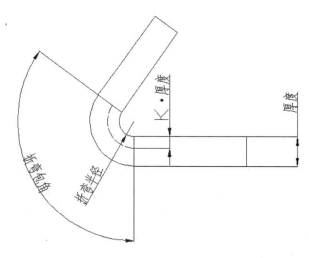

图 7 - 49　折弯示意图

③ 斜接/分割/接缝间距:此字段允许输入值或参数以指定默认间隙大小。

④ "展开模式折弯角度"选项区域:有两种测量角度的选项,如图 7 - 50 所示。

· 报告折弯角度(A):按照标记为"A"的图例中的蓝色尺寸箭头所示测量角度。

· 报告开口角度(B):按照标记为"B"的图例中的红色尺寸箭头所示测量角度。

⑤ "展平冲压表达"选项区域包括四个选项,用于确定如何在折叠模型显示为展开模式时显示钣金冲压 iFeature。

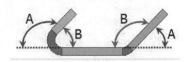

图 7 - 50　测量角度选项

· 成形冲压特征:选择该选项,可以将钣金冲压 iFeature 显示为展开模式的全三维特征,如图 7 - 51 所示。

· 二维草图表达:选择该选项,可以在模型显示为展开模式时,使用先前定义的二维草图特征显示钣金冲压 iFeature,如图 7 - 52 所示。

图 7 - 51　成形冲压特征

图 7 - 52　二维草图表达

· 二维草图表达和中心标记:选择该选项,可以在模型显示为展开模式时,使用先前定义的带有中心标记的二维草图显示钣金冲压 iFeature,如图 7 - 53 所示。

· 仅中心标记:选择该选项,可以在模型显示为展开模式时,仅使用草图中心标记显示钣金冲压 iFeature,如图 7 - 54 所示。

图 7 - 53　二维草图表达和中心标记

图 7 - 54　仅中心标记

7.3.2　折弯选项

通过上一节的访问方法,还可以打开"折弯"选项卡,如图 7 - 55 所示。其中各选项含义如下。

① "释压形状"列表框有三个选项可供选择。

· ▉线性过渡:由方形拐角定义的折弯释压形状。在手工作坊中经常使用该形状,通常由锯痕产生。在图 7 - 56 中,A 表示折弯释压宽度,B 表示变形区域之外的折弯释压深度,C 表示创建具有释压的折弯后剩余的材料余量大小。每个参数都可定义折弯释压默认值。

· ▉裂缝:由材料故障引起的可接受的折弯释压。在需要紧折弯以及使用特定材料时,

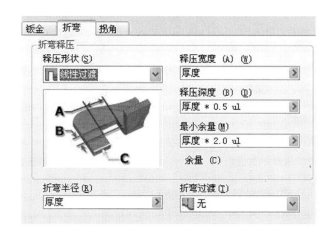

图 7-55　"折弯"选项卡

通常会使用该形状。在图 7-57 中,C 表示创建具有释压的折弯后剩余的材料余量
大小。

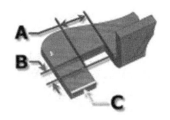

图 7-56　线性过渡示意图

图 7-57　裂缝示意图

- 圆形:由使用半圆形终止的切割定义的折弯释压形状,通常使用激光切割技术产生。
  在图 7-58 中,A 表示折弯释压宽度(直径),B 表示变形区域之外到直径切点的折弯
  释压深度,C 表示创建具有释压的折弯后剩余的材料余量大小。每个参数都可定义折
  弯释压默认值。
- ② 释压宽度:在图示中标识为 A 的值。
- ③ 释压深度:在图示中标识为 B 的值。
- ④ 最小余量:释压槽与基础钣之间的间距称为"释压余量",而"最小余量"定义了沿折弯
  释压切割允许保留的最小库存的可接受值。
- ⑤ 折弯半径:默认的折弯处过度圆角的内角半径是钣厚。应当根据相应的加工条件设
  置,也能够在建模之后重新设置。
- ⑥ 折弯过渡列表框包含有五种折弯过渡类型。
- 无:根据几何图元,在选定折弯处相交的两个面的边之间会产生一条样条曲线。对
  于以上显示的折叠模型,图 7-59 显示了该过渡类型的部分展开模式。
- 相交:从与折弯特征的边相交的折弯区域的边上产生一条直线。对于以上显示的
  折叠模型,图 7-60 显示了该过渡类型的部分展开模式。

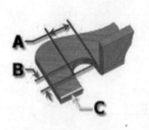

图 7-58　圆形示意图

图 7-59　"无"的展开模式

-  直线：从折弯区域的一条边到另一条边产生一条直线。对于以上显示的折叠模型，图 7-61 显示了该过渡类型的部分展开模式。

图 7-61　"直线"的展开模式　　　　图 7-60　"相交"的展开模式

- 圆弧：需要输入圆弧半径值，并将产生一条相应尺寸的圆弧，其与折弯特征的边相切且具有线性过渡。对于以上显示的折叠模型，图 7-62 显示了该过渡类型的部分展开模式。
- 修剪刀折弯：折叠模型中显示了此类过渡，将垂直于折弯特征对折弯区域进行切割。图 7-63 显示了该过渡类型的部分展开模式。

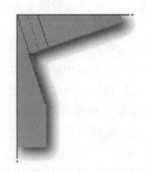

图 7-62　"圆弧"的展开模式　　　　图 7-63　"修剪到折弯"的展开模式

7.3.3　拐角选项

通过上一节的访问方法，还可以打开"拐角"选项卡，如图 7-64 所示。其中各选项含义如下。

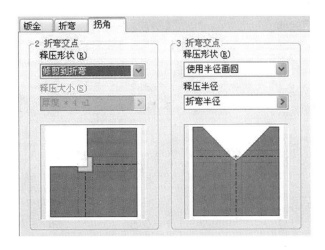

图 7 - 64　"拐角"选项卡

(1)"2 折弯交点"选项区域

释压形状:在两个折弯相交时,使用该选项定义默认拐角释压。其中各选项含义如下。

- 圆形:通过位于折弯线相交中点的环形切割而在平面中定义的拐角释压形状,如图 7 - 65(a)所示。
- 方形:通过位于折弯线相交中点的方形切割而在平面中定义的拐角释压形状,如图 7 - 65(b)所示。
- 水滴形:通过将凸缘边延伸至相交处而在平面中定义的拐角释压形状。该形状是由允许折叠模型中的跨折弯区域材料故障(裂缝)的无释压表现的,如图 7 - 65(c)。
- 修剪到折弯:通过折弯区域线限定的多边形切割而在平面中定义的拐角释压形状,如图 7 - 65(d)所示。
- 线性焊接:通过 V 形切割从内折弯线与凸缘边的交点到外折弯线与凸缘边的交点而在平面中定义的拐角释压形状。该形状是由允许使用后续焊接操作关闭拐角的最小释压表现的,如图 7 - 65(e)所示。
- 圆弧焊缝:由沿折弯区域(会聚于展开间隙,且等于斜接间隙值)的外侧边的样条曲线在平面中定义的拐角释压形状。由与沿适用于后续圆弧焊的释压长度成等距离的凸缘之间的间隙在折叠模型中表现的,如图 7 - 65(f)所示。
- 释压大小:用于定义"拐角释压"系统参数的大小。

(2)"3 折弯交点"选项区域

释压形状:当 3 个折弯相交时,可以使用该选项定义以展开模式显示的默认拐角释压。其中各选项含义如下。

- 无替换:不会在展开模式中替换"已造型"几何图元,如图 7 - 66(a)所示。
- 相交:通过将凸缘边延伸和相交而在平面中定义的拐角释压形状,如图 7 - 66(b)所示。
- 全圆角:通过将凸缘边延伸至相交处,然后将圆角切线放置到折弯区域切线,从而在平面中定义的拐角释压形状,如图 7 - 66(c)所示。

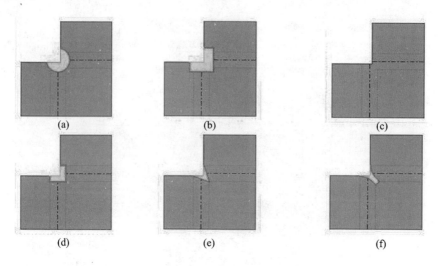

图 7 – 65   2 折弯点的"释压形状"

- 使用半径画圆:通过将凸缘边延伸至相交处然后放置指定大小的相切圆角,从而在展开中定义的拐角释压形状,如图 7 – 66(d)所示。

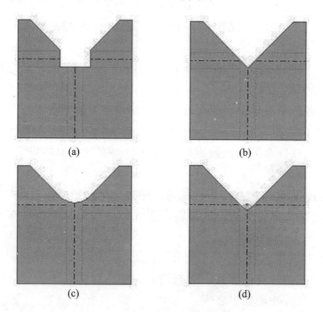

图 7 – 66   3 折弯点的"释压形状"

- 释压半径:用于定义"拐角释压"半径的默认大小。

练习 7

本练习要通过以下步骤设计一个钣金零件,该零件的造型及过程涉及 Inventor 的大部分钣金功能,要求读者掌握创建钣金零件的基本方法。

① 设计第一个草图,完成草图,转换为钣金,如图 7 – 67 所示。

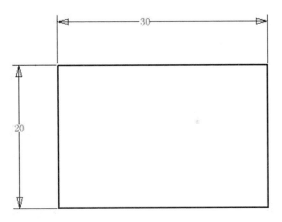

图 7 - 67　将草图转换为钣金

② 单击"平板"按钮 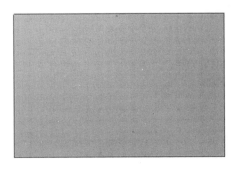，选择默认配置，单击"确定"按钮，创建第一特征，如图 7 - 68 所示。

图 7 - 68　创建平板

③ 单击"凸缘"按钮 ，选择一条边创建凸缘，距离 5 mm，角度 90°，如图 7 - 69 所示。

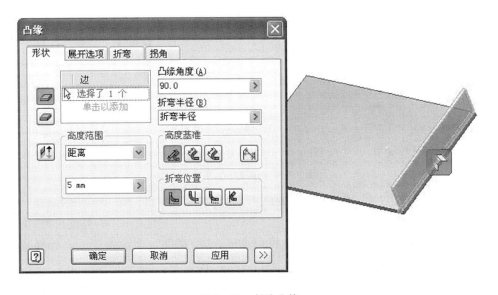

图 7 - 69　创建凸缘

④ 再次单击"凸缘"工具，创建另一条边的凸缘，单击 按钮，选择终止方式类型为"宽

度",宽度大小为 20 mm,如图 7－70 所示。

图 7－70　创建另一条边的凸缘

⑤ 单击"确定"按钮,创建钣金如图 7－71 所示。

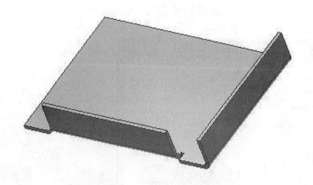

图 7－71　创建的凸缘特征

⑥ 单击"卷边"按钮 <img>,弹出"卷边"对话框,如图 7－72 所示。在"类型"中选择"单层"选项 <img>,选择后创建的凸缘的上边为基础边。单击 <img> 按钮,"宽度范围"的类型选择"宽度",选择"偏移"选项,偏移依据的边为后创建凸缘的左边,其中宽度大小设为 5 mm,偏移量大小设为 2 mm,并单击"反向偏移"按钮 <img>。

⑦ 单击"确定"按钮,创建钣金如图 7－73 所示。

⑧ 重复上述操作,将类型改为"双层"选项 <img>,偏移依据的边选择凸缘的右边。单击"确定"按钮,创建钣金如图 7－74 所示。

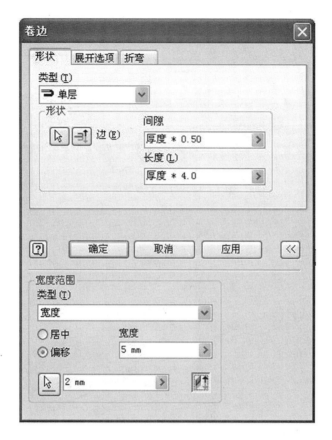

图 7 - 72 "卷边"对话框

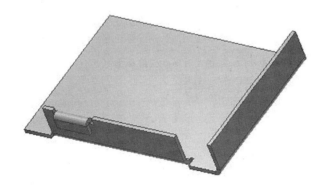

图 7 - 73 创建的卷边特征

⑨ 在第一钣金面的上表面创建草图,如图 7 - 75 所示。

⑩ 单击"折叠"按钮，按如下参数进行折叠,如图 7 - 76。

⑪ 得到钣金,如图 7 - 77 所示。

⑫ 在翻折那一侧添加两次凸缘,距离均为 5 mm,宽度均为 5 mm。第一个凸缘要相对右边偏移 3 mm,可以得到如下钣金,如图 7 - 78 所示。

⑬ 单击"拐角接缝"按钮，选择两条凸缘边,如图 7 - 79 所示。

![3D动力学院](http://www.3ddl.cn)

图 7-74　创建的双层特征

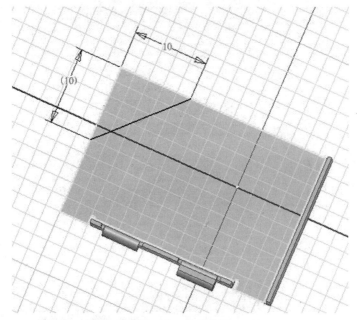

图 7-75　创建草图

图 7-76　折叠参数

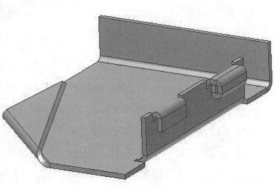

图 7-77　折叠后钣金

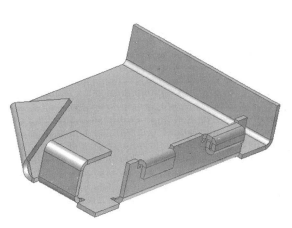

图 7-78　添加凸缘特征

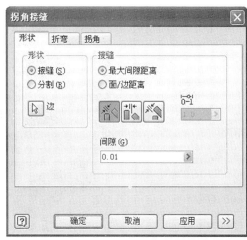

图 7-79　"拐角接缝"对话框

⑭ 生成如下钣金,如图 7-80 所示。

⑮ 单击"圆角"按钮,弹出"圆角"对话框,如图 7-81 所示。选择一个拐角,半径大小设置为 2 mm。

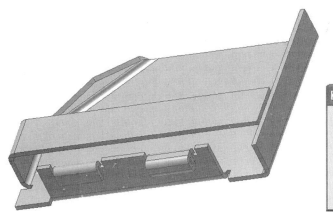

图 7-80　创建拐角接缝特征

图 7-81　"圆角"对话框

⑯ 得到如下钣金,如图 7-82 所示。

⑰ 单击"拐角倒角"按钮,弹出如图 7-83 所示的"拐角倒角"对话框。选择凸缘另一个倒角,距离大小设置为 2 mm。

⑱ 得到如图 7-84 所示的钣金。

⑲ 单击"创建展开模式"按钮 ,得到展开的钣金图,如图 7-85 所示。

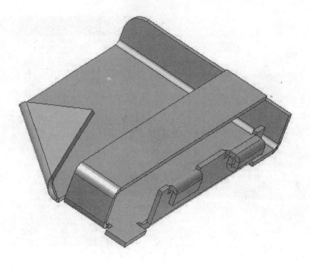

图 7 - 82　创建圆角特征

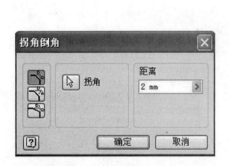

图 7 - 83　"拐角倒角"对话框

图 7 - 84　创建倒角特征

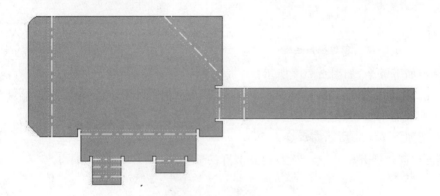

图 7 - 85　钣金展开图

第 8 章　焊接件

教学要求

　　焊接件是用焊接的方法将结合在一起的零部件连接成为一个不可分割的整体。在焊接件中，用户可以创建部件，有选择地添加部件特征以准备用于焊接的模型，作为实体特征或示意特征添加焊接，然后添加更多部件特征以用于最后的加工操作。完成焊接件模型后，所有的零件和特征将保存到一个部件文件中并被称为焊接件。在本节中，将学习有关焊接件的知识以及在 Autodesk Inventor 中如何创建焊接件。

　　通过本章的学习要掌握以下内容：

- 用 Autodesk Inventor 创建焊接件。
- 激活焊接环境并描述所用到的工具。
- 了解并学会使用焊接的三个特征组。
- 学会各种焊接操作。

8.1　创建焊接件

　　焊接件设计是部件装配环境的延伸，可以通过两种方式创建焊接件：①创建一个新的焊接件；②由现有的部件转换为焊接件。

8.1.1　创建新焊接件

　　在 Autodesk Inventor 中，可以直接创建一个新的焊接件，创建的步骤如下。

　　① 在文件菜单中选择"新建"选项，打开如图 8-1 所示的对话框。

　　② 在打开的对话框中，有"默认"、"English"和"Metric"三个选项卡，根据需要在其中一个选项卡中选择焊接"Weldment.iam"模板。

　　③ 创建部件，向适当的焊接组中添加部件特征和焊接特征以形成焊接件。

图 8-1 "新建文件"对话框

8.1.2 转换部件为焊接件

在 Autodesk Inventor 中,还可以通过转换现有的装配为焊接装配件,转换部件为焊接件的步骤如下。

① 打开一个现有的部件。

② 在应用菜单中,选择"转换为焊接件"选项，,弹出如图 8-2 所示的提示对话框。在该对话框中,选择"是"选项则开始转换,选择"否"选项则结束。

图 8-2 转换焊接件提示对话框

③ 在转换为焊接件对话框中,设定"标准"、"特征转换"、"焊道材料"和"BOM 表结构"各选项,然后单击"确定"按钮继续,如图 8-3 所示。

④ 双击准备、焊接或加工特征组后,创建需要的装配特征。

图 8-3　"转化为焊接件"对话框

8.1.3　焊接件浏览器

焊接件浏览器可以在装配层次上组织部件和焊接件特征,可以在造型视图或装配视图中对标准件进行排序、显示和隐藏零部件、启用特征回退、控制对特征以及创建和编辑特征命令的访问,并提供对关联菜单上各项操作的访问。

当焊接件文件打开且激活时可以访问,并且可以通过功能区上的"视图"选项卡→"窗口"面板→"用户界面" □ →"浏览器"选项来选择显示或隐藏。

在焊接件装配树中,可以管理、显示和编辑焊接件文件夹(例如"准备"、"焊接"和"加工")的选项。一次只能激活一个焊接文件夹,所有其他项在浏览器中都暗显。

右击该焊接文件夹,在弹出的右键快捷菜单中选择"编辑"选项。该文件夹变成激活状态,并且根据激活的文件夹"焊接"选项卡上的命令将禁用或激活。

该右键快捷菜单显示用于对浏览器中选定零部件、特征或约束进行操作的选项。根据浏览器配置和所选的项,可能有某些或全部选项可用。

右击图形窗口中的选项,便可以获得相同的右键快捷菜单选项和查看选项。焊接件浏览器如图 8-4 所示。

- ▽ 浏览器过滤器:位于浏览器工具栏上。在装配视图和造型视图中,过滤器可用于减少浏览器中显示的信息量。
- 隐藏 UCS:可以关闭或打开用户坐标系。
- 隐藏定位特征:可影响所有原点和全局定位特征的显示。当展开特征时,将显示特征层次的定位特征。
- 仅显示子项:可影响所有父级部件的显示。在零件环境激活时(当在位编辑或创建零件时),此选项不可用。
- 隐藏注释:可关闭或打开笔记的显示。
- 隐藏警告:用于关闭或打开浏览器中附着在约束上的警告符号。
- 隐藏文档:可关闭或打开插入的文档。
- ⬚ ⁻ 表达:列出最近创建的设计视图表达,单击以定义或检索表达。

图 8 - 4   焊接件浏览器

- 装配视图:在装配视图中,装配约束符号嵌套在两个约束的零部件下,零件特征被隐藏。
- 造型视图:在造型视图中,装配约束符号放置在浏览器树顶部的一个单独文件夹中。零件特征嵌套在零件下,与在零件文件中一样。

8.2   焊接特征组

8.2.1   概　述

焊接件由三个独立的焊接特征组组成,包括准备、焊接和加工。其中的每一组都代表了制造过程中的一个特定阶段,在浏览器中用不同的图标表示,可以在浏览器中双击它们的符号或名称来激活焊接特征组,而且一次只能激活一个焊接特征组。浏览器中的三个特征组如图 8 - 5 所示。

与零件特征一样,用于创建焊接件的焊接特征组是顺序相关的,因此不能删除或重排序。在创建焊接件时,不是必须要使用所有的三个焊接特征组,不同的焊接装配具有不同的需求。

在浏览器中选择焊接特征组并右击,在弹出的右键快捷菜单上选择"iProperty(特性)"选项后,就会打开"iProperty(特性)"对话框。在"iProperty(特性)"对话框中单击"焊道"选项卡,如图 8-6 所示。其中各选项含义如下。

- 可见:选择或清除该复选框,用于控制焊缝的显示状况。
- 启用:选择或清除该复选框,控制启用或禁用焊缝。如果焊缝启用但不显示,角焊缝仍然在装配中计算其质量特性。
- 焊道颜色:在焊接特征组中的所有焊缝应用所选择的颜色式样。
- 端部填充颜色:设置要用于端部填充的颜色。

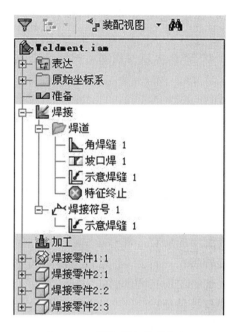

图 8－5　浏览器中的特征组

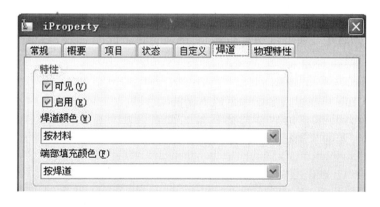

图 8－6　"iProperty(特性)"对话框

8.2.2　准　备

在浏览器中双击"准备"条目,工具面板将自动切换,激活"准备"特征组。在将焊接应用到焊接件之前,焊道准备可以去除焊接件中的金属。这些准备确保了足够的焊接强度,一般用在加工焊接坡口。

目前,Inventor 认为焊前准备是属于焊接合件的,而不是相关零件的结构。实际制造中许多焊前准备加工,都不是快到焊接时才做,而是在制备零件时就做好的,但这不会妨碍使用这个功能。焊前准备,多是各种各样的焊接坡口的加工。Inventor 目前提供的"准备"功能,基本上可以完成一般的倒角型焊接坡口的创建。

还可以通过访问功能区的"焊接"选项卡→"过程"面板→"准备"按钮 来激活"准备"特征组。

当"准备"特征组处于激活状态时,可以使用如下的特征工具按钮。"准备和加工"面板如图 8-7 所示,其中各选项含义如下。

图 8-7　"准备和加工"面板

- 拉伸:用法与标准的拉伸特征一样,只不过只能使用其中的切割。用这个特征可以创建拉伸-切割而贯通装配中的所有零部件。
- 旋转:用法与标准的旋转特征一样,只不过只能使用其中的切割。用这个特征可以创建旋转-切割而贯通装配中的所有零部件。
- 孔:在焊接装配中创建打孔特征。
- 圆角:在焊接装配中创建圆角特征。
- 倒角:在焊接装配中创建倒角特征。
- 扫掠:用法与标准的扫掠特征一样,只不过只能使用其中的切割。用这个特征可以创建扫掠-切割而贯通装配中的所有零部件。

还可以使用"定位特征"面板,如图 8-8 所示,其中,"工作平面"、"工作轴"、"点"可在焊接装配中创建不同的工作特征。

图 8-8　"定位特征"面板

在准备特征组中,最常用的是拉伸切割和倒角特征。如图 8-9 和图 8-10 分别为准备前和准备后的零部件。

图 8-9　准备前

图 8-10　准备后

8.2.3　焊　接

在浏览器中双击"焊接"条目,工具面板将自动切换,激活"焊接"特征组,"焊接"特征组是最主要的焊接描述。还可以通过访问功能区的"焊接"选项卡→"过程"面板→"焊接"按钮 来激活"焊接"特征组。当"焊接"处于激活状态时,可以访问"焊接"面板,如图 8-11 所示。

图 8-11　"焊接"面板

各选项具体功能见 8.3 节。

"焊接"特征组存储所有焊接件中的焊缝,焊缝特征只有在焊接特征组激活的时候才可以操作。图 8-12 和图 8-13 分别为焊接前后的零部件。

图 8-12　焊接前　　　　　　　　　　图 8-13　焊接后

8.2.4　加　工

在浏览器中双击"加工"条目,工具面板将自动切换来激活"加工"特征组,还可以通过访问功能区的"焊接"选项卡→"过程"面板→"加工"按钮 来激活"加工"特征组。

"加工"特征组表示焊后加工的材料去除过程,加工特征通常贯穿多个零部件。典型的加工部件特征包括拉伸切割和孔。当"加工"特征组处于激活状态时,可以使用的特征工具按钮和"准备"特征组相同,可以创建以下部件特征:拉伸-切割、旋转-切割、孔、圆角、倒角、扫掠-切割。

图 8-14 和图 8-15 分别为加工前后的零部件。

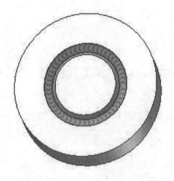

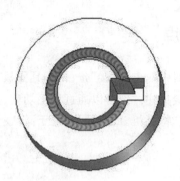

图 8 – 14 加工前　　　　　　　　　图 8 – 15 加工后

8.3 焊接操作

8.3.1 角焊接

在创建焊接装配之后,需要添加焊接特征,Autodesk Inventor 提供三种类型的焊道特征:示意焊缝、实体角焊和实体坡口焊。所有焊道类型均仅位于焊接特征组中,每种类型在浏览器中都有唯一的图标。

在焊接件部件中创建角焊特征,焊接符号可以与特征同时创建,也可以通过单独操作来创建。

在浏览器的焊接文件夹中,焊道和焊接符号是独立的特征。焊接符号可以与角焊道特征相关联,从而对角焊道的更改可以更新焊接符号值,而更改焊接符号则不会更新角焊缝特征。角焊被焊接符号退化后,将变为焊接符号的一个子节点。

在浏览器中的"焊接"文件夹上右击,在弹出的右键快捷菜单中选择"编辑"选项来访问"角焊"焊接特征,还可以通过访问功能区的"焊接"选项卡→"焊接"面板→"角焊"按钮 ![] 来进行"角焊"操作。通过上述访问可以打开"角焊"对话框,该对话框用于指定用来构造角焊的参数,如图 8 – 16 所示。

"焊道"选项组各选项含义如下。

- ![]:用于选择图形窗口的第一个面集。
- ![]:在图形窗口中,为第二个选择集选择一个或多个面。
- 链:选择"链"复选框可以自动选择接触的连续面。
- ![]边长度:包括长度和宽度,构造角焊时需要边长度所输入的参数。如果仅输入一个值,则边长相等。
- ![]喉深:可根据角焊的焊缝根部和面之间的距离构造角焊。
- ![]方向:可更改偏移焊接的起始位置。

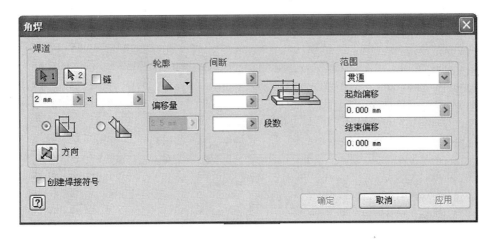

图 8-16 "角焊"对话框

"轮廓"选项组各选项含义如下。

- ◣平直:可以指定焊道工艺形状为"平直",此时"偏移量"选项不可用。

- ◣外凸:指定焊道工艺形状为"外凸",也可以指定偏移距离。结合使用"偏移量"选项和凸面符号可以控制焊道面向外弯曲。

- ◣内凹:指定焊道工艺形状为"内凹",也可以指定偏移距离。结合使用"偏移量"选项和凹面符号可以控制焊道面向内弯曲。

"间断"选项组如图 8-17 所示。角焊道的间断是根据激活的标准来指定的。

- ANSI 标准用于指定焊缝长度和焊缝中心之间的距离。

- ISO、BSI、DIN 和 GB 标准用于指定焊缝长度、焊缝间距和焊缝段数。

- JIS 标准用于指定焊缝长度、焊缝中心之间的距离和焊缝段数。

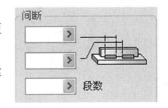

图 8-17 "间断"选项组

"范围"选项组包括角焊起始或结束的方式、起始偏移以及结束偏移。角焊可终止于工作平面、平面,也可以延伸穿过所有选定的几何图元,形成全螺纹焊接。角焊的起始和结束位置也可以从模型边偏移。终止方式有如下几项。

- 从表面到表面:可选择终止焊接特征的起始和终止面/平面。在焊接件中,面或平面可以位于其他零件上,但必须平行。

- 贯通:可在指定方向上创建穿过所有选定几何图元的焊道。

- 起始-长度:可创建具有用户指定的偏移距离和固定长度的焊道。

- "创建焊接符号"选项:选择"创建焊接符号"可以通过展开的对话框来设置焊接符号参数。如图 8-18 所示。

创建角焊缝特征实例的步骤如下。

① 创建如图 8-19 所示的部件。

② 将其转换为焊接件,其他为默认设置。

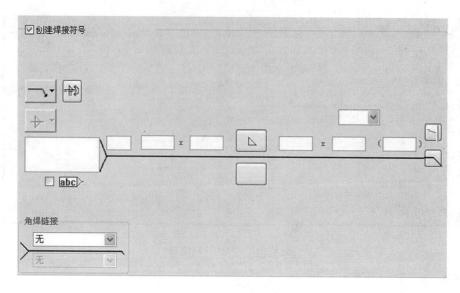

图 8-18　焊接符号对话框

③ 双击"焊接"特征组,在功能区上,单击"焊接"选项卡→"焊接"面板→"角焊"按钮打开"角焊"对话框。

④ 在图形窗口中,选择第一个面,如图 8-20 所示。

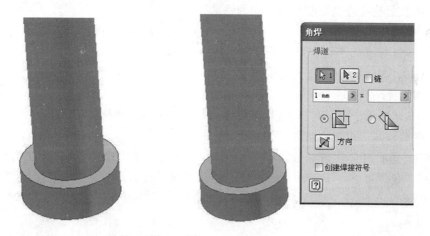

图 8-19　焊接前部件　　　　　　图 8-20　选择第一个面

⑤ 右击该面,并在弹出的右键快捷菜单中选择"继续"选项,然后选择图形窗口中的第二个面,如图 8-21 所示。

⑥ 在一个或两个"边"中指定距离。

⑦ 在"间断"选项组的"长度"字段中指定圆角的长度,在"间距"字段中指定圆角的间距。

⑧ 单击"确定"按钮,则间断角焊道如图 8-22 所示。

图 8 - 21　选择第二个面

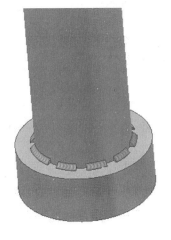

图 8 - 22　间断角焊道

8.3.2　坡口焊接

在焊接件部件中创建坡口焊特征,焊接符号可以与特征同时创建,也可以通过单独操作来创建。在浏览器的焊接文件夹中,焊道和焊接符号是独立的特征。焊接符号和焊道特征之间没有任何关联,因此可以为焊道特征指定任意焊接符号值。坡口焊被焊接符号退化后,将变为焊接符号的一个子节点。

在浏览器中的"焊接"文件夹上右击,在弹出的右键快捷菜单中选择"编辑"选项可以访问"坡口焊"对话框。还可以通过访问功能区的"焊接"选项卡→"焊接"面板→"坡口"按钮 ▮▮ 来进行"坡口"焊接设置。通过上述访问可以打开"坡口焊"对话框,该对话框用于指定用来构造坡口焊的参数,如图 8 - 23 所示。其中各选项含义如下。

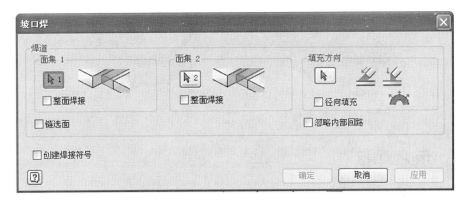

图 8 - 23　"坡口焊"对话框

① 面集 1 和面集 2:选择要使用坡口焊道连接的两个面集。每个面集必须包含一个或多个连续零件面。

② 整面焊接:可指定焊道在两个面集中出现的方式。

③ 链选面：可选择多个相切面。

④ 忽略内部回路：可确定选定面集是形成空心坡口焊还是实体焊缝。

⑤ 填充方向：设置使用坡口焊道连接坡口焊面集时的投影方向。填充方向可以通过以下选择来定义。

- 平面和工作平面（指定与选定面或平面成法向的方向）。
- 圆柱面、圆锥面或环形面（指定曲面轴的方向）。
- 工作轴。
- 零件边。
- 两点（工作轴、模型顶点）。

⑥ ⚒：以第一个选定面集的角度投影焊道。

⑦ ⚒：以与第二个选定面集垂直的方向投影焊道。

⑧ 径向填充：沿曲线投影焊道。如果选择"径向填充"选项，则"填充方向"不可用。

创建坡口焊缝实例的步骤如下。

① 创建如图 8-24 所示部件。

② 将其转换为焊接件，其他为默认设置。

③ 在浏览器中双击"焊接"特征组，在功能区上，单击"焊接"选项卡→"焊接"面板→"坡口"按钮来打开"坡口焊"对话框。

④ 在图形窗口中，选择环的内表面为第一个面集，选择圆柱的外边面为第二个面集。

⑤ 选择"径向填充"选项。

⑥ 单击"确定"按钮，则坡口焊缝如图 8-25 所示。

图 8-24 焊接前部件

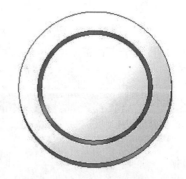
图 8-25 坡口焊缝

8.3.3 示意焊接

角焊缝和坡口焊缝都属于实体焊缝，示意焊缝作为图形元素创建，这些图形元素改变模型边的外观，以表明它们被焊接。

示意焊缝和实体焊缝有许多不同点。

- 创建示意焊缝时要选择边，而创建实体焊缝时要选择面。
- 焊接准备对于实体焊缝是可选的，而对于示意焊缝是不需要的。

- 示意焊缝不创建实际的焊道几何图元,在计算质量特性时,提供一个近似质量。

　　在浏览器中的"焊接"文件夹上右击,然后在弹出的右键快捷菜单上选择"编辑"选项可以访问"示意"焊接特征。还可以通过访问功能区的"焊接"选项卡→"焊接"面板→"示意"按钮来进行"示意"焊接操作。通过上述访问可以打开"示意焊缝"对话框,该对话框用于指定用来构造示意焊缝的参数,如图 8 - 26 所示。其中各选项含义如下。

图 8 - 26　"示意焊缝"对话框

① 选择模式:设置要应用示意焊道的区域的选择配置。

- 边:默认设置,选择一条或多条边。
- 链:将自动选择相切的连续边。
- 回路:用于选择封闭回路。

② 范围:确定终止示意焊缝的方式。示意焊缝可以在工作平面上终止,也可以延伸穿过所有选定的几何图元,形成全长焊接。

- 贯通:可在指定方向上,在所有特征和草图上创建焊接,贯穿所有面。如果从特征中删除某些面,"贯通"选项仍将保持为有效的终止方式,因为它不依赖于指定的距离或面。
- 从表面到表面:如果起始或终止面消失了,该特征将失败,因此仅当能够确保起始和终止面在整个设计修改过程中不会改变时才能使用"从表面到表面"选项,而且所选平面和面必须平行。

③ 面积:设置示意焊道的截面积,以便计算示意焊道的物理特性。

　　创建示意焊缝实例的步骤如下。

① 创建如图 8 - 27 所示部件。

② 将其转换为焊接件,其他为默认设置。

③ 在浏览器中双击"焊接"特征组,在功能区上,单击"焊接"选项卡→"焊接"面板→"示意"按钮来打开"示意焊缝"对话框。

④ 在图形窗口中,选择圆环上表面与圆柱相交的边。

⑤ "范围"选项选择贯通。

⑥ 在"面积"选项中设置一定的值。

⑦ 单击"确定"按钮,则可以创建示意焊缝。示意焊缝是一条沿着所选边界的橙色线条,如图 8 - 28 所示。

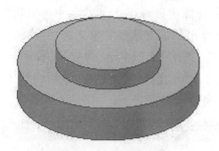
图 8 - 27　焊接前部件

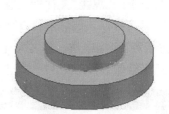
图 8 - 28　示意焊缝

8.3.4　焊接符号

　　焊接符号可以为多个焊缝提供标注并作为分组机制。在焊接浏览器中的"焊接"文件夹下对焊接和焊接符号进行分组。当焊缝被焊接符号标注时,焊缝就被嵌套在标志它们的焊接符号下。

　　右击浏览器中的"焊接"文件夹,在弹出的右键快捷菜单中选择"编辑"选项可以访问"符号"焊接特征。还可以通过访问功能区的"焊接"选项卡→"焊接"面板→"符号"按钮 ∧ 来进行焊接符号操作。在创建焊缝时也可以选中"创建焊接符号"复选框来创建焊接符号。通过上述访问可以打开"焊接符号"对话框,如图 8 - 29 所示。其中各选项含义如下。

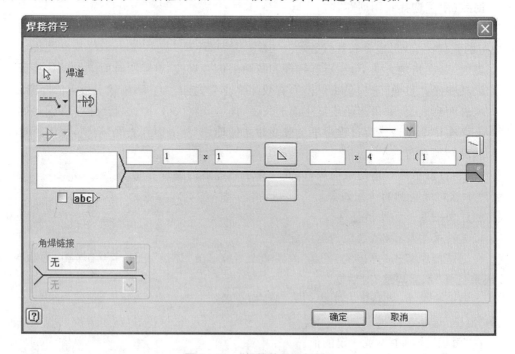
图 8 - 29　"焊接符号"对话框

- 焊道:选择一个或多个由焊接符号标注的示意焊道、角焊道和坡口焊道。焊接符号将特征分组成由单个焊接符号标注的组合焊道中。
- 识别线:单击箭头可选择不放置基准线、将基准线放置在参考线上方或将基准线放置在参考线下方。仅对 ISO 和 DIN 可用。

• 交换箭头/其他符号:单击该按钮以在参照线上方和下方之间切换箭头和符号。

图 8 - 30 和图 8 - 31 分别为切换前后的焊接符号。

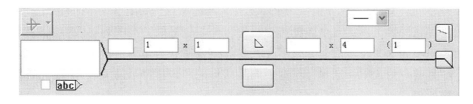

图 8 - 30 切换前

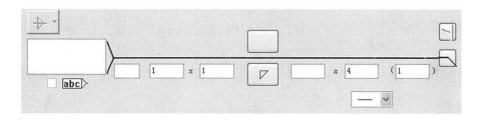

图 8 - 31 切换后

• 尾部注释框:abc 上面的白色文本框,可以将说明添加到所选的参考线上。

• abc:选择复选框以封闭框中的注释文本。

• 前缀:在边 1 文本的前面。

• 边:指定边的文本。

• 符号:单击该按钮,从选项板中选择符号,选项板如图 8 - 32 所示。

图 8 - 32 "符号"选项板

• 段数:指定焊缝数量。

• 长度:指定焊缝长度。

• 间距:指定焊缝间的距离。

• 轮廓:指定焊缝的轮廓加工。单击箭头并从列表中选择轮廓。

• 现场符号:指定是否在选定的参考线上添加表明某个现场的现场焊符号。单击按钮关闭或打开现场焊符号。

- 🔘 全周边符号：指定是否对选定的参考线使用全周边符号。单击按钮关闭或打开符号。
- 角焊链接：将单个角焊道的值与一侧角焊接符号值和选项关联链接，可以链接到父焊接符号的一侧（箭头或非箭头）或两侧上。该选项仅当存在未标注的角焊道或创建新的角焊道时才可用。当角焊缝与焊接符号一起创建时，"当前焊缝"选项将使用角焊缝值预先填充这些符号值。如果不存在角焊道或所有的角焊道都被焊接符号标注，那么"无"是唯一的选项。选择"无"选项删除角焊缝和焊接符号的关联，从而允许访问以前链接的值。

移动焊接符号的操作如下。要移动焊接符号，可以延长或缩短符号指引线的指引线段，或者移动附着点或顶点。在移动过程中，关联焊道特征中的有效边将亮显。

① 在快速访问工具栏上，单击"选择"命令的下三角按钮，然后从下拉列表中选择"特征优先"选项，如图 8－33 所示。

② 在图形窗口中，将光标移动到焊接符号或指引线上以显示夹点。如图 8－34 所示。

图 8－33 "选择"列表　　　　图 8－34 显示夹点

③ 要将水平参考段移动到新位置，请单击并拖动离其最近的夹点。如图 8－35 及图 8－36 所示。

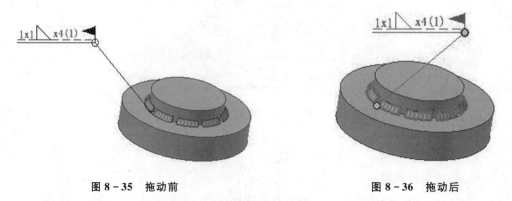

图 8－35 拖动前　　　　图 8－36 拖动后

④ 要改变附着点，单击并拖动基础夹点以重置指引线。

⑤ 释放鼠标按键将焊接符号放在新位置。如图 8－37 和图 8－38 所示。

编辑焊接符号的值以及组成部分的步骤如下。

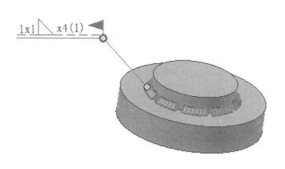

图 8 - 37 拖动前   图 8 - 38 拖动后

① 在浏览器中,展开焊接组以显示焊接特征。

② 右击焊接符号,在弹出的右键快捷菜单中选择"编辑焊接符号"选项。

③ 在"焊接符号"对话框中,更改部件焊接符号和指引线的任意值。

④ 单击"确定"按钮接受修改。

8.3.5 端部填充

可以添加模型中的焊接端部填充用来表明焊道末端的填充区域。端部填充会自动添加到角焊道中。其操作步骤如下。

① 在焊接浏览器中,双击"焊接"文件夹以进入焊接件环境。

② 在功能区上,单击"焊接"选项卡→"焊接"面板→"端部填充"按钮 。

③ 选择"端部填充"选项后,现有的端部填充面亮显,单击任意实体焊道面以添加端部填充,按一下鼠标右键,然后选择"结束"选项以退出。端部填充如图 8 - 39 所示。

④ 若要删除端部填充,单击"端部填充"按钮,然后再次单击该面以关闭面的亮显。

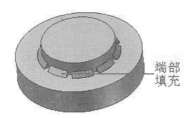

图 8 - 39 端部填充

⑤ 要更改端部填充的外观,在浏览器中的"焊接"文件夹上右击,在弹出的右键快捷菜单中选择"iProperty(特性)"选项。在"iProperty 特性"对话框中,单击"焊道"选项卡。在"端部填充颜色"框中,单击向下箭头列出可用的颜色列表并选择。单击"确定"按钮关闭对话框。如图 8 - 40 所示。

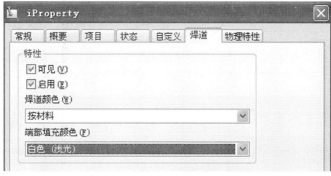

图 8 - 40 更改端部填充颜色

8.3.6 焊道报告

用户可以将焊缝的物理特性输出到电子表格,查询各个焊道的名称、类型、长度、面积和质量以便进行参考获得成本信息。其操作步骤如下。

① 在功能区上,单击"焊接"选项卡→"焊接"面板→"焊道报告"按钮 。

② 通过访问可以打开"焊道报告"对话框,如图8-41所示。

③ 单击"下一步"按钮,则可以打开"报告位置"对话框,用来保存焊道报告,如图8-42所示。

④ 定义焊道报告的文件名,并将其保存到特定位置,以便日后查看。

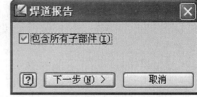

图 8－41 "焊道报告"对话框

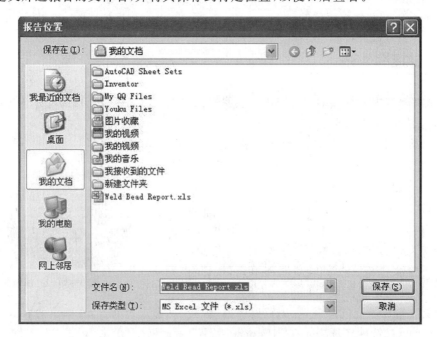

图 8－42 "报告位置"对话框

⑤ 从特定位置找到焊道报告并打开,焊道报告如图8-43所示。

文档	标识符号	类型	长度	单位	质量	单位	面积	单位	体积	单位
C:\Documents and Settings\yangcl\My Documents\部件2.iam										
	角焊缝 1	角焊	47.124	mm	5.40E-05	kg	145.299	mm^2	19.909	mm^3

图 8－43 焊道报告

8.3.7　焊接计算器

在焊接特征面板中提供了针对各种焊缝的计算器,如图 8-44 所示。

其中对接焊计算器用来设置对接焊缝的计算参数。通过
"焊接"选项卡→"焊接"面板→"焊接计算器"→"对接焊计算
器"选项 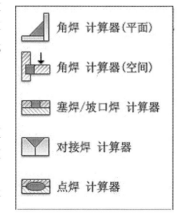 可以访问"对接焊缝计算器"对话框,如图 8-45
所示。

(1)"计算"选项卡

① "载荷"选项区域:输入用于指定焊缝载荷的力、弯矩
和其他重要参数。显示的选项取决于"焊缝载荷"的选定
类型。

② "尺寸"选项区域:可以定义焊缝几何图元所需的主要
参数。显示的选项取决于"焊缝设计"的选定类型。

③ "联接材料和特性"选项区域:选择联接材料并定义其
特性。

图 8-44　各种焊缝计算器

- 选中"用户材料"复选框,可以打开材料数据库并选择材料,如图 8-46 所示。

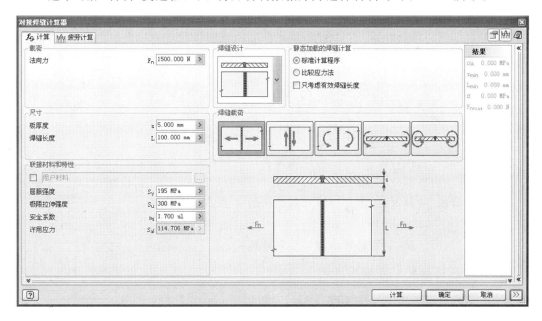

图 8-45　"对接焊缝计算器"对话框

- 屈服强度:显示材料开始产生塑性变形时的应力。该值会根据选定的材料自动修改,
编辑该值时,选定的材料将变为"用户"。

- 极限拉伸强度:材料在做拉伸试验时到断裂为止所受的最大拉伸应力。该值会根据选
定的材料自动修改。编辑该值时,选定的材料将变为"用户"。

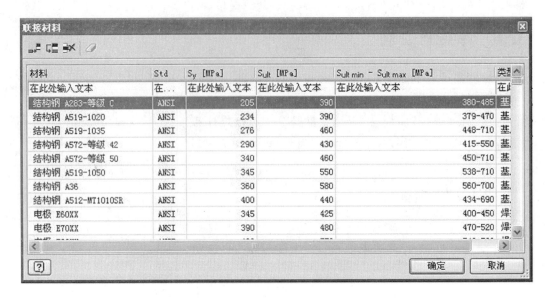

图 8-46 "联接材料"对话框

- 安全系数:可以在其中输入要求的数值。
- 许用应力:该值会根据选定的材料自动修改。编辑该值时,选定的材料将变为"用户"。

④ "焊缝设计"选项区域:指定计算焊缝设计的方法。有四种设计可供选择,如图 8-47 所示。

⑤ "静态加载的焊缝计算"选项区域:选择静态加载的焊缝计算方法。

- 标准计算程序:使用标准计算过程,可以将计算的法向应力、剪切应力或结果约化应力与许用应力进行直接比较,以此来校核连接强度。
- 比较应力法:将许用应力与辅助参考应力进行比较,后者是在使用此方法执行强度校核时,使用焊缝连接变换系数并根据计算出的局部应力确定的。

⑥ "焊缝载荷"选项区域:指定计算焊缝载荷的方法。有五种载荷可供选择,如图 8-48 所示。

⑦ "结果"选项区域:显示计算值和焊缝强度校核。

(2)"疲劳计算"选项卡

单击"计算"选项卡旁边的"疲劳计算"标签,可以打开"疲劳计算"选项卡,如图 8-49 所示。

① "载荷"选项区域:输入载荷参数。选择法向力类型,并输入上、下偏差。

② "疲劳极限确定"选项区域包含如下选项。

- 材料的基本疲劳极限:使用预估值或根据材料测试结果输入一个值。
- 表面系数:选中右边的复选框设置值。

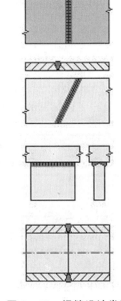

图 8-47 焊缝设计类型

- 尺寸系数：对于使用反向弯曲或扭转（剪切）载荷的焊缝，该值小于1。如果焊缝承受反向张力载荷，其值对疲劳强度没有影响。

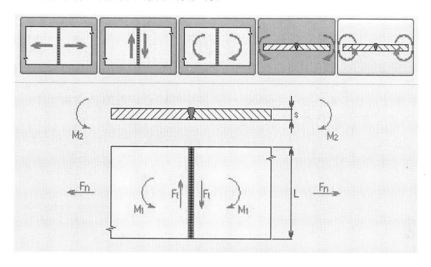

图 8 - 48　焊缝载荷类型

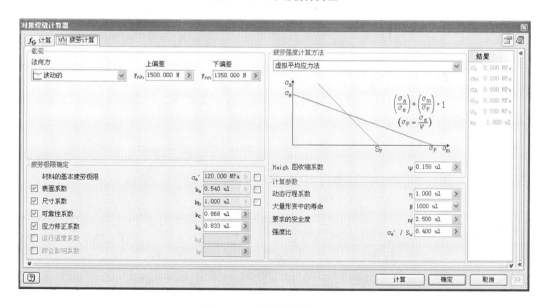

图 8 - 49　"疲劳计算"选项卡

- 可靠性系数：显示计算值，该值随着可靠性要求的提高而减小。
- 应力集中修正系数：显示疲劳强度等效系数的倒数值。
- 运行温度系数：取决于使用的材料。可以将在－20℃～200℃的大致范围内有效的常用结构型钢的疲劳极限设置为1。
- 综合影响系数：包括可以降低或增加焊缝疲劳强度的所有其他影响。
- ③ "疲劳强度计算方法"选项区域：可以选择疲劳强度的计算方法。
- ④ "计算参数"选项区域：设置计算过程的参数。

⑤"结果"选项区域:显示计算值和连接强度校核。

Autodesk Inventor 还提供了多种其他的焊接计算器,如角焊计算器、塞焊/坡口焊计算器、点焊计算器等,读者可根据需要自己学习。

练习 8

本练习要通过以下步骤创建一个焊接件,该焊接件的创建过程涉及 Inventor 的大部分焊接功能,要求读者掌握创建焊接件的基本方法。

① 分别新建如图 8-50 和图 8-51 所示零件,将其命名为"焊接零件 1"和"焊接零件 2"并保存,其中焊接零件 1 的长宽高为 45 mm×15 mm×3 mm,焊接零件 2 的长宽高为 15 mm× 15 mm×2 mm。

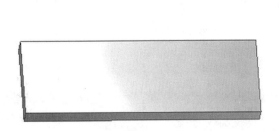
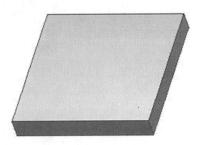

图 8-50　焊接零件 1　　　　　　　　图 8-51　焊接零件 2

② 用默认的焊接模板新建一个焊接装配件,在标准工具栏中,按"保存"按钮,命名保存为"Weldment. iam"。

③ 在功能区上,单击"装配"选项卡→"放置"工具→"装入零部件"按钮,装入"焊接零件 1. ipt"零件,重复使用该工具,装入"焊接零件 2. ipt",并另外再复制两个模型,则个零件排列如图 8-52 所示。

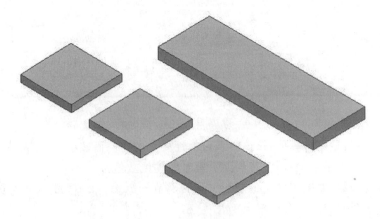

图 8-52　各零件的排列

④ 在功能区上,单击"装配"选项卡→"位置"面板→"约束"按钮,打开"放置约束"对话框,如图 8-53 所示。

图 8-53　"放置约束"对话框

⑤ 选择"配合"类型约束,按图 8-54 所示选择两个零件的表面,单击"应用"按钮,结果如图 8-55 所示。

⑥ 再按图 8-56 所示选择两个零件的侧表面,单击"应用"按钮。

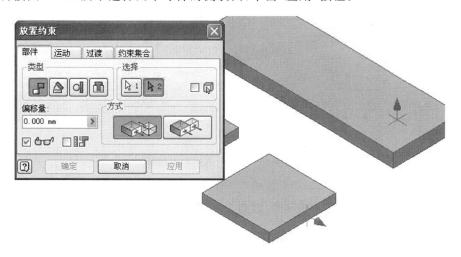

图 8-54　选择零件的表面

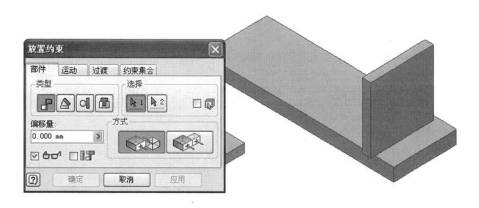

图 8-55　装配后结果

⑦ 重复步骤④～⑥,将中间的零件也装配到长方体板上,如图8-57所示。

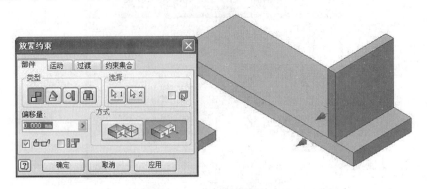

图 8-56 选择零件的侧面

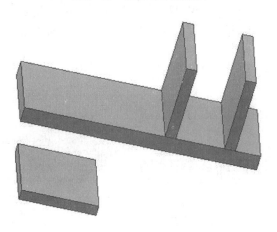

图 8-57 添加约束后的零部件

⑧ 在"放置约束"对话框中,选择"配合"类型约束,装配后如图8-58所示,再选择"角度"类型约束,设置一定角度,装配并移动后如图8-59所示。

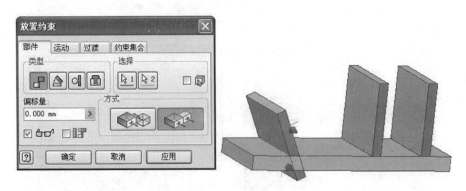

图 8-58 "配合"转配后结果

⑨ 单击"焊接"选项卡,在浏览器中双击"焊接"选项,然后在"焊接"面板中单击"角焊"选项,创建焊接特征。选择如图8-60所示两个平面。

⑩ 将边长设置为2mm,单击"确定"按钮,则创建角焊缝如图8-61所示。

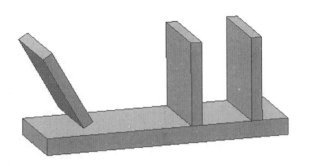

图 8 - 59　装配最终结果

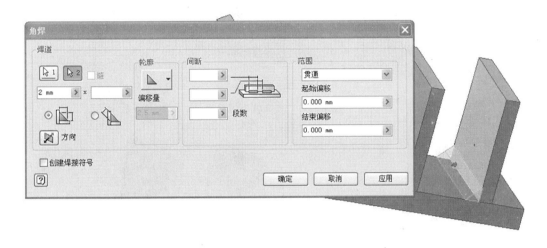

图 8 - 60　选中创建角焊的平面

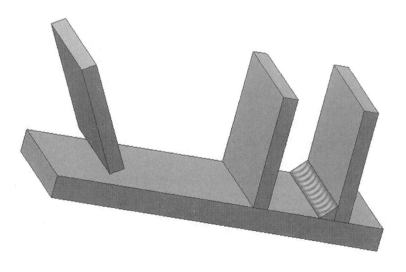

图 8 - 61　创建的角焊缝

⑪ 单击"坡口"选项,创建焊接特征。选择如图 8 - 62 所示的面 1 和面 2。

⑫ 选择填充方向为垂直于长平板表面,单击"确定"按钮,则创建的坡口焊缝如图 8 - 63 所示。

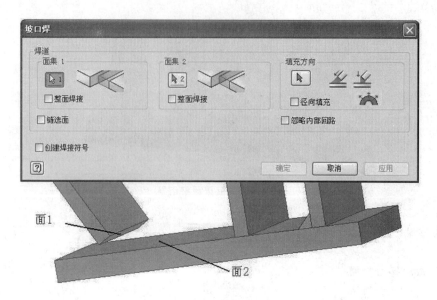

图 8-62　选择坡口焊平面

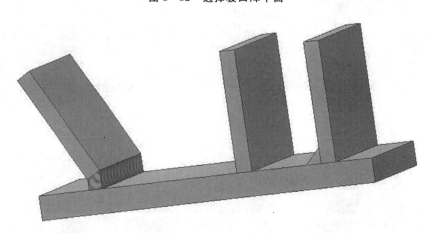

图 8-63　剖口焊缝

⑬ 单击"示意"选项,创建焊接特征。单击"边"选择模式,选择如图 8-64 所示边 1。

⑭ 选择范围为"贯通",将面积值定义为 4 mm∧2,单击"应用"按钮,则创建的示意焊缝如图 8-65 所示,显橙黄色。

⑮ 单击"焊接"选项卡→"焊接"面板→"符号"按钮,则出现如图 8-66 所示"焊接符号"对话框。

⑯ 选择最后创建的示意焊缝为焊道,将焊缝信息填入"焊接符号"对话框,则可以创建示意焊缝的焊接符号,如图 8-67 所示。

⑰ 单击"焊接"选项卡→"焊接"面板→"焊道报告"选项,创建焊道报告,将其保存在用户特定的位置,以便以后查询。

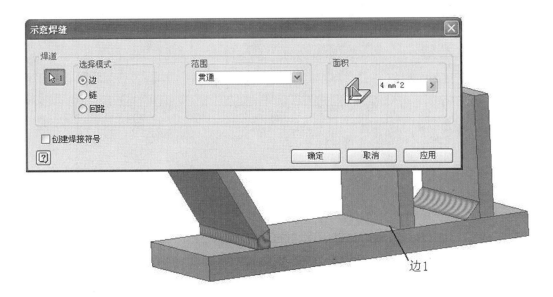

图 8 - 64 选择示意焊道

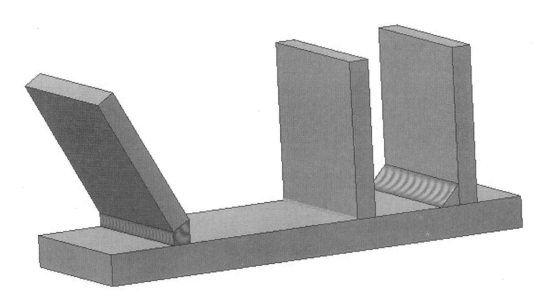

图 8 - 65 示意焊缝

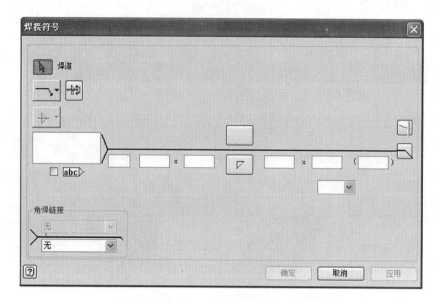

图 8 - 66　"焊接符号"对话框

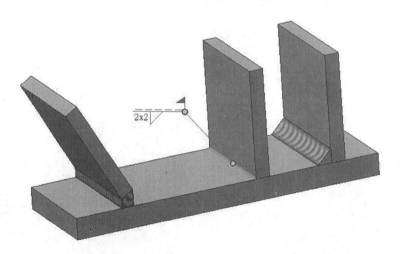

图 8 - 67　示意焊缝的焊接符号

第9章　零部件生成器

教学要求

零部件生成器使用属性(如功率、速度和材料特性)来设计、分析和创建基于功能要求和规范的常用机械零部件。用户可以设计零部件,例如轴、齿轮、皮带、弹簧等。

通过学习本章内容需要掌握以下内容:

- 学会创建螺栓联接件和各种销并对其进行编辑。
- 学会使用结构件生成器创建结构件并对其进行编辑。
- 创建动力传动件并且对其计算器有一定的了解。
- 学会创建各种类型的弹簧。

9.1　紧固件

9.1.1　螺　栓

螺栓联接零部件生成器用于定义和编辑螺栓联接零部件,如果要在部件中插入一个联接零部件,既可以从"收藏夹"中选择一个已定义的,也可以创建一个新的。打开一个部件,在功能区上,单击"设计"选项卡→"紧固"面板→"螺栓联接"按钮 ,则可以打开"螺栓联接零部件生成器"对话框,如图9－1所示。

(1)"设计"选项卡

单击"设计"选项卡,用来设计所要添加的螺栓联接。其中各选项含义如下。

① "类型"选项区域:选择螺栓联接的类型。

- 使用这个图标,可以选择"贯通"联接类型,所设计的联接类型的所有孔在整个材料均钻通。
- 使用这个图标,可以选择"盲孔"联接类型,所设计的联接类型的最后一 个孔是盲孔。

② "放置"选项区域:从"放置"下拉菜单中可以选择放置的类型。

- 线性:通过选择两条线性边来指定放置,如图9－2所示。
- 同心:通过选择环形边来指定放置,如图9－3所示。

图 9-1 "螺栓联接零部件生成器"对话框

图 9-2 "线性"放置

图 9-3 "同心"放置

· 参考点:通过选择点来指定放置,如图 9-4 所示。
· 随孔:通过选择孔指定放置,如图 9-5 所示。

图 9-4 "参考点"放置

图 9-5 "随孔"放置

③"螺纹"选项区域:从"螺纹"下拉菜单中指定螺纹类型,然后选择螺纹直径。

④ 填充螺栓联接:螺栓联接放置类型、螺纹类型及直径都选择完毕后,在"设计"选项卡右侧会启用紧固件选择,如图 9-6 所示。

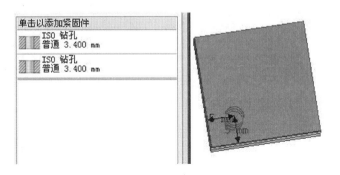

图 9-6 紧固件选项

单击"单击以添加紧固件"选项到可从中选择零部件的资源中心,如图 9-7 所示。

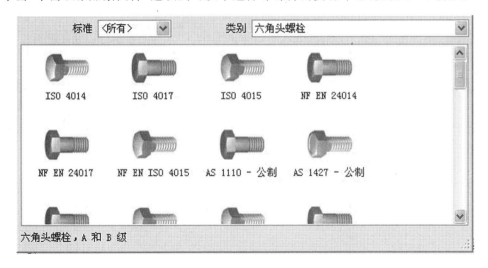

图 9-7 资源中心

选择螺栓类型后,生成器会自动提供螺栓联接的下一个紧固件逻辑类型。例如,选择螺栓后,会提出添加垫圈。而且,也可以在右上角的"类别"对话框中更改类别。此外,用户还可以通过选择标准来过滤显示的零部件。

单击"设计"选项卡右下角的"更多"选项,可以将螺栓联接保存到模板库,如图 9-8 所示。

图 9-8 "模板库"选项区域

所有设置及紧固件都添加完成后,可以将其保存到模板库,单击"添加"选项,出现如图9-9所示"模板描述"对话框。

图9-9 "模板描述"对话框

单击"确定"按钮后,将其添加到模板库中。螺栓联接类型都设置完成后,单击"应用"按钮,可以得到如图9-10所示螺栓联接。

(2)"计算"选项卡

在功能区上,单击"设计"选项卡→"紧固"面板→"螺栓联接"按钮,在"设计"选项卡中,设计螺栓联接后,切换到"计算"选项卡,如图9-11所示。该选项卡的操作步骤如下。

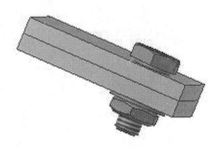

图9-10 螺栓联接

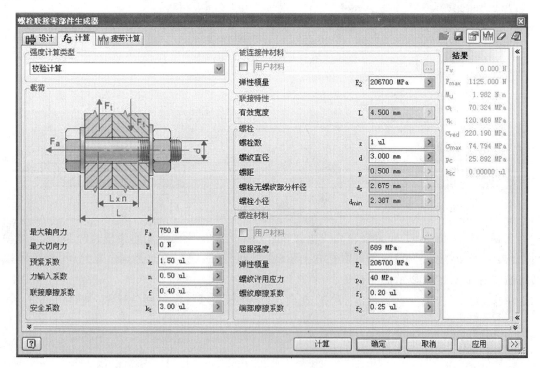

图9-11 "计算"选项卡

① 使用下拉列表选择强度计算类型,然后输入计算值。

② 如果要执行疲劳计算,可以单击"疲劳计算"选项卡,它通过单击"计算"选项卡右上角的"启用/禁用疲劳计算"按钮来激活。

③ 单击"计算"按钮以执行计算。

④ 计算结果会显示在"结果"区域中。计算报告会显示在"消息摘要"区域中,单击"计算"选项卡右下部分中的 V 形按钮即可显示该区域。

⑤ 如果计算结果与设计相符,则单击"确定"按钮;如果不符,则重新设计。

（3）编辑螺栓联接

编辑螺栓联接包括修改零部件的直接或长度、修改螺栓零部件和孔的类型或删除螺栓联接件。如果螺栓联接零件的厚度发生改变,那么要根据新的尺寸更新螺栓联接件或重新计算它的参数值。

1）修改螺栓联接

在要编辑的螺栓零部件上右击,在弹出的右键快捷菜单中选择"使用设计加速器进行编辑"选项,则可以打开"螺栓联接零部件生成器"对话框,使用这个对话框,可以根据需要更改各设置。

2）删除螺栓联接

要删除螺栓联接件中的一个零件,可通过选择右键快捷菜单中的"使用设计加速器进行编辑"选项,在弹出的"螺栓联接零部件生成器"对话框中单击要删除的联接件,如图 9-12 所示。单击区按钮,则可以删除要删掉的零件。

图 9-12　编辑螺栓联接件

要删除整个螺栓联接,可通过选择右键快捷菜单中的"删除设计加速器零部件"选项,则会打开"删除"对话框。如果零件上的孔由"螺栓联接零部件生成器"创建,则对话框里将包含所创建的孔,如图 9-13 所示。通过选择复选框来删除或保留创建的孔,选择完成后,单击"确定"按钮,来删除整个螺栓联接。

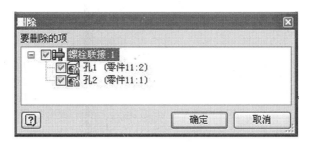

图 9-13　"删除"对话框

9.1.2　销

销用于使两个机械零件之间形成牢靠且可拆开的联接,确保零件的位置正确,消除横向滑动力。在功能区上,单击"设计"选项卡→"紧固"面板→"带孔销"下拉列表的不同选项,可以创建多种类型的销,如图 9-14 所示。

- 带孔销：用于机器零件的可分离、旋转联接。
- 安全销：承受剪切载荷。
- 十字头销：在拉杆和套管中承受载荷。
- 联接销：承受扭转载荷。
- 径向销：承受扭转载荷。

本小节以带孔销为例进行介绍，其他销的创建与带孔销类似。带孔销零部件生成器可以设计并计算带孔销联接的强度以及最小直径。

① 在功能区上，单击"设计"选项卡→"紧固"面板→"带孔销"按钮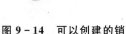，可以打开"带孔销零部件生成器"对话框，如图 9-15 所示。

- "放置"选项区域：包括四种放置类型，线性、同心、参考点、随孔。

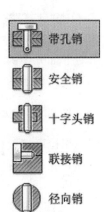

图 9-14 可以创建的销

- 直径：用于指定销的直径。

图 9-15 "带孔销零部件生成器"对话框

② 放置类型设置完成后，在对话框的右边显示孔的信息，并且可以添加销，如图 9-16 所示。

③ 单击"单击以添加销"选项，可以打开资源中心，从中选择带孔销的类型，如图 9-17 所示。

④ 选择好带孔销的类型后，单击"确定"按钮，则可以创建带孔销，如图 9-18 所示。

⑤ 如果需要计算，还可以切换到"计算"选项卡，以执行计算和强度校核。在"计算"选项卡中，将计算值输入，单击"计算"按钮，计算完成后，计算结果会显示在"结果"区域中。计算报告会显示在"消息摘要"区域中，单击"计算"选项卡右下部分中的 V 形按钮即可显示该区域。

编辑带孔销的方法如下。

① 打开已插入带孔销的部件。

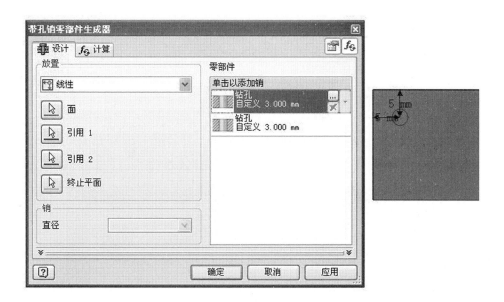

图 9 - 16　定义放置类型

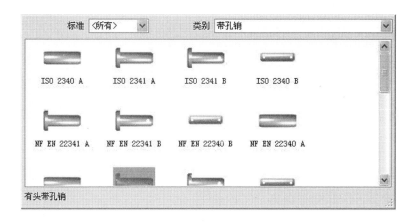

图 9 - 17　资源中心

② 选择带孔销并右击，在弹出的右键快捷菜单中选择"使用设计加速器进行编辑"选项，则可以打开"带孔销零部件生成器"对话框。

③ 编辑带孔销。在"带孔销零部件生成器"中更改带孔销的尺寸或更改计算参数。如果更改了计算值，请单击"计算"按钮以查看是否通过强度校核。计算结果会显示在"结果"区域中。

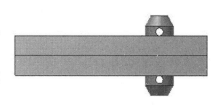

图 9 - 18　添加带孔销

④ 如果要删除带孔销联接，可通过右击该零部件，在弹出的右键快捷菜单中选择"删除设计加速器零部件"选项，会打开"删除"对话框，根据情况选择要不要删除创建的孔，全部设置完成后，单击"确定"按钮进行删除。

9.2 结构件

9.2.1 插入结构件

使用结构件生成器可以插入结构件,打开一个部件文件,在功能区上单击"设计"选项卡→"结构件"面板→"插入结构件"按钮🔧,可以打开"插入"对话框,如图9-19所示。

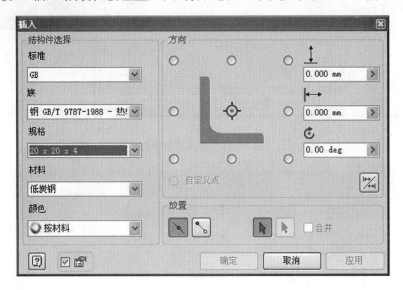

图9-19 "插入"对话框

① "结构件选择"选项区域:在该选项区域中选择所插入结构件的标准、族、规格、材料和颜色。

② "方向"选项区域:在该选项区域中,会显示结构件的预览。通过选择单选按钮,可以在部件中定位结构件。

- ↕:从"竖直偏移"列表中输入或选择一个值,以从模型偏移结构件。
- ↔:从"水平偏移"列表中输入或选择一个值,使结构件精确偏移。
- ↻:输入或选择结构件相对于模型的旋转角度。
- ⟲:单击"镜像结构件",可以将结构件反转到骨架模型上的正确方向。

③ "放置"选项区域:包含插入位置选项。

- ◹:使用这个选项,可以在边上插入结构件。
- ◹:使用这个选项,可以在点之间插入结构件。

在对话框左下角有一个"提示输入文件名"选项🗗,如果选中该复选框,则会在插入结构件时显示"创建新结构件"对话框,如图9-20所示。对话框自动提供"新结构件文件名"和"新结构件文件位置",并将其放置在与部件模型相关联的项目子文件夹中。用户可以更改"新结构件文件名"和"新结构件文件位置"信息。

图 9 - 20　"创建新结构件"对话框

　　如果未选中"提示输入文件名"复选框,则会为结构件使用默认名称,并将文件放置到默认位置。单击"应用"按钮接受,则插入结构件如图 9 - 21 所示。如果需要可以继续添加更多的结构件,添加所有结构件后,单击"确定"按钮。

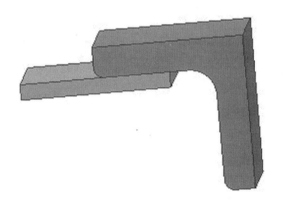

图 9 - 21　插入的等边角钢

9.2.2　修改结构件

　　创建结构件后,用户可以在结构件所在的部件环境中编辑标准、族、大小、材料、颜色和方向,也可以编辑以前部件环境中创建的结构件,其操作步骤如下。

　　① 在功能区上,单击"设计"选项卡→"结构件"面板→"更改"按钮,可以打开"更改"对话框,如图 9 - 22 所示。

　　② 如果选中"选择多个"复选框,则会在"结构件选择"选项区域下的选项后面出现复选框,如图 9 - 23 所示。选中要更改的特性旁边的复选框,清除要保持不变的特性的复选框。

　　③ 使用下拉菜单更改"标准"、"族"、"规格"、"材料"和"颜色"的内容。

　　④ 在"选择多个"的情况下,若要更改方向,就需要选中"更改方向"复选框。

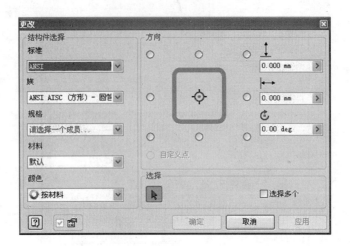

图 9 - 22 "更改"对话框

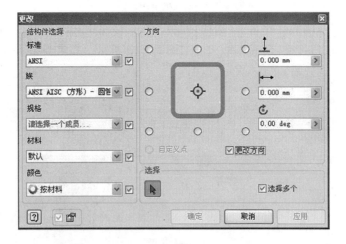

图 9 - 23 "更改"对话框中的复选框

⑤ 单击"选择"选项 ![箭头图标]，可以在图形区域中，单击要更改的结构件。若要将更改应用至多个结构件，单击"选择多个"复选框，并在图形区域中选择多个结构件。

⑥ 单击"确定"按钮，完成更改。

9.2.3　斜　接

可以使用"斜接"功能将两个结构件的末端斜接起来，其方法如下。

① 在功能区上，单击"设计"选项卡→"结构件"面板→"斜接"按钮![图标]，可以打开"斜接"对话框，如图 9 - 24 所示。

② 单击蓝色的箭头用于选择要斜接的第一个结构件，单击黄色的箭头用于选择要斜接的第二个结构件。

有两种斜接的类型。

• ![图标]:在两端斜切，以相同角度来斜接两个选定结构件。

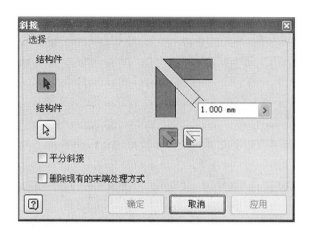

图 9 - 24 "斜接"对话框

- ：在一端斜切，仅斜接一个结构件。

③ 输入斜接切口之间的距离。

④ 单击"应用"按钮，则斜接前与斜接后的结构件如图 9 - 25 和图 9 - 26 所示。

图 9 - 25 斜接前结构件

图 9 - 26 斜接后结构件

⑤ 如果在两个不同大小的结构件之间斜接并且要在其交点切割一个简单角，选择"平分斜接"复选框，图 9 - 27 和图 9 - 28 分别为选择"平分衔接"和清除"平分斜接"复选框得到的斜接结果。

图 9 - 27 选择"平分斜接"

图 9 - 28 清除"平分斜接"

⑥ 要用斜接代替现有的末端处理方式,选中"删除现有的末端处理方式"复选框。如果没有必要删除现有末端处理方式,则取消此复选框的选中状态。

⑦ 全部选择完毕后,单击"确定"按钮。

9.2.4 开　槽

Autodesk Inventor 结构件中的"开槽"功能是对两个结构件的末端进行修剪和延伸,以满足设计要求。其步骤如下。

① 在功能区上,单击"设计"选项卡→"结构件"面板→"开槽"按钮 ,可以打开"开槽"对话框,如图 9 - 29 所示。

图 9 - 29　"开槽"对话框

- :单击蓝色的箭头选择要开槽的结构件。
- :单击黄色的箭头选择表示开槽形状的结构件。

② 如果用户要用切割代替现有的末端处理方式,则选择"删除现有的末端处理方式"复选框,如果没有必要删除现有末端处理方式,则取消此复选框的选中状态。

③ 单击"应用"按钮以将选定的结构件在一起开槽。

④ 根据需要继续对结构件进行开槽。完成后,单击"确定"按钮。

⑤ 开槽的结构件如图 9 - 30 和图 9 - 31 所示。

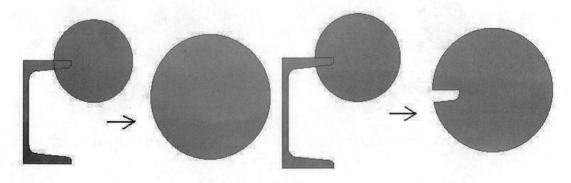

图 9 - 30　"开槽"前　　　　　　　　　　　　图 9 - 31　"开槽"后

9.2.5 结构件计算器

结构件生成器包括梁/柱计算器和板计算器。

(1) 梁/柱计算器

在功能区上,单击"设计"选项卡→"结构件"面板→"结构件"下拉菜单→"梁/柱计算器"选项,可以访问"梁和柱计算器"对话框"梁/柱计算器"位置如图 9 - 32 所示,"梁和柱计算器"对话框如图 9 - 33 所示。

1)单击"模型"选项卡,进行编辑。

① 选中"对象"按钮,在图形窗口中选择零部件,生成器将从零部件中读取数据并将其输入表格中。

② 单击"大小"列,可以手动将数据输入到编辑字段中。

③ 在"计算类型"选项区域中,用户选择要执行的计算类型。根据选择,将启用"梁计算"和"柱计算"选项卡(二者可以同时启用)。

④ 在"材料"选项区域中,选中复选框打开材料数据库,用户可以从中选择材料的类型,也可以在其中编辑表格中的值,如图 9 - 34 所示。

图 9 - 32 "梁/柱计算器"位置

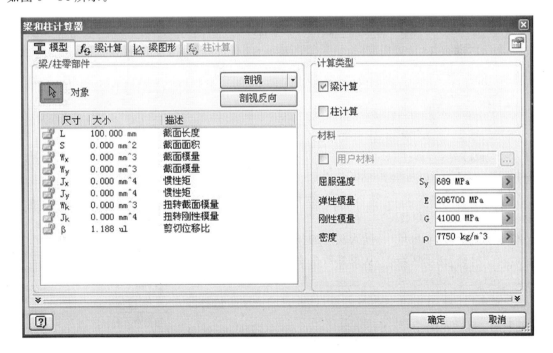

图 9 - 33 "梁和柱计算器"对话框

2)单击"梁计算"选项卡,进行编辑。

① 在"载荷和支承"选项区域中,指定所受的载荷以及支承的类型。

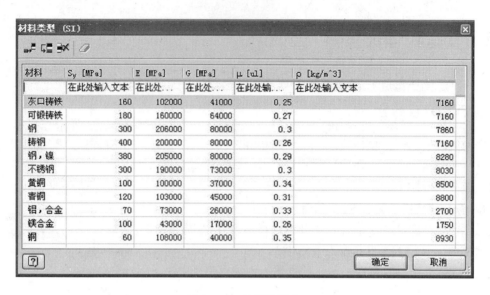

图 9-34　材料数据库

② 在"计算特性"选项区域中,根据要求指定计算特性。

3）单击"梁图形"选项卡,可以查看各个梁载荷的图形。

如果在"模型"选项卡中,计算类型中选中"柱计算",则会启用"柱计算"选项卡。

4）单击"柱计算"选项卡,进行编辑。

① 在"载荷"选项区域中,指定载荷的大小以及合适的安全系数。

② 在"柱"选项区域中,指定关于柱的计算参数。

单击"计算"按钮,计算完成后,结果值将显示在"梁计算"选项卡、"梁图形"选项卡、"柱计算"选项卡右侧的"结果"区域。

（2）板计算器

在功能区上,单击"设计"选项卡→"结构件"面板→"结构件"下拉菜单→"梁/柱计算器"下拉菜单→"板计算器"选项,可以访问"板计算器"对话框。"板计算器"位置如图 9-35 所示,"板计算器"对话框图 9-36 所示。

① 在"强度计算类型"选项区域中,选择要计算的类型,指定板的形状和支承的类型。

② 在"载荷"选项区域中,输入载荷的类型以及计算参数。

③ 在"材料"选项区域中,从材料数据库中选择材料。

④ 在"尺寸"选项区域中,定义板厚、偏差以及板半径。

⑤ 单击"计算"按钮来进行板计算,计算完成后结果值将显示在"计算"选项卡的"结果"区域。

⑥ 单击"结果"按钮，可以创建 HTML 报告。

⑦ 单击"确定"按钮,将文件命名并保存到 Autodesk Inventor 中。

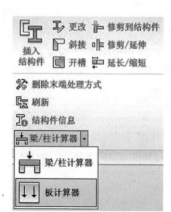

图 9-35　"板计算器"位置

图 9 - 36　"板计算器"对话框

9.3　动力传动件

9.3.1　轴

　　"轴零部件生成器"可以创建由单个轴元素(包括槽、倒角、圆角等)组合而成的圆柱形零件,轴元素中包括在设计轴中最基本的几何图元,其操作方法如下。

　　① 新建一个部件文件,并将文件的副本另存为"shaft.iam"。

　　② 在功能区上,单击"设计"选项卡→"动力传动"面板→"轴"按钮  来启动轴零件生成器,如图 9 - 37 所示。

　　③ 在图形窗口中单击以放置轴,如图 9 - 38 所示,然后可以对轴进行配置。

　　④ 单击"设计"选项卡,进行编辑。

　　⑤ "放置"选项区域:定义轴的放置。在图形窗口中,根据需要选择圆柱面或工作轴、起始平面和轴方向。

　　· 轴:选择圆柱面或轴。

　　· 起始:选择可与轴的起始平面配合的工作平面或面。

　　· 方向:选择可旋转轴或其特征的工作平面。

　　· 反向:反转轴的方向。

　　· 配合:选中前面的复选框,将轴配合至所选的几何图元上。

　　⑥ "截面"选项区域:在此栏目中可以设计轴的形状。从下拉列表中可以选择"截面"、"左侧的内孔"或"右侧的内孔"选项。"截面"选项包含如下几项。

图 9 - 37　"轴生成器"对话框

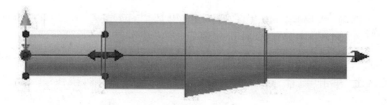

图 9 - 38　三维动态预览轴零件

- ▬ 插入圆柱:在选定的轴截面之后插入圆柱截面。
  - ▣ 分割选定的截面:分割选定的轴圆柱,同时保持轴的长度相同。
  - ◀ 插入圆锥:在选定的轴截面之后插入圆锥截面。
  - ● 插入多边形:在选定的轴截面之后插入多边形截面。
  - ⬚ 通过在部件中选取几何图元来指定轴:测量轴几何图元。
  - ⬚ 收拢所有子项:收拢截面树。
  - ⬚ 展开所有子项:展开截面树。
  - ⬚ 选项:单击该按钮可以打开"选项"对话框,如图 9 - 39 所示。用户可以在其中指定轴二维和三维预览的配置,在二维预览中,选择始终显示,则轴零件模型在"设计"选项卡的下面区域动态显示。

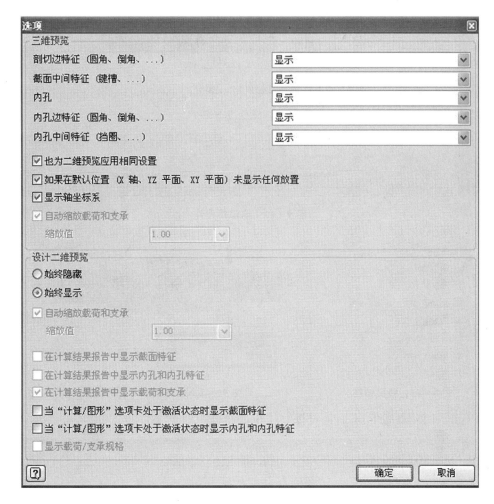

图 9-39 "选项"对话框

"左侧的内孔"选项包含如下几项。

- 插入圆柱内孔：在选定的轴截面之后，在左侧插入内圆柱截面。
- 插入圆锥内孔：在选定的轴截面之后，在左侧插入内圆锥截面。

"右侧的内孔"选项包含如下几项。

- 插入圆柱内孔：在选定的轴截面之后，在右侧插入内圆柱截面。
- 插入圆锥内孔：在选定的轴截面之后，在右侧插入内圆锥截面。

⑦ 在二维预览或图形窗口中，单击要编辑的轴的截面，则这部分会亮显，此时可以对此截面进行编辑，每次只能选择一个截面，如图 9-40 所示。

⑧ 单击每个图标右边的下三角按钮，可以选择要编辑的特征。单击 的下三角按钮，可以通过选择下拉列表框中的选项为轴添加零件，如图 9-41 所示。

⑨ 单击 按钮，可以打开编辑对话框来编辑尺寸。单击 按钮，可以删除所选的特征或截面或内孔。也可以在图形窗口中，双击三维夹点来进行编辑，如图 9-42 所示。

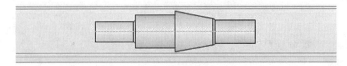

图 9 - 40　编辑轴零件

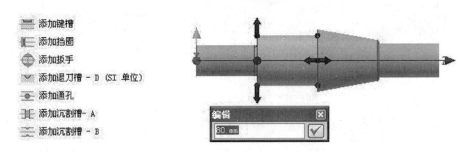

图 9 - 41　截面特征　　　　　　　　图 9 - 42　通过三维夹点编辑轴

⑩ 单击"计算"选项卡，对轴零件进行计算，如图 9 - 43 所示。

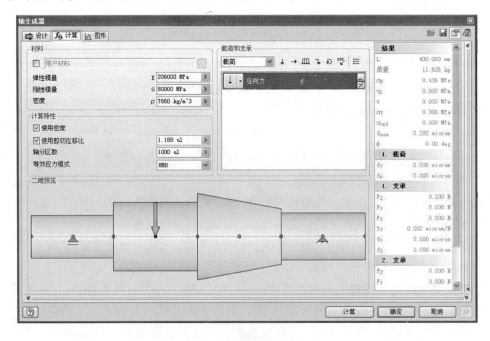

图 9 - 43　"计算"选项卡

⑪ 在"载荷和支承"选项区域中，分别选择载荷和支承的类型。

⑫ 在"二维预览"选项区域中,按住 Alt 键,并单击载荷和支承,拖动以改变其位置。改变后如图 9－44 所示。

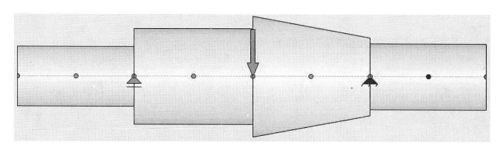

图 9－44　改变载荷和支承的位置

⑬ 用户根据实际情况指定材料的类型和计算特性。

⑭ 全部设置完后,单击"计算"按钮,计算完毕,计算结果显示在选项卡的右侧区域。

⑮ 单击"图形"选项卡,可以观察各个计算特征的图表。

⑯ 在完成轴之前,切换到"设计"选项卡,单击对话框右上角的▣按钮,使用该命令可以为设计加速器零部件和特征指定显示名称和文件名。

⑰ 单击"确定"按钮,则可以在图形窗口中创建轴。

9.3.2　齿　轮

Autodesk Inventor 中的齿轮零部件生成器包括正齿轮生成器、蜗轮生成器和锥齿轮生成器,通过齿轮生成器可以设计齿轮的参数,还可以计算齿轮传动装置的尺寸并校核其强度。

在功能区上,单击"设计"选项卡→"动力传动"面板→"正齿轮"的下拉列表可以访问齿轮生成器,如图 9－45 所示。

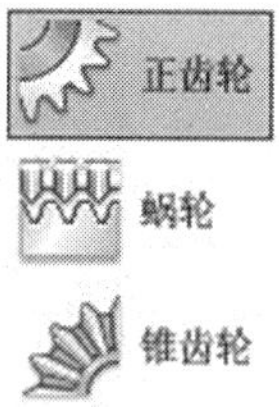

本小节以正齿轮生成器为例进行介绍,其他齿轮生成器与正齿轮生成器类似。

① 单击"正齿轮"选项,打开"正齿轮零部件生成器"对话框,如图 9－46 所示。

② "常用"选项区域:对常用栏目各选项进行设置。

- 单击设计向导,可以选择几何图元的计算类型,可根据要设计的齿轮类型以及已知的参数进行选择。

图 9－45　齿轮生成器

- 压力角:齿截面轮廓与其节距点上的径向线之间的夹角。

- 螺旋角:螺旋齿轮齿与齿轮轴在节圆上产生的角度,只能插入从 0 到 55 之间的正值。若要更改方向,则必须单击编辑字段旁边的"反向"按钮。

其他参数根据需要设定。

③ 预览:单击"预览"按钮可以打开"预览"对话框,如图 9－47 所示,在"尺寸"选项卡中可以预览齿轮尺寸的示意图。

④ 单击"齿轮副啮合"选项卡,如图 9－48 所示。

- 单击左下角的缩放按钮,可以对齿轮预览进行缩放。

图 9 – 46 "正齿轮零部件生成器"对话框

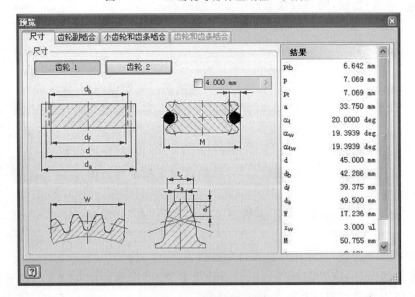

图 9 – 47 "预览"对话框

- 单击单箭头可以使齿轮逐步前进或逐步后退,有助于仔细观察齿轮的啮合过程。
- 单击双箭头可以使齿轮动画前进或动画后退,用户可以观察齿轮啮合的动态过程。
⑤ 在齿轮 1 和齿轮 2 栏目中,设计每个齿轮的参数。有三种插入正齿轮的方法:
- 零部件:创建零部件。
- 特征:创建特征。
- 无模型:仅插入计算。
⑥ 在"齿轮 1"选项区域中,从列表中选择"零部件"选项,在"齿轮 2"栏目中,从列表中选
择"无模型"选项,设置齿轮的其他参数,单击"确定"按钮,可以插入一个齿轮,如图 9 – 49

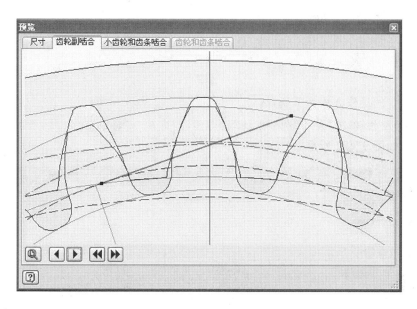

图 9-48　"齿轮副啮合"选项卡

所示。

⑦ 在"齿轮 1"选项区域中,从列表中选择"零部件"选项,在"齿轮 2"栏目中,从列表中选择"零部件"选项,设置各个齿轮的齿数齿宽以及传动比等参数,单击"确定"按钮,可以插入一对啮合的齿轮,如图 9-50 所示。

图 9-49　插入一个齿轮

图 9-50　插入一对啮合齿轮

⑧ 在"常用"选项区域中,选中"内啮合"复选框,则可以创建内啮合齿轮,如图 9-51 所示。

打开已插入齿轮的部件,还可以对齿轮进行编辑,其方法如下所述。

① 在图形窗口中,选择已插入的齿轮零部件并右击,在弹出的右键快捷菜单中,选择"使用设计加速器进行编辑"选项,可以打开"正齿轮零部件生成器"对话框。

② 在该对话框中,用户可以更改齿轮数、齿轮类型或重新计算值。

图 9-51　插入内啮合齿轮

③ 单击"确定"按钮,完成编辑。

9.3.3 轴 承

"轴承"命令的操作方法如下所述。

① 在功能区上,单击"设计"选项卡→"动力传动"面板→"轴承"按钮 ,可以打开"轴承生成器"对话框,如图 9-52 所示。

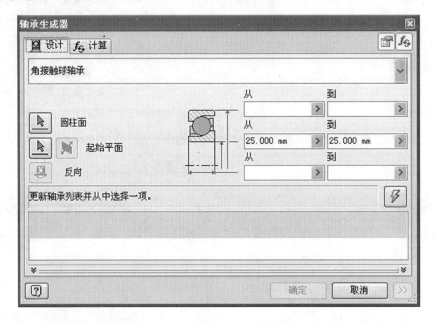

图 9-52 "轴承生成器"对话框

② 在"设计"选项卡中,单击界面上方区域的下三角按钮,选择插入轴承的类型,如图 9-53 所示。

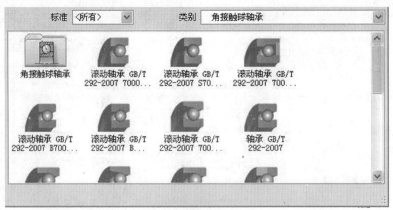

图 9-53 资源中心

③ 在"资源中心"中,可以选择轴承所依据的标准以及轴承的类别,单击下三角按钮可以显示各种类型的轴承,单击一种类型,然后在显示框中进行选择。

④ 选择"圆柱面"、"起始平面"选项,并根据要插入轴承的位置更改轴承的方向。轴承的尺寸可以通过选项卡右侧的文本框输入值,也可以单击![]按钮选择合适的尺寸,如图 9 - 54 所示。

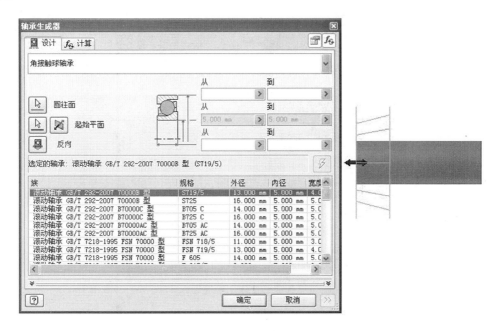

图 9 - 54　插入轴承预览

⑤ 在单击"确定"按钮将轴承插入到部件之前,用户可以切换到"计算"选项卡以执行计算和强度校核。单击"计算"按钮,计算完成后计算结果显示在选项卡的右侧。

⑥ 单击"确定"按钮,插入的轴承如图 9 - 55 所示。

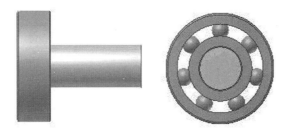

图 9 - 55　插入的轴承零件

9.3.4　V 型皮带

① 在功能区上,单击"设计"选项卡→"动力传动"面板→"V 型皮带"按钮![],可以打开 V 型皮带零部件生成器,如图 9 - 56 所示。

② 单击"设计"选项卡,对设计 V 型皮带动力传动所需要的参数进行设计。

③ "皮带"选项区域:根据设计要求设置各参数。

- 单击下拉列表可以打开资源中心,用户可从库列表中选择 V 型皮带的类型,如图 9 - 57 所示。
- 皮带中间平面:用来指定皮带的主平面。可以选择平面或工作平面,使用"中间平面偏移"选项可以从选定平面调整中间平面原点。

图 9 - 56 "V 型皮带零部件生成器"对话框

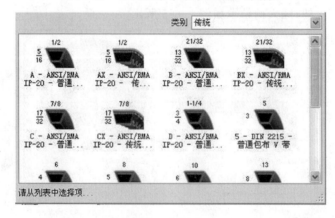

图 9 - 57 资源中心

④ "皮带轮"选项区域:根据需要设计皮带轮各参数。
- 选好皮带中间平面后,选择于皮带相匹配的皮带轮。
- 单击选项右侧的下三角按钮,可以显示一个对话框,用户可以在其中从过滤后的皮带轮中进行选择。

⑤ 单击 ▦ 按钮,显示"皮带轮特性"对话框,用户可以在其中更改皮带轮参数。

- ⊕ 零部件:将皮带轮作为零部件插入。
- ⊕ 现有的:选择部件中现有的皮带轮。
- ⊕ 虚拟:不将皮带轮插入部件中。

⑥ 每种皮带轮均有自己的放置类型,如图 9-58 所示,用户根据已给定的条件进行选择。

⑦ 单击箭头,为皮带选择要放置的位置。

⑧ 还可以单击"单击以添加皮带轮"选项添加新的皮带轮。

⑨ 设置完成后,单击"确定"按钮,则创建的 V 型皮带如图 9-59 所示。

 过坐标的固定位置

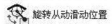 过选定几何图元的固定位置

自由滑动位置

方向从动滑动位置

旋转从动滑动位置

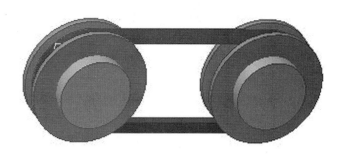

图 9-58 放置类型　　　　　　　　图 9-59 V 型皮带

9.3.5 键

在功能区上,单击"设计"选项卡→"动力传动"面板→"键"按钮▦,可以打开平键联接生成器,如图 9-60 所示。平键联接生成器可以在轴上创建轴槽以及键,也可以在以后轴槽的情况下插入键联接。

单击"设计"选项卡,设计键联接。

(1)"键"选项区域

单击键选项右侧的下三角按钮,可以打开资源中心,用户可从库列表中选择要添加的键类型。

- 轴直径:显示轴的直径,将根据该尺寸选择相应的键。
- 键长度:显示适用于选定键的键长度列表,键长值根据选定的键更新并自动插入。
- 数量:输入键的数量。为了传递较大的扭矩,最多可以在联接器中使用四个键,这些键在轴上对称排列。
- 角度:指定键或键槽之间的角度。

(2)"轴槽"选项区域

用于指定轴槽及其放置方式。第一个选择列表用于指定轴槽的类型。用户可以根据现有的轴槽插入键,也可以创建新凹槽。根据用户的选择,"轴槽"框中将启用放置按钮。

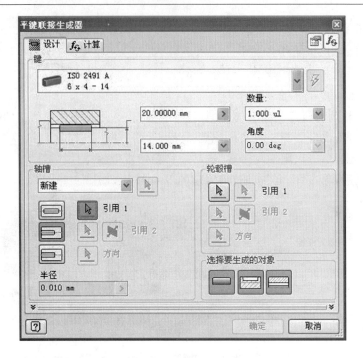

图 9-60 "平键联接生成器"对话框

(3)"轮毂槽"选项区域

用于指定轮毂槽及其放置方式。

① 在"轴槽"选项区域中选择"新建"选项,根据轴槽参数设置键参数,在已插入的轴零件上定义轴槽的放置方式,如图 9-61 所示。

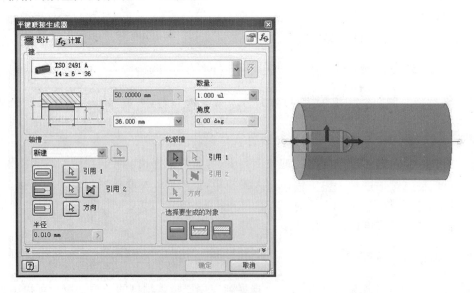

图 9-61 轴槽放置方式预览

② 在"选择要生成的对象"栏目中,默认情况下会启用所有选项,单击图标禁用相应的

选项。

③ 单击"开轮毂槽"图标,将其禁用,只创建键和轴槽。

④ 单击"确定"按钮,可以创建键联接,如图 9 - 62 所示。

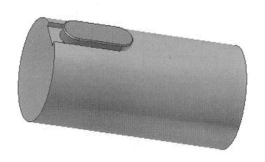

图 9 - 62 键联接

9.3.6 凸 轮

凸轮零部件生成器可以设计盘式凸轮、线性凸轮和圆柱凸轮。在功能区上,单击"设计"选项卡→"动力传动"面板→"盘式凸轮"的下拉列表可以访问凸轮生成器。本小节以盘式凸轮生成器为例进行介绍,其他凸轮生成器与盘式凸轮生成器类似。

① 单击"盘式凸轮"按钮,打开盘式凸轮零部件生成器,如图 9 - 63 所示。

② 单击"设计"选项卡,设计要创建的盘式凸轮。

③ "凸轮"选项区域:根据需要对各选项进行设计。

· 使用下拉菜单可选择"零部件"或"无模型"选项。如果选择"零部件"选项,则圆柱面和起始平面的放置按钮将处于启用状态。如果选择"无模型"选项,则这些按钮不可用。

· 选择"零部件"选项用来创建新的零部件,选择"无模型"选项仅插入计算。单击"圆柱面"选项用来指定圆柱面或轴,单击"起始平面"按钮指定起始面或工作平面。如果想要反转起始平面的方向,请单击"反向"按钮。

· 单击"预览"按钮,可以显示盘式凸轮的示意图,示意图取决于"更多选项"中选择的从动轮的类型,图 9 - 64 和图 9 - 65 分别为平动类型和摆动类型。

④ "从动件"选项区域:指定从动件的参数。

⑤ "实际行程段"选项区域:按需求设置各参数。

· 在下拉列表中选择实际行程段,也可以通过单击图形中的行程段来选择行程段,还可以通过在图形区域中拖动行程段末端来设置行程段长度。

· 在运动功能下拉列表中选择运动类型。单击"在前添加"、"删除"、"在后添加"按钮可以添加或删除行程段。

⑥ 单击"设计"选项卡右下角的"更多"选项 ⯮,打开如图 9 - 66 所示对话框,通过此对话框,为盘式凸轮的设计设定其他选项。

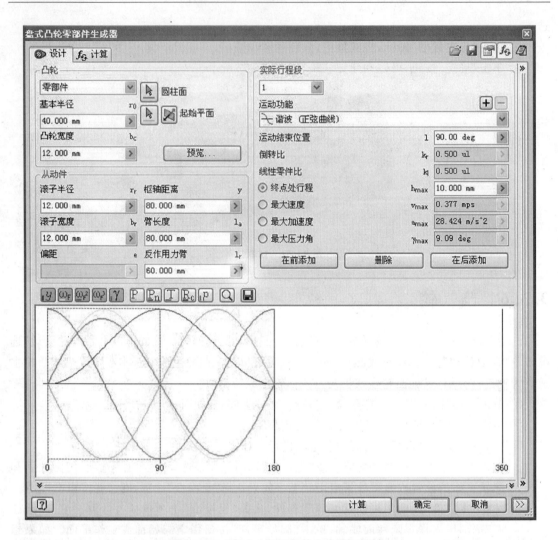

图 9-63　"盘式凸轮零部件生成器"对话框

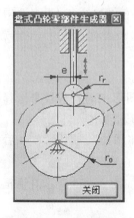

图 9-64　从动轮为平动

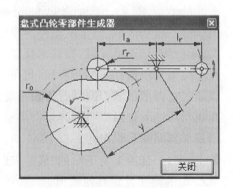

图 9-65　从动轮为摆动

图 9-66　"更多"选项

⑦ 单击图形区域上方的"将图形数据保存到文件"按钮，可以将图形数据另存为文本文件。

⑧ 切换至"计算"选项卡，执行计算和强度校核。如果计算结果满足强度，就单击"确定"按钮，创建盘式凸轮。

9.3.7　O 形密封圈

O 形密封圈生成器可以在槽中插入 O 形密封圈。O 形密封圈零部件生成器将在圆柱和平面（轴向密封）上创建密封和凹槽，但是不能在非圆形圆柱或自定义轴向密封槽路径中插入 O 形密封圈。

① 在功能区上，单击"设计"选项卡→"动力传动"面板→"O 形密封圈"按钮，打开"O 形密封圈零部件生成器"对话框，如图 9-67 所示。

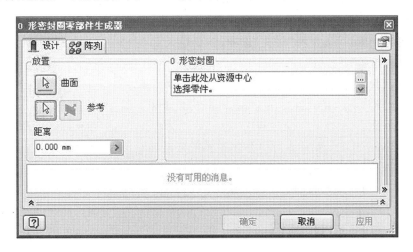

图 9-67　"O 形密封圈零部件生成器"对话框

② 在"设计"选项卡中指定 O 形密封圈类型和放置。

③ 单击"曲面"选项，选择圆柱面。单击"参考"选项，选择要放置凹槽的平面或工作平面，单击"反转"按钮来更改方向。

④ 在"距离"文本框中输入数值，指定从参考边到凹槽的距离。

⑤ 在"O形密封圈"选项区域中，单击向下箭头来选择O形密封圈，在"类别"下拉菜单中，选择O形密封圈的类型，如图9-68所示。

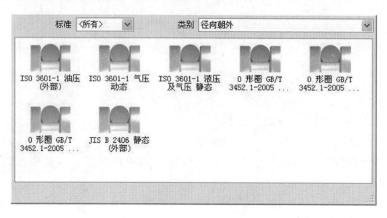

图9-68 资源中心

⑥ 单击选择与轴径相配合的O形密封圈。如果没有发现匹配的族，则浏览器窗口中会显示一条消息。

⑦ 单击"确定"按钮，创建的O形密封圈如图9-69所示。

⑧ 还可以切换到"阵列"选项卡，创建多个O形密封圈。默认情况下，会选中"无阵列"选项。

当用户选择O形密封圈后，显示的选项取决于所选O形密封圈的类型。

径向O形密封圈：可以选择"轴向"选项，需要输入O形密封圈的数量和相互之间的间距。

轴向O形密封圈：除了"无阵列"，有三个选项可供选择。

图9-69 创建O形密封圈

- 矩形：选择两条边，然后输入O形密封圈的数量和它们之间的间距。
- 环形：选择环形边，然后输入O形密封圈的数量和它们之间的间距。
- 遵循阵列：选择平面和第一个阵列引用。

9.3.8 动力传动计算器

在功能区上，单击"设计"选项卡→"动力传动"面板→"动力传动"下拉列表，可以访问动力传动计算器，如图9-70所示。

(1) 计算器的类型

Autodesk Inventor 提供了五种的主要类型的动力传动计算器。

① 制动计算器：包括鼓式闸计算器、盘式闸计算器、带闸计算器和锥形闸计算器，如图 9 - 71 所示。使用这些计算器可以设计和计算鼓式闸、盘式闸、带闸和锥形闸，主要用于计算制动转矩、力、压力、基本尺寸以及停止所需的时间和转数。

图 9 - 70　动力传动计算器　　　　　　　　　图 9 - 71　制动计算器

② 滑动轴承计算器：计算滑动轴承，并设计和校核在流体动力润滑条件下工作的静态载荷的径向滑动轴承。

③ 夹紧接头计算器：设置计算夹紧连接的参数，包括分离轮毂计算器、开槽轮毂计算器、圆锥联接计算器，使用这些计算器可以计算和设计夹紧连接，如图 9 - 72 所示。

④ 螺杆传动计算器：使用数据选择与螺纹中要求的载荷以及许用压力相匹配的螺杆直径来计算螺杆传动，然后校核螺杆传动强度。

⑤ 公差配合计算器：用于定义配合零件的公差。包括公差计算器、公差/配合计算器、过盈配合计算器，如图 9 - 73 所示。

图 9 - 72　夹紧接头计算器　　　　　　　　　图 9 - 73　公差配合计算器

(2) 动力传动计算器操作步骤

这里以滑动轴承计算器为例简单介绍动力传动计算器的使用。

① 单击"轴承计算器"按钮，打开"滑动轴承计算器"对话框，如图 9 - 74 所示。

② 在"计算"选项卡中，输入相应的参数，如果需要输入更精确的数值，用户可以单击"高级"按钮，打开"精确数据"对话框，通过选择复选框来编辑数据。

③ 单击"预览"选项，查看径向轴承图。

④ 参数设置完成后，单击"计算"按钮来计算滑动轴承，结果值将显示在"计算"选项卡右边的"结果"区域中。单击"确定"按钮，将滑动轴承计算结果保存到 Autodesk Inventor。

图 9 - 74 "滑动轴承计算器"对话框

9.4 弹 簧

9.4.1 压缩弹簧

在功能区上,单击"设计"选项卡→"弹簧"面板→"压缩"按钮 ⚡ ,打开"压缩弹簧零部件生成器"对话框,如图 9 - 75 所示。单击"设计"选项卡,编辑压缩弹簧的参数。其中,"放置"选项区域的各选项含义如下。

- 指定轴和起始平面以放置压缩弹簧。
- 安装长度:有四种类型,如图 9 - 76 所示。选择最小载荷,则压缩弹簧长度根据预加载的弹簧长度进行设定;选择工作载荷,则长度根据作用力进行计算;选择最大载荷,则长度根据满载弹簧长度进行设置;选择自定义,则长度由用户设置。
- 旋向:选择压缩弹簧卷绕方向,一般都选择右旋向。

输入其他设计值后,切换到"计算"选项卡,输入计算值,单击"计算"按钮,计算结果显示在右侧的区域。单击"确定"按钮,创建压缩弹簧,如图 9 - 77 所示。

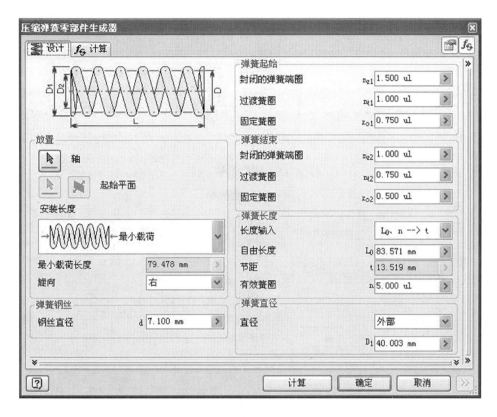

图 9 - 75 "压缩弹簧零部件生成器"对话框

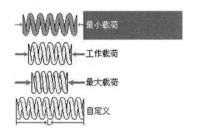

图 9 - 76 设定安装长度类型

图 9 - 77 压缩弹簧

9.4.2 拉伸弹簧

在功能区上,单击"设计"选项卡→"弹簧"面板→"拉伸"按钮 🖾,打开"拉伸弹簧零部件生成器"对话框,如图 9 - 78 所示。

单击"设计"选项卡,编辑拉伸弹簧的参数。

- "模型"选项区域:根据设计要求选择安装长度类型,单击下三角按钮选择拉伸弹簧旋向,向左或向右。
- "开始"选项区域:选择弹簧钩类型,设定弹簧钩长度。
- "结束"选项区域:选择弹簧钩类型,设定弹簧钩长度。

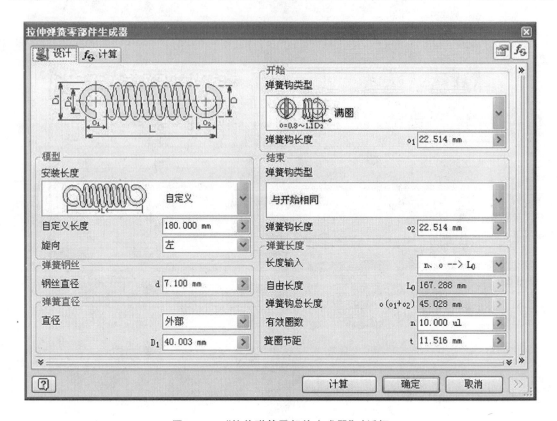

图9-78 "拉伸弹簧零部件生成器"对话框

在其他选项区域中设定拉伸弹簧的参数,切换到"计算"选项卡,输入计算值,单击"计算"按钮,计算结果显示在右侧的区域。单击"确定"按钮,创建拉伸弹簧,如图9-79所示。

图9-79 拉伸弹簧

9.4.3 碟形弹簧

在功能区上,单击"设计"选项卡→"弹簧"面板→"碟形"按钮，打开"碟形弹簧生成器"对话框,如图9-80所示。

(1) "尺寸"选项区域

从"弹簧类型"下拉列表中选择适当的标准和弹簧类型。在"单片弹簧尺寸"下拉列表中选择弹簧尺寸。

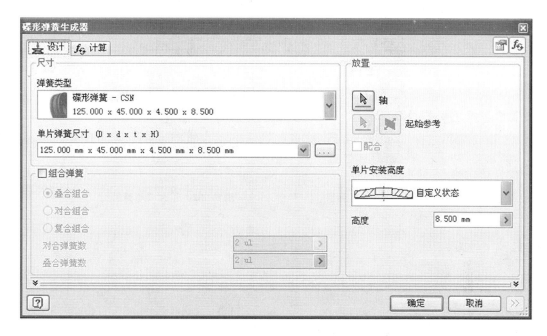

图 9 - 80　"碟形弹簧生成器"对话框

(2)"放置"选项区域

- 轴:选择圆柱面或轴。
- 起始参考:指定表面或工作平面。
- 配合:选中该框可将碟形弹簧配合到部件中。
- 单片安装高度:
  ① 空载状态:单片高度等于弹簧的空载高度。
  ② 载荷状态:单片高度等于弹簧的空载高度减去一片的变形。
  ③ 自定义状态:单片高度由用户设置。
- 高度:输入或测量工作高度。

(3)"组合弹簧"选项区域

- 叠合组合:依次装配弹簧。
- 对合组合:反向装配弹簧。
- 复合组合:反向部件依次装配的组合弹簧。
- 对合弹簧数:设置对合弹簧数。如果选择"叠合组合"选项,则不能编辑。
- 叠合弹簧数:设置叠合弹簧数。如果选择"对合组合"选项,则不能编辑。

切换到"计算"选项卡,执行计算和强度校核。单击"确定"按钮,创建独立碟形弹簧和组合碟形弹簧,如图 9 - 81 和图 9 - 82 所示。

图9-81 独立碟形弹簧

图9-82 组合碟形弹簧

9.4.4 扭 簧

在功能区上,单击"设计"选项卡→"弹簧"面板→"扭簧"按钮,打开"扭簧零部件生成器"对话框,如图9-83所示。

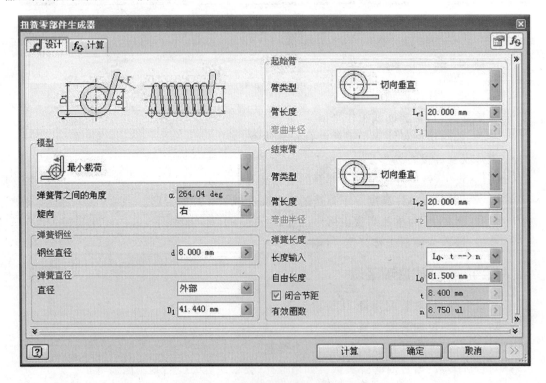

图9-83 "扭簧零部件生成器"对话框

单击"设计"选项卡,编辑要设计的扭簧的参数。

- "模型"选项区域:选择判断弹簧臂之间角度的类型,并输入弹簧臂之间的角度值,单击"旋向"列表框,选择扭簧的旋向。
- "起始臂"选项区域:选择起始臂的类型,设定臂的长度,并输入弯曲半径。
- "结束臂"选项区域:选择结束臂的类型,设定臂的长度,并输入弯曲半径。

设定扭簧的其他参数,切换到"计算"选项卡,输入计算值,单击"计算"按钮,计算结果显示在右侧的区域。单击"确定"按钮,创建扭簧,如图 9 - 84 所示。

图 9 - 84　扭　簧

练习 9

本练习要通过使用轴零部件生成器和设计加速器创建和编辑轴,要求读者学会使用零部件生成器,对零部件生成器的各个功能都有一定的了解,掌握创建零部件的基本方法。其操作步骤如下。

① 单击"快速入门"选项卡→"新建"按钮，打开"新建文件"对话框,在默认选项卡中,选中"Standard.iam",单击"确定"按钮,创建部件文件。单击"保存"按钮,将文件的副本另存为 shaft.iam。

② 在功能区上,单击"设计"选项卡→"动力传动"面板→"轴"按钮,启动轴零部件生成器,如图 9 - 85 所示。

图 9 - 85　"轴生成器"对话框

③ 默认情况下,首次启动轴生成器时轴包括某些截面,可通过修改、删除及添加轴截面设

计轴。

④ 使用对话框、图形窗口中的二维预览或树控件来选择轴截面,选中后,在二维预览和图形窗口中会亮显该截面。选择"圆柱体 50×100",单击工具栏中的"插入圆柱"按钮 📷 则会将滑动轴截面添加到选定元素的右侧,如图 9-86 所示。

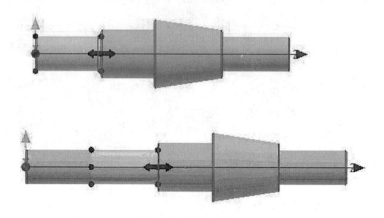

图 9-86 添加轴截面

⑤ 选择插入的轴截面,则相应的树控件被激活,如图 9-87 所示。

图 9-87 轴截面树控件

⑥ 在树控件中单击 📷 按钮,对其进行编辑,如图 9-88 所示。在截面长度字段中,将长度改为 50 mm。

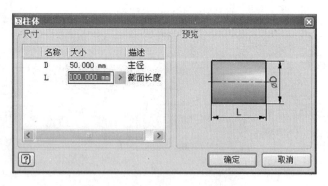

图 9-88 编辑圆柱体尺寸

⑦ 选择"圆柱体 50×100",在树控件中对其编辑。将主径更改为 40 mm,将截面长度更改为 50 mm,如图 9-89 所示。

⑧ 在图形窗口中,双击三维夹点也可以更改圆柱体的截面长度和主径,如图 9-90 所示。

⑨ 选择圆锥截面,在树控件中对其编辑,如图 9-91 所示。默认情况下,直径是被锁定的,若要对其进行编辑,则单击前边的解锁,解锁后可以修改。将"第一个直径"字段更改为 90 mm。

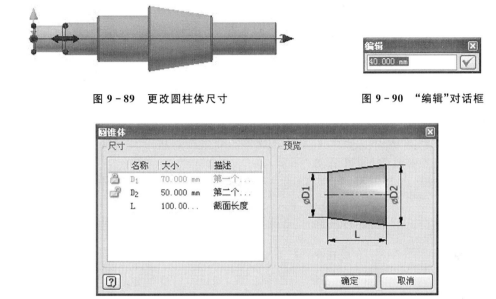

图 9-89 更改圆柱体尺寸 　　　　图 9-90 "编辑"对话框

图 9-91 编辑圆锥体尺寸

⑩ 选择最右边的圆柱截面,将其截面长度更改为 40 mm。在树控件中,单击右侧特征的下三角按钮,在下拉列表中选择"锁紧螺母凹槽"选项,如图 9-92 所示。在"锁紧螺母凹槽"对话框中,使用默认螺纹设置,还可以预览螺纹特征。

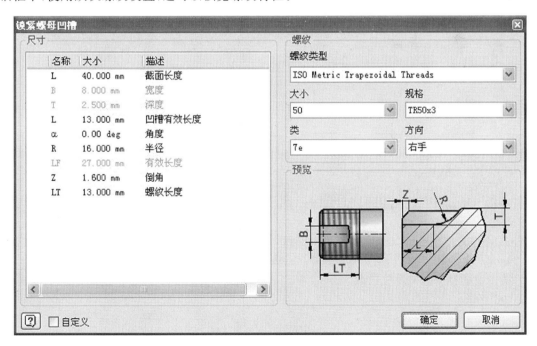

图 9-92 选择锁紧螺母凹槽

⑪ 选择最右边的圆柱截面,单击工具栏中的"插入圆柱"按钮,添加圆柱截面,将主径尺寸更改为 40 mm,截面长度保持 50 mm。创建后,如图 9-93 所示。

图 9 – 93　插入圆柱后的预览

⑫ 选定插入的圆柱截面,将挡圈特征添加到选定的轴截面。单击 旁边的箭头以展开此轴截面可用特征的列表,从列表中选择"添加挡圈",程序会将默认挡圈添加到选定的截面,挡圈特征也会添加到数控件中,如图 9 – 94 所示。

图 9 – 94　挡圈特征树控件

⑬ 单击 按钮显示"挡圈槽"对话框以编辑参数,如图 9 – 95 所示。在对话框中,从下拉列表中选择"从第二条边测量"选项,以在圆柱截面的右边插入挡圈,其他参数采用默认值。单击"确定"按钮。

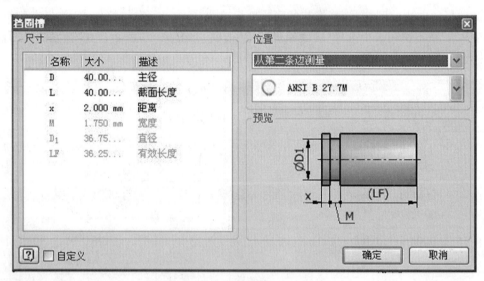

图 9 – 95　"挡圈槽"对话框

⑭ 从"截面"栏目的下拉菜单中选择"左侧的内孔"选项,可以插入圆柱内孔和圆锥内孔。从工具栏中选择"插入圆柱内孔"选项,单击 按钮编辑内孔的主径和截面长度。预览如图9 – 96 所示。

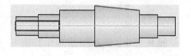

图 9 – 96　内孔预览

⑮ 单击"确定"按钮,完成编辑。此时弹出"文件命名"对话框,设定轴零件保存的路径,如果不希望弹出此对话框,则取消左下角"始终提示输入文件名"复选框的选中状态,如图 9 - 97 所示。单击"确定"按钮,保存路径。

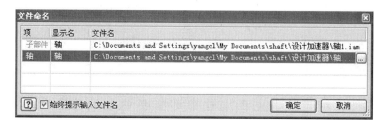

图 9 - 97　"文件命名"对话框

⑯ 在图形窗口中单击以放置轴,设计轴如图 9 - 98 所示。

图 9 - 98　设计的轴零件

第 10 章　三维布线与三维布管

教学要求

目前,在各种机械系统和电气零件中都需要创建线路和管路,Autodesk Inventor 提供了三维布线和三维布管两个模块。使用三维布线工具可以方便地完成布线的设计工作,使用三维管路设计工具可以方便地在装配中创建管道、管路和软管连接件。

通过本章的学习要掌握以下内容:

- 创建并编辑线束部件文件。
- 学会编辑和添加三维布管样式。
- 在三维布管环境中添加并设计管路。

10.1　三维布线

Autodesk Inventor 三维布线是部件环境的插件。在三维布线环境中,可以激活根据线束部件的标准父部件创建的线束部件。激活线束后,可以对其进行在位编辑并向线束中添加对象。

10.1.1　定义电气零件

在 Autodesk Inventor 三维布线中,电气零件是标准的 Autodesk Inventor 零件,具有一个或多个接点和扩展特性。可以逐个添加接点,也可以将接点作为一个组进行添加。接点是添加到电气零件中、用于指示导线附着位置的点。

① 在打开或激活零件的情况下,单击"模型"选项卡→"约束"面板→"接点"按钮 ,创建接点。

② 在图形窗口中,为接点选择一个有效点,此时该点将亮显并显示"放置接点"对话框,如图 10-1 所示。对于各个接点,默认接点名称是从 1 开始的连续数字。如果现有接点名称不是连续的,则默认接点名称将从最小的未使用值开始递增。例如,如果现有接点为 1、4、5 和 6,则下一个接点名称默认为 2。

③ 特性:要添加可选特性,请单击"自定义"选项卡,然后提供接点的名称、类型和值。

④ 单击"确定"按钮 ,完成接点的放置,如图 10-2 所示。

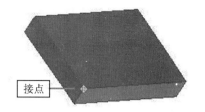

图 10-1　"放置接点"对话框　　　　　　　　　　图 10-2　接点

⑤ 在零件环境下,单击"模型"选项卡→"约束"面板→"接点组"按钮,打开"放置接点组"对话框,如图 10-3 所示,可以放置具有指定命名、配置和方向的多个接点。其中各选项含义如下。

图 10-3　"放置接点组"对话框

① 起始位置:选择组中第一个接点的位置。

② "分组"选项区域包含 4 个选项。

- 每行的接点数:设置每行中的接点数。
- 接点节距:设置接点之间的间距。单击"方向"按钮,可以选择要对齐接点的线性边,单击"反向"按钮可以使接点的创建方向相反。
- 行数:设置接点组的行数。
- 行节距:设置行之间的间距。

③ "命名"选项区域包含 6 个选项。

- 前缀字母:将单字符字母设置为接点名称的前缀。
- 起始编号:设置用于接点组的第一个编号,该编号不能超过 3 位数。
- 连续行:设置按行连续增加的接点组编号。
- 连续列:设置按列连续增加的接点组编号。
- 环绕:设置接点编号在第一行上从左到右增加,在第二行上从右到左增加。只有在存在两行时可用。

④ "预览"选项区域：可以反映当前的接点配置，如图 10-4 所示。

图 10-4　预览窗口

⑥ 设置完成后，可以从图形窗口中观察要放置的接点组的起始点和放置方向，如图 10-5 所示。

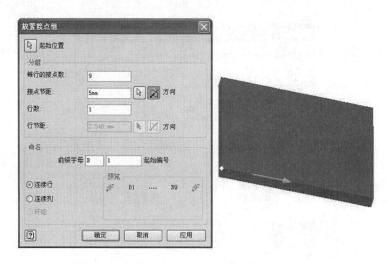

图 10-5　接点组放置方向

⑦ 单击"确定"按钮，放置接点组，如图 10-6 所示。

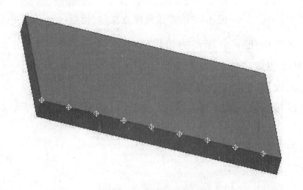

图 10-6　接点组的放置

⑧ 放置接点的位置后，还可以对其进行修改，以满足实际要求。

⑨ 打开包含接点的连接器零件，在浏览器或图形窗口中，在组中的任意接点上右击，则会弹出右键快捷菜单，如图 10-7 所示，在该菜单中选择需要编辑的选项，可以对已经放置的接点进行编辑。

⑩ 在要删除的接点上右击,在弹出的右键快捷菜单中选择"删除"选项以删除单个接点,选择"删除接点组"选项以删除组中所有的接点。

⑪ 选择"编辑接点组"选项,可以打开"编辑接点组"对话框,如图 10-8 所示。

图 10-7　右键快捷菜单　　　　图 10-8　"编辑接点组"对话框

⑫ 在此对话框中,只可以编辑接点组的起始位置、接点节距、接点放置的边以及放置的方向。如果需要更改命名、接点或行编号,用户必须删除该接点组,然后新建另一个接点组。

⑬ 单击"模型"选项卡→"约束"面板→"特性"按钮 ,打开"零件特性"对话框,如图 10-9 所示,可以向零件中添加一些特定的特性数据,以提供完整的电气定义,还可以对已存在的特性进行修改和删除。

图 10-9　"零件特性"对话框

⑭ 在"常规"选项卡中,可以显示零件的名称、代号,设定参考指示器和种类。

⑮ 在"自定义"选项卡中,用户可以设定自定义特性的名称、数据类型和值。

⑯ 在打开或激活接头零件的情况下,单击"管理"选项卡→"编写"面板→"零部件"下拉列表→"接头"按钮,打开"连接器编写"对话框,如图 10-10 所示。对话框中各选项含义如下。

图 10-10 "连接器编写"对话框

- 指明要编写的连接器的类型
  离散导线:表明要作为使用单根导线或电缆线的连接器进行编写的连接器类型。
  带状电缆:表明作为使用带状电缆的连接器进行编写的连接器类型。
- 终止类型
  卷边:仅从一个方向连接的连接器。
  绝缘位移:从两个方向连接的连接器。
- 向外方向:表明导体在与接头接点连接时导体的方向。单击选择器箭头,然后单击几何图元以指明方向。
- 嵌入长度:将嵌入长度作为自定义特性添加至连接器,以提供更精确的导线长度、电缆线长度或带状电缆长度。如果将向外方向设置为双向,则为第二个方向设置嵌入长度。
- 起始接点:仅用于带状电缆接头,选择现有的接头接点,以用作连接器上的带状电缆起始接点的位置。
- 销方向:仅用于带状电缆接头。

⑰ 单击"确定",完成连接器的编写。编写之后,可以将连接器发布到资源中心。

10.1.2 线束部件

(1) 创建约束

① 打开要进行铺设或定义铺设路径的 Autodesk Inventor 部件文件,单击"装配"选项卡→"零部件"面板→"放置"按钮,在部件中放置和约束电气零件。

② 单击"装配"选项卡→"开始"面板→"三维布线"按钮🛠,弹出"创建约束"对话框,如图 10 – 11 所示。

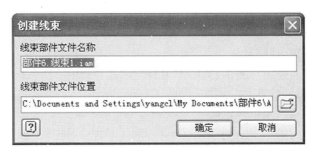

图 10 – 11　"创建约束"对话框

③ 在"创建约束"对话框中,为线束子部件提供唯一的名称,定义约束部件文件的位置。默认情况下,子部件被保存到打开的部件所在的位置。

④ 单击"确定"按钮,创建约束部件,激活三维布线环境,如图 10 – 12 所示。

图 10 – 12　三维布线环境

⑤ 在三维布线环境中,创建连接,并为导线和电缆布线。

(2) 创建导线

① 使用"创建导线"在线束部件中的两个接点之间创建导线,导线的颜色和直径取决于库导线定义。单击"三维布线"选项卡→"创建"面板→"创建导线"按钮,打开"创建导线"对话框,如图 10 – 13 所示。

② 在"导线 ID"中,输入唯一的 ID 或接受默认值。

图 10 – 13　"创建导线"对话框

③ 可以从"类别"下拉列表中选择不同的导线类别,然后从"名称"列表中选择所需的导线名称,"默认库导线"是线束部件中创建的第一条导线的默认名称。

④ 单击"接点 1"按钮,选择导线的第一个接点,单击"接点 2"按钮,在图形窗口中单击以选择导线的第二个接点。注意:"接点 1"和"接点 2"必须不同。

⑤ 单击"应用"按钮,创建导线。

⑥ 如果要查看所创建的导线的特性,单击"特性"选项,如图 10-14 所示。

图 10-14 "特性"选项

⑦ 根据需要继续放置其他导线,放置完成后,单击"确定"按钮。

用户需要注意的是,多条导线可以连接到同一个接点上,单条导线无法以同一接点或接头开始和结束。

(3) 创建电缆

① 单击"三维布线"选项卡→"创建"面板→"创建电缆"按钮 ✎,打开"创建电缆"对话框,如图 10-15 所示。

② 在"电缆 ID"中,输入唯一的 ID 或接受默认值。

③ 从"类别"下拉列表中选择电缆类别,然后从"名称"下拉列表中选择相应的电缆名称。

④ 单击"接点 1"按钮,然后在图形窗口中单击以选择选定电缆线的第一个接点,当"接点 2"按钮处于激活状态时,在图形窗口中单击以选择电缆线的第二个接点。"接点 1"和"接点 2"必须不同。

⑤ 若要查看库电缆的特性,则单击"特性"按钮。

⑥ 单击"确定",创建电缆几何图形。

图 10 - 15 "创建电缆"对话框

(4) 创建接头

① 单击"三维布线"选项卡→"创建"面板→"创建接头"按钮 ✐，打开"创建接头"对话框，如图 10 - 16 所示。

② 在"参考指示器"选项中，编辑参照标示元件。

③ 从"类别"下拉列表中选择接头类别，然后从"名称"下拉列表中选择所需的接头名称。"默认库接头"是在线束部件中创建的第一个接头的默认名称。

④ 单击"选择位置"按钮，代表接头的绿色圆将附着到光标，可以在以下情况放置接头。

· 线束段样条曲线。

· 导线。

· 在图形窗口中单击，在距表面一定偏移距离处放置接头。用一条从接头延伸的线来表示偏移距离。若要更改该偏移，通过右键快捷菜单中的"编辑偏移"选项更改偏移距离，如图 10 - 17 所示。

图 10 - 16 "创建接头"对话框

图 10 - 17 "编辑偏移"对话框

⑤ 单击"确定"按钮,创建接头,如图 10 - 18 所示。

图 10 - 18　创建接头

(5) 创建带状电缆

① 单击"三维布线"选项卡→"创建"面板→"创建带状电缆"按钮 ,打开"创建带状电缆"对话框,如图 10 - 19 所示。

② 在图形窗口中,选择要使用的起始连接器,选择要在其上定位带状电缆的导体的连接器接点。再选择要使用的结束连接器,选择要在其上定位带状电缆的导体的连接器接点。选择完成后,样条曲线显示为带状电缆的路径预览。

③ 在"带状电缆 ID"中,输入唯一的 ID 或接受默认值,选择带状电缆的名称。

④ 若要查看带状电缆的特性,请单击"特性"按钮。

⑤ 单击"确定"按钮,创建带状电缆。

(6) 创建线束段

创建导线和电缆线之后,需要为导线和电缆线布线。

图 10 - 19　"创建带状电缆"对话框

首先需要创建线束段,线束段表示导线和电缆线在线束部件中可能采取的路径。线束段将以默认的直径创建,并从选定的表面几何图元偏移指定的距离。

① 单击"三维布线"选项卡→"创建"面板→"创建线束段"按钮 。

② 在图形窗口中,选择线束段的起点。

· 若要将起点与现有几何图形关联,请选择顶点、工作点、草图点或圆形零部件的中心点。

· 若要以指定的距离偏移线束段工作点,请设定偏移值,然后选择一个表面。

· 若要创建一个不带偏移的且不关联的线束段工作点,请选择工作平面或工作轴。

③ 如果要在定义线束段路径时更改偏移,用户可以右击,在弹出的右键快捷菜单中选择"编辑偏移"选项,在"编辑偏移"对话框中,输入偏移值(若不输入单位,则将使用默认的单位设

置），然后单击"确定"按钮，完成对偏移距离的更改。

④ 完成线束段形状后，右击，在弹出的右键快捷菜单中选择"继续"选项以结束当前线束段并创建其他线束段。右击，在弹出的右键快捷菜单中选择"完成"选项，结束线束段的创建。创建的线束段如图 10 - 20 所示。

⑤ 用户还可以从现有线束段中开始或终止一个新的线束段来创建线束段分支，其中表示原始线束段的两条线束段将被约束为彼此相切，新的线束段与原有的两条线束段之间没有相切约束。

⑥ 单击"创建约束段"选项，将光标停在要分支的线束段上，然后在现有线束段上单击分支的起点。形状完成后，右击，在弹出的右键快捷菜单中鼠标右键并选择"继续"选项定义其他线束段。

⑦ 右击，在弹出的右键快捷菜单中选择"完成"选项结束操作。创建的约束段分支如图 10 - 21 所示。

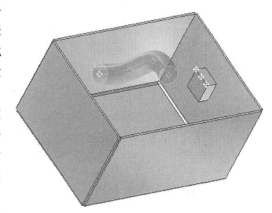

图 10 - 20　线束段

（7） 自动布线

创建约束段后，可以为导线和电缆布线。布线导线或电缆时，可以使用从手动到全自动的方法将未布线的导线（包括电缆线）放置到激活线束的选定线束段中。

① 在功能区上，单击"三维布线"选项卡→"布线"面板→"自动布线"按钮，打开"自动布线"对话框，如图 10 - 22 所示。

② 单击"导线"按钮，在图形窗口中选择要布线的导线。

③ 如果要布线所有未布线的导线，选中"所有未布线的导线"复选框。

④ 在选定框里，显示选中导线的数量。

⑤ 单击"确定"按钮，布设导线。

图 10 - 21　约束段分支

图 10 - 22　"自动布线"对话框

(8) 布线

① 在功能区上,单击"三维布线"选项卡→"布线"面板→"布线"按钮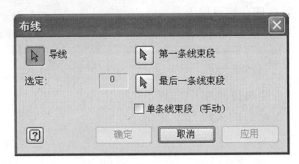,打开"布线"对话框,如图 10 - 23 所示。

② 单击"导线"按钮,选择要布线的一条或多条导线。

③ 在选定框里,显示选定的、要进行布线的导线总数。

· 第一条线束段:选择要向其中布线的第一条线束段。

· 最后一条线束段:选择要向其中布线的最后一条线束段。

④ 选中"单条线束段"复选框,表明只选择了一条线束段用于布线。

⑤ 单击"确定"按钮,完成布线。如图 10 - 24 所示。

图 10 - 23　"布线"对话框

(9) 取消布线

如果布线不当,可以选择取消布线。

① 在功能区上,单击"三维布线"选项卡→"布线"面板→"取消布线"按钮,打开"取消布线"对话框,如图 10 - 25 所示。

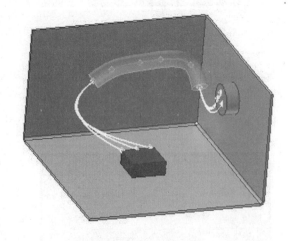

图 10 - 24　完成布线　　　　　　图 10 - 25　"取消布线"对话框

② 单击"导线"按钮,选择要取消布线的一条或多条导线和电缆线。

③ 在选定框中,显示选定的要取消布线的导线和电缆线的数目。

④ 选中"所有导线"复选框,取消布线所有导线和电缆。

⑤ 单击"线束段"按钮,选择要从中取消布线导线和电缆的一条或多条线束段。

⑥ 在选定框中,显示选定的要取消布线的线束段的数目。

⑦ 选中"所有线束段"复选框,从所有线束段中取消布线导线和电缆。

⑧ 单击"确定"按钮,取消布线。

10.1.3 共享数据

完成三维布线后,可以将数据保存为 XML 格式,以提供线束的完整说明,还可以创建三维布线报告。

(1) 数据导出

① 在功能区上,单击"三维布线"选项卡→"管理"面板→"导入线束数据"下拉菜单,可以描述用于导入和导出线束数据的 XML 文件的格式,如图 10-26 所示。

② 单击"导出线束数据"选项,打开"导出线束数据"对话框,如图 10-27 所示。

③ 将导出的线束数据命名,并且保存在适当的路径,文件保存格式为 XML。在 XML 文档中,每个元素或类型的属性或子元素按其在文档中出现的顺序列出。属性名称用双引号括起,元素名称用尖括号括起。每个属性或子元素均具有一个类型,该类型以斜体显示。用户通过访问 XML 文档,可以对线束有详细的了解。

图 10-26 导入、导出线束数据

图 10-27 "导出线束数据"对话框

(2) 生成报告

① 在功能区上,单击"三维布线"选项卡→"管理"面板→"报告"按钮,打开"报告生成器"对话框,创建三维布线报告。

② 在"报告生成器"工具栏上,单击"创建报告"按钮,打开"创建报告"对话框,如图10-28所示。

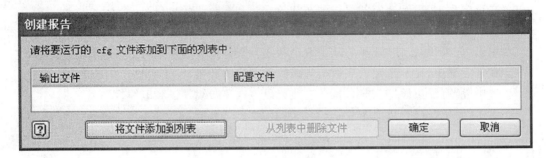

图 10-28 "创建报告"对话框

③ 单击"将文件添加到列表"按钮,浏览到相应的配置文件(一般选择 Autodesk Inventor 中 Sample\Models\Cable&Harness\Report Generator 安装目录下的某个配置文件样例,用户也可以自己定义配置文件),单击"确定"按钮,创建报告。

10.2　三维布管

Autodesk Inventor 三维布管是部件环境的附加模块。它向部件环境中的机械部件或产品设计添加用于敷设硬管、弯管和柔性软管的设计工具。在现有部件中添加管件、管材和软管管线时,需要创建管路、设置样式、定义管线,然后对其进行填充以完成该管路。

10.2.1　三维布管样式

① 在部件环境中,单击"装配"选项卡→"开始"面板→"三维布管"按钮 ，弹出"创建管路"对话框,如图 10-29 所示。在此对话框中,设置管路文件名及路径,单击"确定"按钮,创建管路,进入三维布管环境。

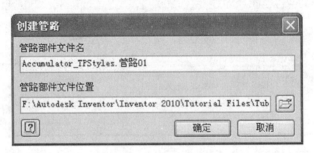

图 10-29 "创建管路"对话框

三维布管样式是已命名的设置组,用于描述自动创建和编辑管线以及填充管线和管路时三维布管的特征。

尽管新的三维布管样式可以在任何时候定义,但用户最好在创建管线、放置配件或填充管线和管路之前在三维布管部件中设置样式。设置三维布管样式之后,就可以根据设计更改激活样式,还可以更改现有管线和管路的样式。在此样式中使用的零部件以及各种设置及参数都将显示在"常规"和"规则"选项卡上。

② 单击"管路"选项卡→"管理"面板→"三维布管样式"按钮，显示"三维布管样式"对话框，如图 10 - 30 所示。

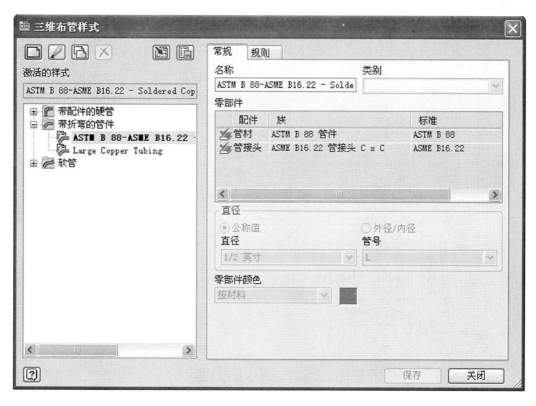

图 10 - 30　"三维布管样式"对话框

③ 单击"新建"按钮，可以创建三维布管样式。

④ 在"常规"选项卡的"名称"文本框中输入"中铜管件"，在"类别"文本框中输入"我的样式"。填充"类别"字段后，将会创建一个嵌套在激活文件夹下的文件夹，此新类别文件夹包含"中铜管件"样式，如图 10 - 31 所示。

⑤ 从资源中心指定激活此样式时管所使用的零部件，每个零部件类型旁边的图标指明在此新样式定义中零部件的状态。

⑥ 在"零部件"区域中右击"管材"，在弹出的右键快捷菜单中选择"浏览"选项，以显示"库浏览器"对话框，如图10 - 32 所示。

⑦ 在对话框的"过滤器"区域中，选中"标准"复选框，然后从下拉列表中选择要新建的管材样式的类型。以选择"ASTM B 88M"为例，单击"过滤器"按钮，则在浏览器中只剩下选择的管材类型，如图 10 - 33 所示。

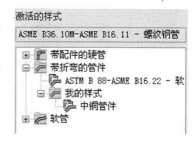

图 10 - 31　新建的管材样式

⑧ 从浏览器中选择"ASTM B 88M 管件"。单击"确定"按钮后，如果在"管材"零部件的左边显示有 图标，表明此选择已成立。

图 10-32　"库浏览器"对话框

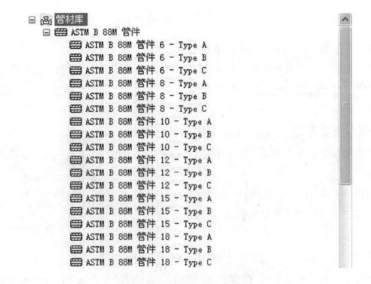

图 10-33　过滤后的管材库

⑨ 右击"管接头"行,在弹出的右键快捷菜中选择"浏览"选项。在对话框的"过滤器"区域中,选中"标准"复选框,然后从下拉列表中进行选择。单击"过滤器"进行过滤,选择管接头类型,单击"确定"按钮。

⑩ 在"直径"选项区域中,选择"公称值"或者"外径/内径",然后选择"直径"或"外径"尺寸,从"零部件颜色"下拉列表中选择管材样式的颜色。

⑪ 选择"规则"选项卡,如图 10 - 34 所示。

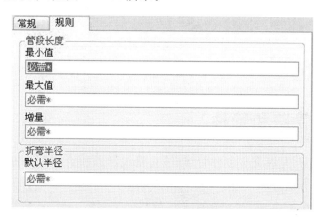

图 10 - 34　"规则"选项卡

⑫ 在选项卡中填入最小值、最大值、增量和折弯半径。

⑬ 单击"保存"按钮,"中铜管件"已添加至样式浏览器,并嵌套在新的类别中。

⑭ 如果要编辑所创建的样式,用户可以双击样式,修改后单击"保存"按钮。

⑮ 选择"中铜管件",然后单击 来创建样式的副本,选择刚才创建的副本,并单击 按钮导出样式,弹出"导出三维布管样式数据文件"对话框,如图 10 - 35 所示。

图 10 - 35　"导出三维布管样式数据文件"对话框

⑯ 在该对话框中,编辑文件名,记录样式的保存位置,单击"保存"按钮,将显示一个提示对话框,声明该样式已成功导出,如图 10 - 36 所示,单击"确定"按钮。

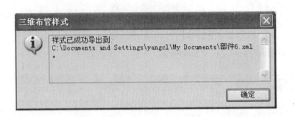

图 10-36   成功导出三维布管样式对话框

10.2.2   添加管路和管件

在三维布管环境下,可以完成创建管线、填充管线和添加管路配件等操作。创建管路后,可以在"管路"选项卡下进行操作,如图 10-37 所示。

图 10-37   三维布管"管路"选项卡

(1) 放置配件

① 单击"管路"选项卡→"标准件"面板→"放置"按钮,可以使用"从资源中心放置"工具将库配件和导管零件放置到三维布管部件中,如图 10-38 所示。

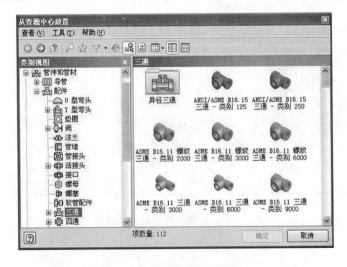

图 10-38   资源中心

② 可以将导管零件插入到图形窗口背景中的任意位置,这会插入不具有任何关联的零部件。必须使用"连接配件"工具将已放置的导管零件连接到其他零部件,以备将来使用。如果使用"作为自定义"来创建,会将插入的导管零件另存到本地的路径上。选择插入的导管零件

的类型,单击"确定"按钮,如图 10 - 39 所示。

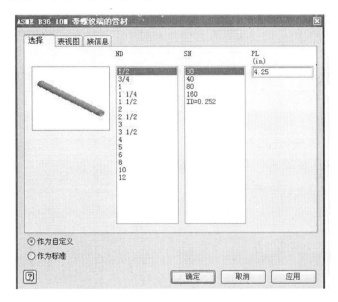

图 10 - 39　插入的导管零件

③ 也可以使用"从资源中心放置"工具插入配件,可以在以下位置插入配件。

· 在图形窗口背景中的任意位置插入,这会插入不具有任何关联的零部件。

· 在现有的三维布管内容上插入,同时将该配件替换为新配件。

· 在刚性管段上。

· 连接到自由管线末端、单个配件上的接头、任何零部件上的环形边或相邻配件之间。

④ 单击要插入的配件,选择配件的类型,单击"确定"按钮,将配件插入到图像窗口背景中的任意位置,如图 10 - 40 所示。

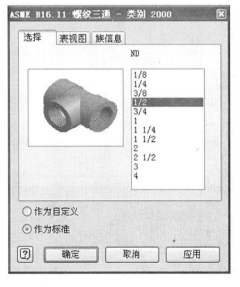

图 10 - 40　插入的配件

⑤ 单击"管路"选项卡→"布线"面板→"放置配件"按钮 [图] ，也可以使用放置以下配件的更多引用。

- 已经使用"三维布管编写"工具准备好、但尚未发布的配件零部件。
- 松套配件。
- 三维布管部件中已使用的配件。

（2）连接配件

① 单击"管路"选项卡→"布线"面板→"连接配件"按钮 [图] ，打开"连接配件"对话框，如图 10 - 41 所示，可以连接配件，也可以插入配件。其中各选项含义如下。

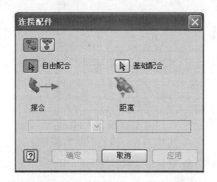

图 10 - 41   "连接配件"对话框

- 自由配合：选择激活管路中的配件、导管零件、自由管线末端或标准 Inventor 零件。
- 基础配合：选择用以约束位置并控制自由配件的接合以及自动布线区域的配件、导管零件、自由管线末端或标准 Inventor 零件。
- 接合：可以在为连接指定自由配件和基础配件后，通过单击此箭头选择接合类型，包括内螺纹管接头配件、外螺纹管接头配件和用户定义三种类型。

② 单击"连接配件"选项，选择结合面，如图 10 - 42 所示。

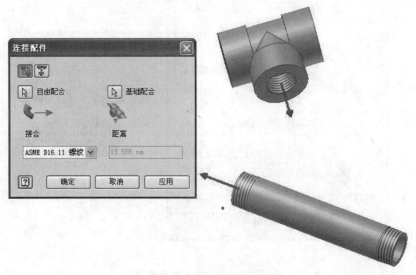

图 10 - 42   选择配件连接面

③ 单击"确定"按钮,完成连接,如图 10-43 所示。

图 10-43　连接配件

(3) 新建管线

① 单击"管路"选项卡→"布线"面板→"新建管线"按钮，打开"创建管线"对话框,如图 10-44 所示。

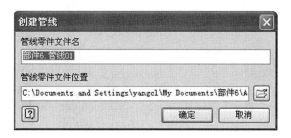

图 10-44　"创建管线"对话框

② 在该对话框中,用户可以编辑管线的文件名和文件保存的位置。单击"确定"按钮,创建管线,进入布线环境,如图 10-45 所示。

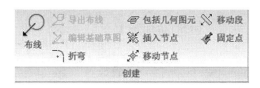

图 10-45　布线环境

(4) 布线

① 在布线前,单击"布线"选项卡→"管理"面板→"三维布管样式"按钮,打开"三维布管样式"对话框,选择布线的样式。三维布管环境提供创建三种样式的管件:硬管、带折弯的管件和软管。选择需要的样式后,在样式上右击,在弹出的右键快捷菜单选择"激活"选项,如图 10-46所示。

② 选择样式后,单击"布线"选项卡→"创建"面板→"布线"按钮，进行布线。

· 若要选择几何图元,请单击有效的几何图元,例如环形边或工作点。进行选择时,确保轴指向所需的方向,如图 10-47 所示。若要反转轴的方向,请将光标暂停在几何图元上,然后按空格键。

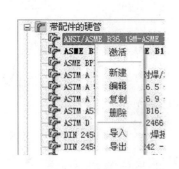

图 10 - 46　激活三维布管样式

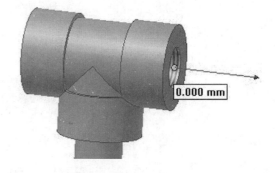

图 10 - 47　选择几何图元

- 若要选择从亮显的边偏移的点,请将光标暂停在方向轴上,然后在该轴上的任何位置单击,如图 10 - 48 所示。
- 若要定义偏移精确距离的点,请将光标暂停在方向轴上并右击,在弹出的右键快捷菜单中选择"输入距离"选项,在"输入距离"文本框中输入值,如图 10 - 49 所示。

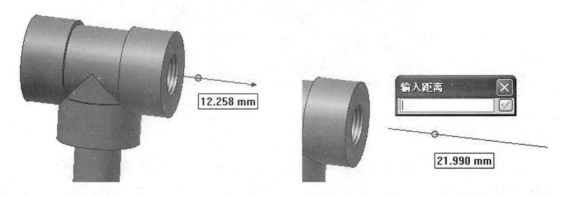

图 10 - 48　选择偏移点

图 10 - 49　定义偏移距离

③ 选择布线路径后,出现管线的预览,如图 10 - 50 所示。

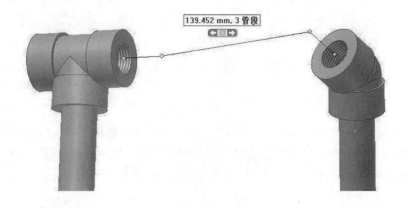

图 10 - 50　布线预览

④ 单击 图标中的箭头,可以查看其他自动布线解决方案,从中选择需要的布线方

案后,单击中间按钮以完成布线,或者通过右键快捷菜单选择"完成编辑"选项。

⑤ 单击"布线"选项卡→"创建"面板→"移动段"按钮，可以移动刚才所创建的管线,对布线方案进行修改。

⑥ 编辑完成后,单击"完成布线"按钮，进入管路环境。

(5) 填充管线

① 在"布线"面板上,单击"填充管线"按钮，填充后如图 10-51 所示。

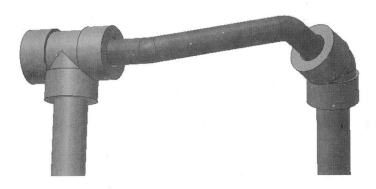

图 10-51　填充管线

② 在"三维布管样式"对话框中,激活带配件的硬管或者软管的样式,按照上述方法添加管线,布线完成后,单击"填充管线",还可以添加带配件的硬管和软管的管路。

添加管路后,单击"完成三维布管管路"按钮,完成管路的编辑。

在"三维布管"环境中,单击"完成三维布管"按钮,则结束三维布管的设计。

练习 10

本练习要通过以下步骤完成三维布管的设计,该设计过程包括三维布管样式的创建以及管路的添加,要求读者掌握三维布管的基本方法。

① 在光盘中,打开练习文件"三维布管. iam"。

② 在功能区中,单击"装配"选项卡→"开始"面板→"三维布管"按钮,进入三维布管环境。

③ 创建管路,编辑管路文件名和保存路径,如图 10-52 所示。单击"确定"按钮,开始编辑管路。

图 10-52　"创建管路"对话框

④ 在本练习中,用户需要创建软管样式。单击"管路"选项卡→"管理"面板→"三维布管样式"按钮🗐,打开"三维布管样式"对话框,如图 10-53 所示。

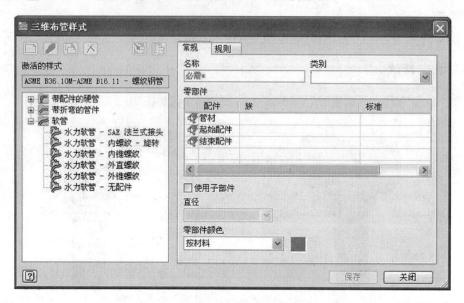

图 10-53 "三维布管样式"对话框

⑤ 在软管文件夹下,创建新的软管样式。

⑥ 单击左上角"新建"按钮🗋。在"常规"选项卡的"名称"字段中输入"软管管件",在类别字段中输入"我的样式"。填充"类别"字段后,将会创建一个嵌套在软管文件夹下的文件夹。

⑦ 在"零部件"选项区域中,在"管材"行上右击鼠标,弹出关联菜单,在关联菜单中选择"浏览"选项,打开"库浏览器"对话框,如图 10-54 所示。

⑧ 在对话框的"过滤器"选项区域中选中"标准"复选框,在下拉列表中,选择"GOST 10362-76",如图 10-55 所示。

⑨ 单击"过滤器"按钮🔽,则在浏览器中只剩下选择的管材类型,如图 10-56 所示。

⑩ 从浏览器中选择"Hose GOST 10362-76",单击"确定"按钮。选择完毕后,在"管材"左侧显示有 ⬳ 图标,表明此选择已成立。

⑪ 在"起始配件"行右击,在弹出的右键快捷菜单中选择"抑制配件"选项,如图 10-57 所示。

⑫ 单击"抑制配件"选项后,会弹出如图 10-58 所示的对话框,提示如果抑制起始配件,则结束配件也将被抑制。

⑬ 单击"是"按钮,则起始配件和结束配件均被抑制,如图 10-59 所示。

⑭ 在"直径"字段中,选择软管内径为 4 mm,在"零部件颜色"字段中选择黑色。

⑮ 切换到"规则"选项卡。在"最小折弯半径"字段中填入 4 mm,在"软管进位值"的下拉列表中选择 10 mm。

图 10 - 54　"库浏览器"对话框

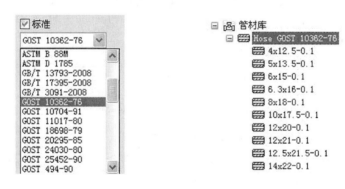

图 10 - 55　过滤器区域　　　　　　图 10 - 56　选择的管材库

⑯ 单击"保存"按钮,则在浏览器的左侧区域的软管文件夹下会显示所创建的软管样式。

浏览
清除
抑制配件

⑰ 在新创建的软管样式,即右击"软管管件"在弹出的右键快捷菜单中选择"激活"按钮,则当前样式即为要创建的软管的样式。

图 10 - 57　关联菜单

⑱ 单击"管路"选项卡→"布线"面板→"新建管线"按钮,打开"创建管线"对话框,如图 10 - 60 所示。单击"确定"按钮,创建管线。

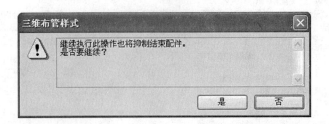

图 10 - 58　提示对话框

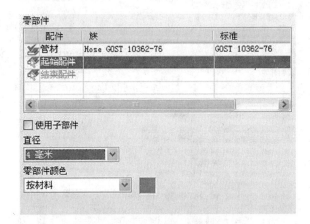

图 10 - 59　抑制起始和结束配件

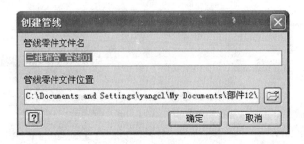

图 10 - 60　"创建管线"对话框

⑲ 单击"布线"选项卡→"创建"面板→"布线"按钮 🔍,打开部件布线。选择几何图元,如图 10 - 61 所示。进行选择时,确保轴指向所需的方向。若要反转轴的方向,请将光标暂停在几何图元上,然后按空格键。也可以通过图示箭头改变布线的方向。

⑳ 根据需要放置中间节点,如图 10 - 62 所示,中间节点的偏移距离可以更改。

㉑ 为部件布线后结果如图 10 - 63 所示。

㉒ 单击"完成布线"按钮 ✓,进入管路环境。

㉓ 单击"管路"选项卡→"布线"面板→"填充管线"按钮 👝,填充后结果如图 10 - 64 所示。

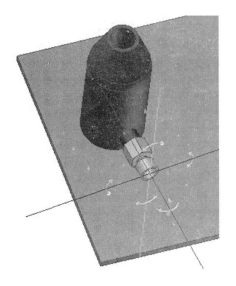

图 10 - 61　为部件布线

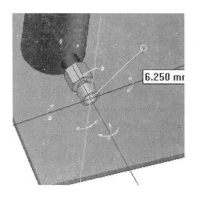

图 10 - 62　放置中间节点

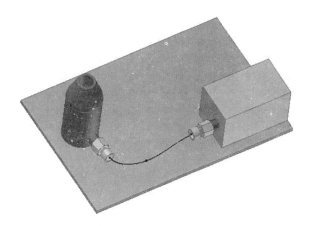

图 10 - 63　完成布线

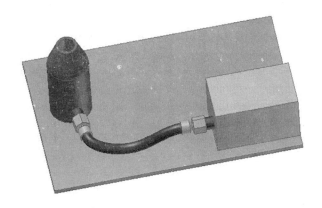

图 10 - 64　填充软管

第 11 章　Inventor Studio

教学要求

- 熟悉 Inventor Studio 环境下的各种命令。
- 能在 Inventor Studio 环境下渲染零部件。
- 能够设定和修改各种场景。
- 能够根据表达的需要,制作出各类动画。

11.1　渲　染

11.1.1　设置渲染环境

① 打开位于"心轴压机"文件夹中的 Arbor_Press.iam,如图 11 - 1 所示。

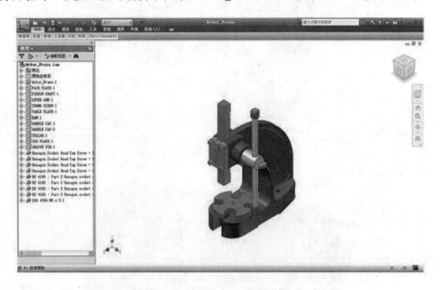

图 11 - 1　压机部件

② 在功能区上,单击"环境"选项卡→"开始"面板→Inventor Studio"按钮,如图 11 - 2 所示。

③ "渲染"选项卡处于激活状态,并且 Studio 工具可用,如图 11 - 3 所示。

④ 在浏览器中,在名为"光源(桌面上方)"的节点上右击,在弹出的右键快捷菜单中取消"可见性"复选框的选中状态,如图 11 - 4 所示。此更改将删除图形窗口中的光源符号。

图 11－2　打开 Inventor studio 环境

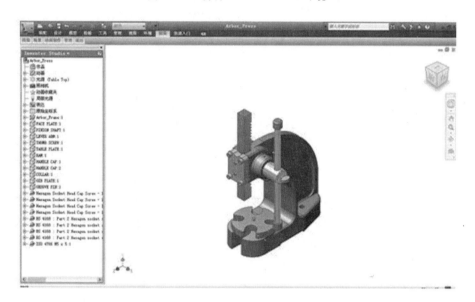

图 11－3　Studio 环境

⑤ 单击"渲染"选项卡→"渲染"面板→"渲染图像"按钮,如图 11－5 所示。

图 11－4　改变光源可见性

图 11－5　渲染图像选项

⑥ 进入渲染图像界面,并出现"渲染图像"对话窗口,如图 11-6 所示。

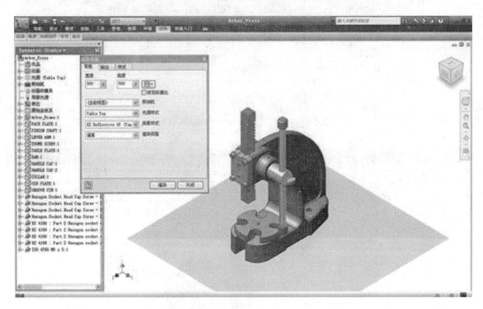

图 11-6　渲染图像界面

⑦ 界面上出现"渲染图像"选项卡,如图 11-7 所示。

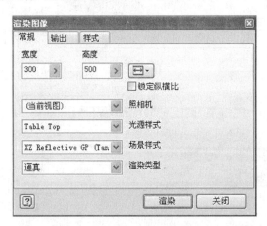

图 11-7　"渲染图像"窗口

⑧ 确保在"照相机"菜单中选择"当前视图"选项。确保在"光源样式"菜单中选择"桌面上方"选项。

11.1.2　设置渲染样式

① 在"渲染图像"对话框中,单击"选择输出尺寸"按钮 ⊟▾,然后从"分辨率"菜单中选择"640×480"选项,如图 11-8 所示。用户可以根据需要调整模型的尺寸和视图使之适合红色的渲染矩形。

② 从"光源样式"下拉菜单中选择"桌面"选项。

③ 在"输出"选项卡中选择"高反走样"按钮,如图 11 - 9 所示。

图 11 - 8　设置输出尺寸　　　　　　　　　图 11 - 9　设置输出样式

④ 单击"渲染"按钮,结果如图 11 - 10 所示。

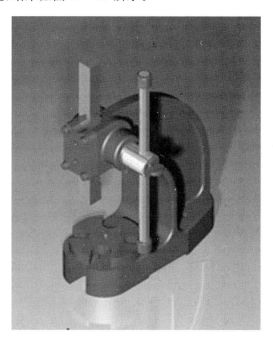

图 11 - 10　渲染后图像

11.2　场　景

11.2.1　表面样式

　　表面样式改进了零部件的外观。其打开方式为单击功能区→"渲染"选项卡→"场景"面板→
"表面样式"按钮,如图 11 - 11 所示。

图 11-11　打开表面样式

打开的"表面样式"对话框如图 11-12 所示。

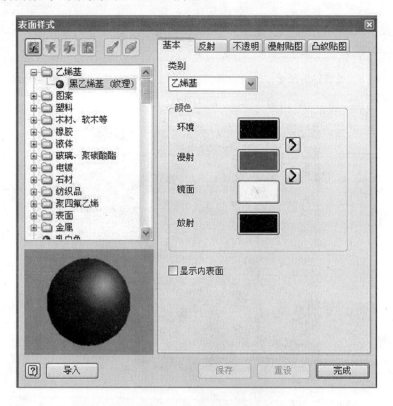

图 11-12　"表面样式"对话框

"表面样式"对话框包括工具栏、预览图像、"导入"按钮、"基本"选项卡、"反射"选项卡、"不透明"选项卡、"漫射贴图"选项卡、"图文贴图"选项卡和右键快捷菜单命令等部分。

(1) 工具栏

工具栏位于"表面样式"对话框中样式列表的顶部。其中各按钮的含义如下。

- 新建表面样式：创建新的本地样式，该样式是选定的命名样式或默认样式的副本。在"新样式名称"对话框中指定新名称。
- 清除样式：删除选定的本地样式。选择了本地样式但未使用该样式时可用。
- 更新样式：将选定的本地样式的数据替换为相应全局样式中的数据。如果选择了本地样式，且存在相应的全局样式，并且本地样式在最后一次从相应的全局样式（如果有)更新后发生了变化,则该选项可用。

- ⚡保存到样式库中:将选定的本地样式保存到样式库中,会覆盖现有的全局样式(如果有)。如果选择了本地样式,且样式库不是只读库,并且本地样式在最后一次从相应的全局样式(如果有)更新后发生了变化,则该选项可用。
- 🖊获取表面样式:在对话框中拾取指定给选定零件引用或面的材料,作为当前材料。选择了使用不同材料的多个零件引用或面时不可用。
- 🖊指定表面样式:将选定的材料应用到选定的零件上,其用法与使用 Autodesk Inventor 快速访问工具栏上的"颜色"下拉列表相同。当激活的文档是部件时,在引用级别应用材料。在树中选择了材料并选择了一个或多个零件时可用。

(2) 预览图像

提供树中的当前选择和每个选项卡上特性的预览。每次做新的选择时都相应地进行更新,预览图像窗口如图 11-13 所示。

(3) "导入"按钮

单击"导入"按钮导入已导出和分发的单个表面样式。
① 单击"导入"按钮。
② 在"导入"对话框中,浏览到包含想要导入的样式的目录。
③ 选择样式,然后单击"打开"按钮。
④ 如果存在样式名称,则系统将提示您用导入的样式覆盖现有的样式。

(4)"基本"选项卡

"基本"选项卡中各选项含义如下。

- 类别:指定一个类别,材料将根据该类别列于材料树中,如图 11-14 所示。
- 颜色:指定材料的环绕光颜色、漫射光颜色、镜面光颜色和放射光颜色,如图 11-15 所示。这些颜色与相应的 Autodesk Inventor 颜色特性相同。
- 显示内表面:当选择此选项时,将显示仅应用了整个零件的颜色的内表面,而非各个面。例如,在立方体上,可以禁用"显示内表面"以仅观察模型的前表面。

图 11-13　预览图像窗口

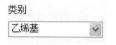

类别

乙烯基

图 11-14　类别选项

- 使用该选项可以:查看或清除网格模型、其他网纹实体和透明实体(例如玻璃)内表面的可见性。应用透明颜色时,可以看到更多的内部细节。当某物体并未实际上抽壳时,将其显示成中空对象。

(5) "反射"选项卡

"反射"选项卡如图11-16所示。其各选项含义如下所示。

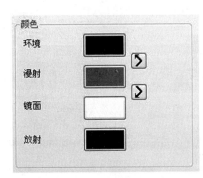

图 11-15　颜色选项

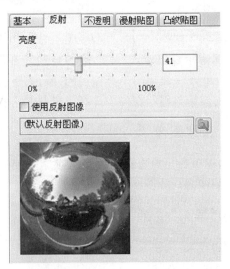

图 11-16　"反射"选项卡

- 亮度:设置指定的镜面光颜色的反射效果。
- 使用反射图像:指定球形反射图像,以替代此材料的全局反射图像。
- 使用反射图像:当选择此选项时,将激活文件浏览窗口并启动"打开"对话框,可以在该对话框中输入名称、选择位置并选择纹理图像的 BMP、JPEG、PNG、GIF 或 TIFF 格式。使用球形反射贴图,以替代此材料的全局反射图像。
- 浏览窗口:显示选择或输入用于反射图像的路径和文件名。单击浏览窗口右侧的图标,以启动"打开"对话框进行编辑。仅当选择了"使用反射图像"时,此选项才可用。
- 图像预览:提供更新为当前设置的图像预览。

(6) "不透明"选项卡

"不透明"选项卡如图11-17所示。

- 不透明度:设置颜色的不透明度。向0％端移动滑块将增加透明度,向100％端移动滑块将增加不透明度。用户可以在其他图形应用程序中编辑不透明度信息。
- 折射:指定材料折射。如果不透明度为100,则忽略此值。简单来说,折射就是透过另一个表面观看对象(而非从该表面反射对象)时对象所呈现的样子。预设值描述了一些常见项目,以帮助用户理解该设置的应用的方式

(7) "漫射贴图"选项卡

"漫射贴图"选项卡如图11-18所示。其中各选项含义如下。

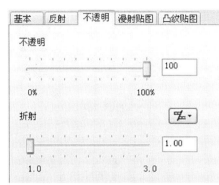

图 11 - 17　"不透明"选项卡　　　　图 11 - 18　"漫反射"选项卡

- 使用纹理图像：当选择此选项时，将激活文件浏览窗口并启动"打开"对话框，您可以在该对话框中输入名称、选择位置并选择纹理图像的 BMP、JPEG、PNG、GIF 或 TIFF 格式。
- 浏览窗口：显示选择或输入用于反射图像的路径和文件名。单击浏览窗口右侧的图标，以启动"打开"对话框进行编辑。仅当选择了"使用纹理图像"复选框时，此选项才可用。
- 比例：将图像贴图到几何图元之前，在图像的二维空间中调整该图像的比例，范围在 1%～1000% 之间。
- 旋转：将图像贴图到几何图元之前，在图像的二维空间中旋转该图像，范围在 -180°到 +180°之间。

(8)"凸纹贴图"选项卡

"凸纹贴图"选项卡如图 11 - 19 所示。其中各选项含义如下所示。

- 使用凸纹图像：当选择此选项时，将激活文件浏览器并启动"打开"对话框，用户可以在该对话框中输入名称、选择位置并选择图像的 BMP、JPEG、PNG、GIF 或 TIFF 格式。
- 与纹理相同：当激活（选中）时，该设置指定将对凸纹贴图图像源使用漫射贴图图像。
- 浏览窗口：显示选择或输入用作图像的路径和文件名。单击浏览窗口右侧的图标，以启动"打开"对话框进行编辑。仅当选择了"使用凸纹图像"复选框时，此选项才可用。
- 比例：将图像贴图到几何图元之前，在图像的二维空间中调整该图像比例。
- 旋转：将图像映射到几何图元之前，在图像的二维空间中旋转该图像。
- 数量：指定凸纹图像提供的外观凸纹的数量。数量反映了百分比设置。可使用滑块或通过在输入字段中输入值来设定该值。
- 反色效果：使曲面上的凸纹效果反向。

(9) 右键快捷菜单命令

右键快捷菜单命令如图 11 - 20 所示。

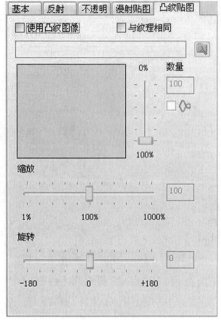

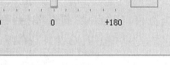

图 11-19 "凸纹贴图"选项卡 图 11-20 右键快捷菜单的命令

在"表面样式"对话框的样式列表中,在任意样式上右击鼠标,然后可以访问右键快捷菜单的命令。

- 重命名表面样式:选择该选项时,将样式名称放入编辑模式中,键入新名称并在编辑字段外单击,该样式将被重命名。
- 新建表面样式:使用默认样式参数创建表面样式。如果存在"默认值",则名称为"Default1"并且从此为每个新建样式重复该名称。
- 复制表面样式:使用选中样式的参数创建表面样式。提供了副本名称,但是可以随即更改。
- 清除样式:删除选定的本地样式。选择了本地样式但未使用该样式时可用。
- 导出样式:将选中样式导出到用户提供的文件名中。样式文件扩展名为.styxml。

11.2.2 相 机

在激活文档中创建新照相机。定义照相机的图形显示参数。若要编辑现有照相机,请在浏览器中的照相机节点上右击鼠标,然后单击右键快捷菜单的"编辑"选项。或者,也可以双击照相机节点以启动"编辑"对话框。

打开方式:单击功能区:"渲染"选项卡→"场景"面→"相机"按钮,如图 11-21 所示。

单击后打开了"照相机"对话框,如图 11-22 所示。

"照相机"对话框主要包括放置、投影法、旋转角度、缩放和景深等选项。

① 目标:通过单击模型上的任意位置,设置目标点,或通过单击空白处,将目标设置在视

图 11 - 21　打开相机选项卡

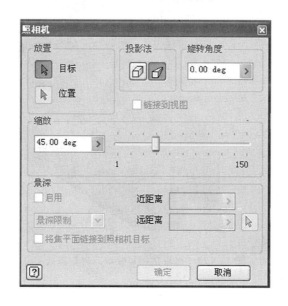

图 11 - 22　"照相机"对话框

图平面上与现有目标相同的视图距离处。在曲面上移动鼠标时,显示新照相机目标/方向的预览,如图 11 - 23 所示。单击零部件某个部位,该部分被选中,并出现显示目标/方向的直线。

②　位置:单击沿照相机方向线的某点时,会将照相机位置设置在该点。如果标准法线距离比当前的照相机距离长,则将方向线延伸至标准法线距离,如图 11 - 24 所示。

③　缩放:指定照相机的缩放角度,以定义视图的水平视野。角度范围为 1.0°~150.0°,默认为 45.0°。若要使用"测量"命令或从最近使用的值中进行选择,请单击输入框上的箭头并从菜单中进行选择。用户可以调整输入框中的任何值,预览如图 11 - 25 所示。

④　投影法:投影法分为平行视图和透视视图两种模式,如图 11 - 26 所示。

- 正交照相机模式:模型上的所有点都沿平行线投影到屏幕上的显示模式。
- 透视照相机模式:模型以三点透视方式显示的显示模式,与人眼观察真实世界的方式非常相似。

注意:对于"投影"选项,无法制作动画,并且在照相机动画制作操作中,该选项处于禁用状态。

⑤　链接到视图:选中该复选框后,将更新激活视图以符合照相机特性,并将隐藏照相机图形,如图 11 - 27 所示。

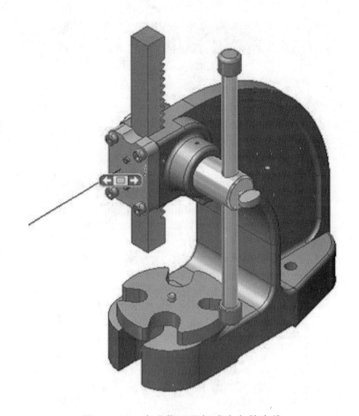

图 11 - 23　出现指示目标或方向的直线

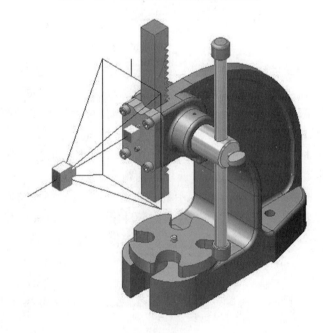

图 11 - 24　调整相机的位置

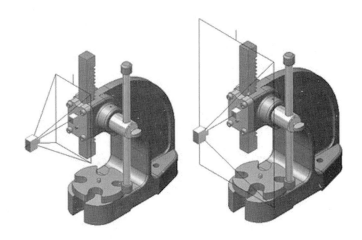

图 11 - 25　缩放角度为 45°(左)和 90°(右)时的视图

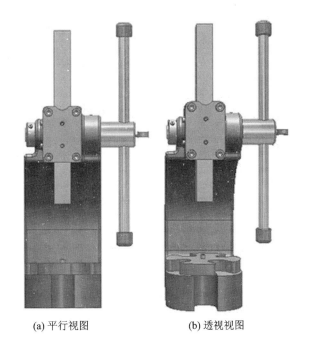

(a) 平行视图　　　　　　　　　(b) 透视视图

图 11 - 26　使用投影法后的视图

　　⑥ 旋转角度:指定绕照相机方向轴的旋转角度。角度为零意味着照相机的向上方向最大限度地接近＋Y 轴。角度范围为－180.0°～180.0°,默认为 0.0°。若要使用"测量"命令或从最近使用的值中进行选择,请单击文本框上的下三角按钮并从下拉列表中进行选择。用户可以调整输入框中的任何值,旋转角度分别为 0°和 30°的视图如图 11 - 28 所示。取该复选框后,将恢复激活视图的照相机图形和以前的查看参数。默认为清除状态。

　　⑦ 启用:启用后,Studio 将计算渲染透视视图时的景深效果。默认设置为"关"或"取消选中"。启用景深选项后选择景深限制选项,如图 11 - 29 所示。启用景深选项后选择光圈选项,如图 11 - 30 所示。

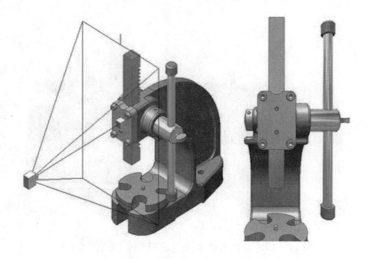

图 11－27　使用链接到视图选项后视角的变化

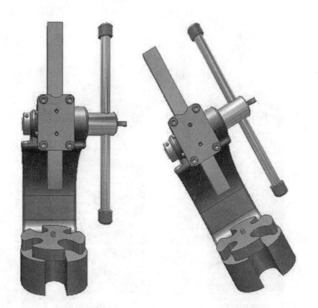

图 11－28　旋转角度分别为 0°(左)和 30°(右)时的视图

图 11－29　景深限制选项

图 11－30　光圈选项

⑧ 将焦平面链接到照相机目标:将焦平面设定为与照相机目标一致。链接后,无论照相机目标置于何处,或将其动画置于何处,照相机目标均会位于焦点内。

11.2.3　光源样式

打开方式:功能区→"渲染"选项卡→"场景"面板→"光源样式"工具栏,如图 11‐31 所示。

图 11‐31　打开光源样式

单击后打开了"光源样式"对话框,如图 11‐32 所示。

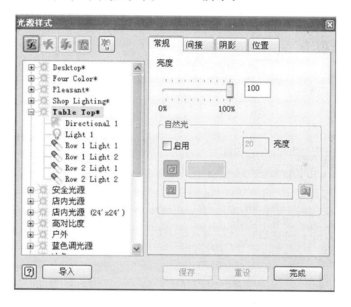

图 11‐32　"光源样式"选项卡

　　光源样式选项卡包含工具栏、样式列表浏览器、"常规"选项卡、"间接"选项卡"阴影"选项卡、"位置"选项卡、"导入"按钮等选项。

(1) 工具栏

工具栏位于"光源样式"对话框中光源样式列表的顶部。包含的按钮如下所示。

- 新建光源样式:创建新的本地样式,该样式是选定的命名样式或默认样式的副本。在列表中选择新样式,但需要一个名称。可使用默认名称,或者输入新名称。
- 清除样式:删除选定的本地样式。选择了本地样式但未使用该样式时可用。
- 更新样式:将选定的本地样式的数据替换为相应全局样式中的数据。如果选择了本地样式,且存在相应的全局样式,并且本地样式在最后一次从相应的全局样式(如果有)更新后发生了变化,则该选项可用。

- f 保存到样式库中:将选定的本地样式保存到样式库(在磁盘上)中,会覆盖现有的全局样式(如果有)。如果选择了本地样式,且样式库不是只读库,并且本地样式在最后一次从相应的全局样式(如果有)更新后发生了变化,则该选项可用。
- ※ 新建光源:暂时打开"光源"对话框,以使用选定的光源样式或选定的光源所属的光源样式创建光源。在样式列表中选择了光源时可用。

(2) 样式列表浏览器

列出全局和局部光源样式及其关联光源。如果在当前项目中"使用样式库"选项设置为"否",则仅列出本地样式。本地样式的名称前有星号(※)。本地样式优先级高于同名的全局样式,浏览器如图 11-33 所示。

默认为全局光源,这种光源可以删除或禁用所有光源。若要激活一个光源样式以供使用,可以右击该光源,在弹出的右键快捷菜单中选择"激活"选项。每个光源样式都可以有一个或多个位于图形窗口中的光源对象。

(3) "常规"选项卡

"常规"选项卡如图 11-34 所示,其中各选项含义如下。

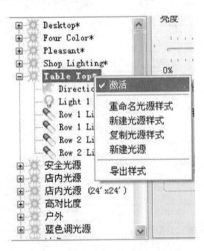

图 11-33 样式列表浏览器

图 11-34 "常规"选项卡

- 亮度:滑块控件影响所有光源的亮度,类似于全局调光器开关。其比例范围为 0% 至 100%,默认为 100%。
- 自然光:启用选择该选项时,将启用自然光控件,以与特定光源样式结合使用。自然光提供均匀、没有方向的场景照明。另外还启用反射光。
- 亮度:指定自然光的亮度。

选中"启用"选项后可选择颜色和图像选项。

- 颜色:选择该选项时,自然光将使用指定的颜色发出光线。
- 图像:选择该选项时,自然光将使用图像中的颜色发出光线。
- 图像路径和浏览器按钮:指定适当的图像,以用于基于图像的光源。

(4)"间接"选项卡

"间接"选项卡,如图 11 - 35 所示,在光源样式树中选择了光源样式时可用。

- 环绕:通过滑块来控制场景中光源样式的照明亮度和照明量。范围为 0% 至 100%,默认的环绕光为 10%。
- 反射光:启用选择该选项时,将提供从场景中的一个对象反射到另一个对象的精细型全局光源,而无需其他设置。
- 质量:通过"低(100)"、"中(500)"、"高(900)"和"自定义"设置,指定光源的质量。如果选择了"自定义",则可以指定使用的光线数。光线数越多,渲染花费的时间就越多。默认质量为"中"。注意,如果选择了"环境光"选项,将启用反射光并结合环境光参数一起使用。

(5)"阴影"选项卡

"阴影"选项卡,如图 11 - 36 所示,用于定义光源样式中的阴影,在光源样式树中选择了光源样式时可用。

图 11 - 35　"间接"选项卡

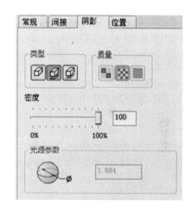

图 11 - 36　"阴影"选项卡

- 类型:无阴影、耀眼阴影和模糊阴影。
- 质量:低分辨率(256×256)。中分辨率(512×512),为默认设置。高分辨率(1024×1024),仅当选择了"模糊阴影"时可用。
- 密度:使用滑块控制阴影的黑暗程度。范围为 0% 至 100%,默认密度为 100%(最黑暗的阴影)。可以通过降低密度来加亮阴影。
- 光源参数:指定模糊投影的球面直径。指定的直径应大于渲染的零件、部件或者被重点渲染的区域的直径。

(6)"位置"选项卡

"位置"选项卡,如图 11 - 37 所示,其中各选项含义如下。

- 方向:使光源样式朝向指定平面。提供一个现有固定平面列表,可从中进行选择。默认固定平面是 XY 地平面。

- "反向"按钮选择该选项时,将使光源方向反向。
- "选择"按钮提供另一种方法来选择工作平面或模型面作为光源样式的方向。

注意:如果删除了由光源样式用作方向的场景样式,则光源样式将还原为默认 XY 地平面。当用户进入 Studio 环境时,将显示一条消息通知。

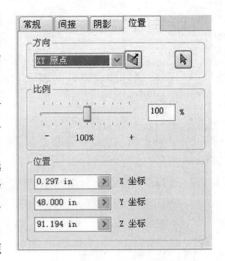

图 11-37　"位置"选项卡

- 比例:修改光源的比例,以减小或扩大它。当选择光源样式作为激活样式时,初始比例定义为相对于模型的 100%。此后,可以在 10% ~ 1000% 之间手动调节比例。
- 位置:指定相对于顶级部件 X、Y、Z 原点的光源样式位置的坐标。更改坐标将重置光源样式。

(7)"导入"按钮

单击"导入"按钮导入已导出和分发的单个光源样式。单击"导入"按钮。在"导入"对话框中,浏览到包含想要导入的样式的目录。选择样式,然后单击"打开"按钮。如果存在样式名称,则系统将提示用户用导入的样式覆盖现有的样式。

11.2.4　局部光源

显示局部光源对话框以定义和定位光源。该方法类似于在光源样式中定义单个光源。点光源和聚光灯作为局部光源对象受到支持。

打开方式:单击功能区:"渲染"选项卡→"场景"面板→"局部光源"按钮。

"局部光源"对话框包括"常规"选项卡、"照明"选项卡、"阴影"选项卡、"电光源"选项卡、"局部光源"文件夹及浏览器关联菜单命令、局部光源对象及浏览器关联菜单命令等内容。

(1)"常规"选项卡

"常规"选项卡,如图 11-38 所示,可控制局部光源的类型和布置。

- 类型:指定以下其中一种光源类型,以控制光源所提供的照明量。默认设置为"平行光"。
- 点:模拟自空间中某一个点(如灯泡)向所有方向发出的光。使用目标来创建和编辑点光源,它并不影响光所到达的地方。
- 聚光灯:模拟自空间中某一个点(如舞台灯)向特定方向发出的锥形光。
- 开/关:打开光源样式中的光源。默认设置为"开"。
- 放置:包含"目标"和"位置"两个选项。
  - 目标:单击模型上的任意位置设置目标点,或单击空白处,将目标设置在视图平面上与现有目标相同的视图距离处。在曲面上移动鼠标,以显示新光源目标/方向的预览。

——位置:沿光源的方向线单击将设置光源的位置。如果标准方向线距离比当前的光源
距离长,则方向线延伸至标准方向线距离。

- 反向:单击右侧的按钮使光源的方向反向。只要按下右侧的按钮,位置和目标便会交
  换。所有更改目标的操作实际上都更改位置。默认设置为"普通"(未反向)。

(2)"照明"选项卡

"照明"选项卡,如图 11-39 所示,用于确定任意类型的光源如何发光。

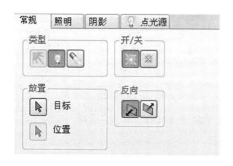

图 11-38　"常规"选项卡

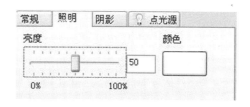

图 11-39　"照明"选项卡

- 亮度:指定光源提供的照明量。范围为 0 至 100,默认为 0。
- 颜色:指定光源的颜色。默认颜色为白色。

(3)"阴影"选项卡

"阴影"选项卡,如图 11-40 所示,用于定义光源的投影质量。

- "类型"选项区域包含三个选项。
  —— 无阴影。
  —— 耀眼阴影。系统的默认设置。
  —— 模糊阴影。需要花费更多时间来计算,但更逼真。
- "质量"选项区域包含三个选项。
  —— 低分辨率(256×256)。
  —— 中分辨率(512×512)。系统的默认设置。
  —— 高分辨率(1024×1024)。仅当选择了"模糊阴影"时可用。
- 密度:通过滑块来控制场景中光源的照明亮度和照明量。范围为 0 至 100,默认密度为 0。
- 光源参数: 指定模糊阴影效果的球面直径。指定的直径应大于渲染的零件、部件或
  者被重点渲染的区域的直径。

(4)"点光源"选项卡

"点光源"选项卡,如图 11-41 所示,用于选项卡设置点光源的特性,仅当在"常规"选项卡
上将光源类型设置为"点"时才可用。

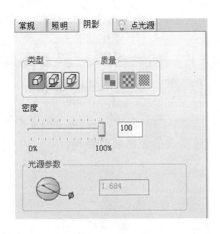

图 11-40 "阴影"选项卡　　　　图 11-41 "点光源"选项卡

- 位置:指定光源位置的 X、Y 和 Z 坐标值。对于新光源,在"常规"选项卡上指定了适当的目标和位置时才可用。默认值为 0.0、0.0、0.0。
- 衰减:从列表中选择值,以描述光线的减弱和距光源距离的关系,包含"无"、"倒数"或"倒数的平方"三个选项。"起始距离"可以指定距光源(从此开始光衰减)的距离(长度值)。选择的"衰减"值为"无"时不可用。默认值为"无"和 0.0。

11.2.5　场景样式

打开方式:单击功能区→"渲染"选项卡→"场景"面板→"场景样式"按钮,如图 11-42 所示。

图 11-42　打开场景样式

单击后打开了"场景样式"对话框,如图 11-43 所示。

"场景样式"对话框包括工具栏,样式列表浏览器,"背景"选项卡,"环境"选项卡,"导入"按钮和关联菜单命令等内容。

(1) 工具栏

- ![icon]新建样式:创建基于 Inventor 默认场景样式的新本地样式。已提供默认名称,并可通过关联菜单"重命名"命令轻松更改名称。
- ![icon]清除样式:删除选定的本地样式。选择了本地样式但未使用该样式时可用。
- ![icon]更新样式:将选定的本地样式的数据替换为相应全局样式中的数据。如果选择了本地样式,且存在相应的全局样式,并且本地样式在最后一次从相应的全局样式(如果

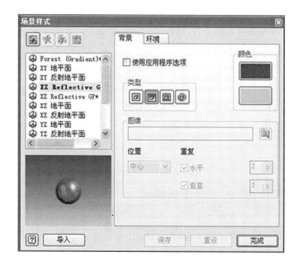

图 11 - 43　"场景样式"对话框

有)更新后发生了变化,则该选项可用。

- 保存到样式库中:将选定的本地样式保存到样式库(在磁盘上)中,会覆盖现有的全局样式(如果有)。如果选择了本地样式,且样式库不是只读库,并且本地样式在最后一次从相应的全局样式(如果有)更新后发生了变化,则该选项可用。

(2) 样式列表浏览器

样式列表浏览器,如图 11 - 44 所示。具列出全局和本地场景样式。如果在当前项目中"使用样式库"选项设置为"否",则仅列出本地样式。本地样式的名称前有星号(*)。本地样式优先级高于同名的全局样式。

(3) "背景"选项卡

"背景"选项卡,如图 11 - 45 所示。

图 11 - 44　样式列表浏览器　　　　**图 11 - 45　"背景"选项卡**

- 使用应用程序选项:将背景与 Autodesk Inventor 中的设置匹配并禁用所有控件。禁用图像选择选项。

- 颜色：指定渐变背景的顶部和底部颜色。使用具有纯色、渐变色或图像背景类型的顶部颜色样本。使用渐变背景的底部样本。
- 类型：分为纯色，渐变色，图像和图像球体四种。
    —— ▣纯色：指定纯色背景。默认设置。
    —— ▣渐变色：指定渐变色背景。
    —— ▣图像：指定一个图像作为背景并启动"打开"对话框，可以在该对话框中输入名称、选择位置并选择图像的 BMP、JPEG、PNG、GIF 或 TIFF 格式。激活图像浏览窗口。
    —— ◉图像球体：使用用户指定的图像球体作为背景。
- 图像：浏览窗口显示选择或输入用于保存渲染的路径和文件名。单击浏览窗口右侧的图标，以启动"打开"对话框进行编辑。仅当选择了"图像"时，此选项才可用。
- 位置：选择"居中"、"平铺"或"拉伸"选项以显示背景图像。
- 重复：以指定的次数水平或竖直重复背景图像。

(4) "环境"选项卡

"环境"选项卡，如图 11－46 所示，其中各选项含义如下。

- 方向和偏移：选择与固定平面平行的 XY、XZ 或 YZ 世界平面。输入正的或负的长度值，以指定该固定平面与所选世界平面的距离。若要使用"测量"命令或从最近使用的值中进行选择，请单击输入框上的箭头并从菜单中进行选择。用户可以调整输入框中的任何值，如图 11－47 所示。

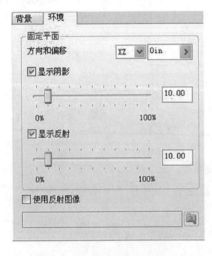

图 11－46 "环境"选项卡

图 11－47 方向和偏移选项

- 显示阴影：选择该选项时，会在固定平面上启用阴影。滑块可以控制平面上渲染的阴影强度，如图 11－48 所示。
- 显示反射：选择该选项时，会在固定平面上启用反射。滑块可以控制在平面上渲染的反射强度，如图 11－49 所示。
- 使用反射图像：当选择此选项时，将激活文件浏览窗口并启动"打开"对话框，您可以在该对话框中输入名称、选择位置并选择纹理图像的 BMP、JPEG、PNG、GIF 或 TIFF 格式。将图像用作整个场景的球形反射贴图,如图 11-50 所示。

图 11-48　显示阴影选项

图 11-49　显示反射选项

- 浏览窗口:显示选择或输入用于反射图像的路径和文件名。单击浏览窗口右侧的图标,以启动"打开"对话框进行编辑。仅当选择了"使用反射图像"时,此选项才可用,如图 11-51 所示。

图 11-50　使用反射图像选项

图 11-51　选择"使用反射图像"

选择"使用反射图像"后出现对话框,从中选择图片文件,如图 11-52 所示。

图 11-52　选择图片文件对话窗口

(5) "导入"按钮

单击"导入"按钮可导入已导出和分发的单个场景样式。

① 单击"导入"按钮。
② 在"导入"对话框中,浏览到包含想要导入的样式的目录。
③ 选择样式,然后单击"打开"按钮。
④ 如果存在样式名称,则系统将提示用户用导入的样式覆盖现有的样式。

(6) 关联菜单命令

在"场景样式"对话框的样式列表中,在任意样式上右击鼠标,然后可以使用以下命令。

- 激活：这是一种切换控制。如果所选样式是文档的激活场景样式，则将选择它。如果该样式没有激活，则不会选择它。若要取消样式，请选择"激活"并取消选中。一次只能有一个激活的场景样式。如果没有激活的样式，则会将当前背景用于场景。
- 重命名场景样式：选择该选项时，将样式名称放入编辑模式中，键入新名称并在编辑字段外单击，该样式将被重命名。
- 新建场景样式：使用默认场景样式参数创建场景样式。如果存在"默认值"，则名称为"Default1"并且从此为每个新建样式重复该名称。
- 复制场景样式：使用选中样式的参数创建场景样式。提供了副本名称，但是可以随即更改。
- 清除样式：将选定的本地样式的数据替换为相应全局样式中的数据。如果选择了本地样式，且存在相应的全局样式，并且本地样式在最后一次从相应的全局样式（如果有）更新后发生了变化，则该选项可用。
- 导出样式：将选中样式导出到用户提供的文件名中。样式文件扩展名为.styxml。

11.3　动画制作

11.3.1　动画制作入门

① 打开位于部件心轴压榨机中的 Arbor_Press.iam。

② 单击程序菜单 →"另存为"选项。使用"Arbor_Press_anim1.iam"作为文件名。

③ 在部件浏览器中，展开"PINION SHAFT:1"（"小齿轮轴:1"），如图 11-53 所示。

④ 在名为"Angle SHAFT TURN(180.00degree)"（"轴转动角度（180.00 度）"）的约束上右击，在弹出的右键快捷菜单中取消"抑制"复选项的选中状态以取消抑制该约束，如图 11-54所示。

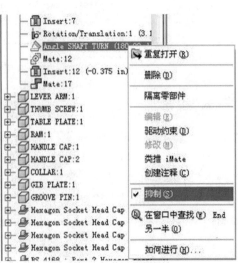

图 11-53　选中零件　　　　　图 11-54　取消约束抑制

⑤ 取消约束抑制前后零件位置发生了变化,如图 11-55 所示。

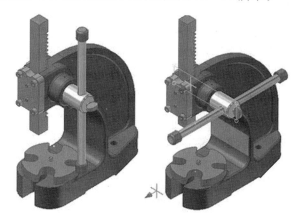

图 11-55　取消抑制前后对比

⑥ 单击"环境"选项卡→"开始"面板→"Inventor Studio"按钮,如图 11-56 所示。"渲染"选项卡处于激活状态,Studio 命令可用。

图 11-56　激活 Inventor Studio 环境

⑦ 在浏览器中,在名为"光源(桌面上方)"的节点上右击,在弹出的右键快捷菜单中取消"可见性"复选项的选中状态,如图 11-57 所示。此更改将删除图形窗口中的光源符号。程序将使用 Studio 命令替换部件命令。

⑧ 在浏览器中展开"动画"节点。请注意应激活"动画 1",如图 11-58 所示。用户可以定义该动画的特性和行为。

⑨ 单击"渲染"选项卡→"动画"面板→"约束"按钮,如图 11-59 所示。

⑩ 选择要制作动画的约束。在浏览器中,展开"小齿轮轴"零部件节点,然后选择名为"轴转动角度(180.00 度)"的约束。若要使控制柄旋转并移动小齿轮轴,用户需要指定约束值和值更改所在的时间范围。

⑪ 在"约束动画制作"对话框的"操作"选项区域中选择"结束"字段中的值,并将其替换为"0 度"。下一步指定时间范围,如图 11-60 所示。

⑫ 在"约束动画制作"对话框的"时间"区域中,单击"指定"左侧的按钮。在始终位于右侧的"结束"字段中,输入 3s 以指定希望该动画事件在 3 秒后结束。

⑬ "动画时间轴"应该是可见的(默认情况下,位于图形窗口的底部)。如果时间轴不可见,单击"动画时间轴"按钮。

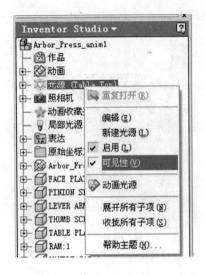

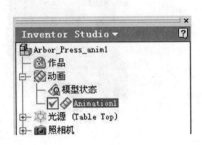

图 11-57　改变光源可见性　　　　图 11-58　选择激活动画

图 11-59　选择约束选项

图 11-60　设定变化值

⑭ 在"动画时间轴"窗口中,单击"展开操作编辑器",以展开时间轴。

⑮ 单击"确定"按钮在时间轴内创建动画事件,如图 11-61 所示。

图 11-61　设定时间

11.3.2　设置动画效果

(1) 从头开始观看动画

① 单击"动画时间轴"窗口上的"转至开始"按钮,将动画滑块设置到时间轴的开头,如图11-62所示。

② 单击"播放动画"按钮,如图 11-63 所示。

图 11-62　转至时间轴开始

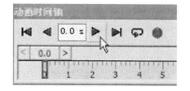

图 11-63　播放动画

③ 滑块移动过 3 秒时,单击"停止动画"按钮,如图 11-64 所示。

(2) 淡显动画制作

① 将时间轴滑块移动到 2 秒。或者,可以在"时间"输入字段中输入 2.0s,如图 11-65 所示。

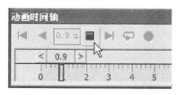

图 11-64　停止动画

图 11-65　设定时间

② 单击"渲染"选项卡→"动画"面板→"淡入"按钮,如图 11-66 所示。

图 11-66　设置淡显效果

③ 选择"Arbor_Frame"零部件。

④ 在位于对话框的"操作"选项区域中的右侧的"结束"值字段中,将不透明度设置为"20%",如图 11-67 所示。

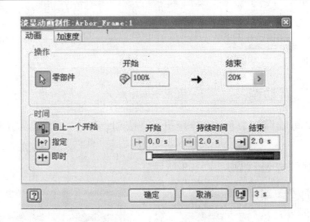

图 11 - 67　设置淡显效果

⑤ 单击"确定"按钮,完成动画。

(3) 配置动画

① 在"动画时间轴"中的相机选择字段的右侧,单击"动画选项"按钮,如图 11 - 68 所示。
② 在"动画选项"对话框的右上侧,单击"适合当前动画"按钮,如图 11 - 69 所示。

图 11 - 68　动画选项

图 11 - 69　选择"适合当前动画"

③ 单击"确定"按钮重新校准时间轴。
④ 请注意,动画时间轴上的刻度将从默认的 30 秒更改为 3 秒,如图 11 - 70 所示。

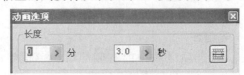

图 11 - 70　动画时间轴变化

11.3.3　照相机视点动画制作

① 在浏览器中,在名为"照相机"的节点上右击,然后从弹出的右键快捷菜单中选择"从视图创建照相机"选项,如图 11-71 所示。

② 程序已经创建了"照相机 1",用于在定义的照相机中捕捉当前视图特征。

③ 在浏览器中右击"照相机 1",在弹出的右键快捷菜单中取消"可视性"复选项的选中状态,如图 11-72 所示。程序将删除图形窗口中的照相机符号。

图 11-71　从视图创建照相机

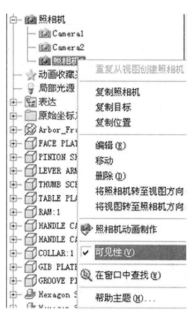

图 11-72　改变相机可见性

④ 从时间轴上的菜单中选择"照相机 1",如图 11-73 所示。

⑤ 将滑块移动到 1 s 处的位置,如图 11-74 所示。

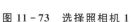

图 11-73　选择照相机 1

图 11-74　移动滑块至 1s 位置处

⑥ 使用 ViewCube 或"动态观察"命令调整视点,如图 11-75 所示。

⑦ 在动画时间轴上单击"添加照相机操作"按钮,如图 11-76 所示。

⑧ 程序将同步以动画演示内存的运动、渐显和照相机视点的变化。

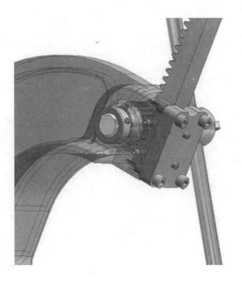

图 11 - 75　调整视图

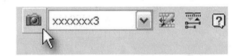

图 11 - 76　添加照相机

11.3.4　零部件动画制作

(1) Arbor_Press.iam

① 单击程序菜单 → "另存为"选项。使用"Arbor_Press_anim2.iam"作为文件名。

② 展开"动画"节点并确保"动画"处于激活状态。

③ 调整视图以查看"表平板"零部件,如图 11 - 77 所示。在浏览器中的"照相机"节点上右击鼠标,然后选择"从视图创建照相机"选项。在已创建的"照相机"上右击鼠标,然后删除"可见性"选项旁的复选标记。

④ 在浏览器中,展开"表平板",然后抑制每个约束。要抑制约束,可直接右击该约束,在弹出的右键快捷菜单中选择"抑制"选项,如图 11 - 78 所示。

⑤ 单击"环境"选项卡→"开始"面板→"Inventor Studio"按钮,如图 11 - 79 所示。

⑥ 在浏览器节点"光源(桌面上方)"上右击,在弹出的右键快捷菜单中单击"可见性"选项关闭光源对象的图形表达。

图 11-77　调整角度　　　　　　　　　图 11-78　抑制约束

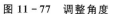

图 11-79　打开 Inventor Studio 环境

(2) 位置选项

① 展开"动画"节点并确保"动画"处于激活状态。

② 调整视图以便与下图类似的角度查看"表平板"零部件。在浏览器中的"照相机"节点右击,在弹出的右键快捷菜单中选择"从视图创建照相机"选项。在已创建的"照相机 1"上右击,在弹出的右键快捷菜单中"可见性"复选项的选中状态。

③ 然后单击"渲染"选项卡→"动画"面板→"零部件"按钮,如图 11-80 所示。

图 11-80　打开零部件选项

④ 选择"Table Plate:1"("表平板")零部件,如图 11-81 所示。

⑤ 单击"零部件动画制作"对话框的"操作"选项区域中的"位置"按钮,如图 11-82 所示。

⑥ 单击位置选项后的界面,如图 11-83 所示。

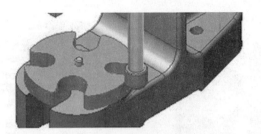

图 11 - 81　零部件被选中

图 11 - 82　选中"位置"

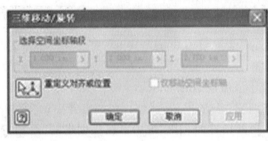

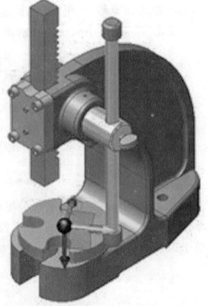

图 11 - 83　进入零件位置调整界面

(3) 零部件位置

① 选择"三维移动/旋转"工具的"Z 轴"杆,继续按住鼠标按钮并拖动,直到对话框中的角度值为 35°,如图 11 - 84 所示。

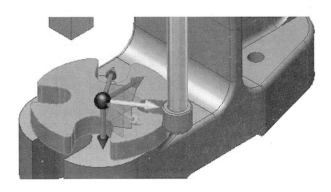

图 11 - 84　沿 Z 轴旋转 35 度

② 选择 Y 轴。继续按住鼠标按钮并拖动,直到"表平板"为 90°(竖直),如图 11 - 85 所示。

③ 选择 X 轴的箭头,然后将"表平板"向上拖动 3 英寸,如图 11 - 86 所示。

④ 最后,选择 Z 轴的箭头,并将"表平板"向外拉动－5 英寸,如图 11 - 87 所示。

⑤ 单击"三维移动/旋转"对话框中的"确定"按钮接受整个一系列位置更改。

⑥ 在"零部件动画制作"对话框的"时间"选项区域中,单击"指定"旁的按钮,然后在右侧的"结束"字段中输入 3 s,如图11 - 88 所示。

图 11 - 85　沿 Y 轴旋转 90 度

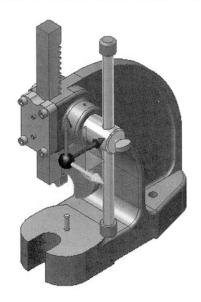

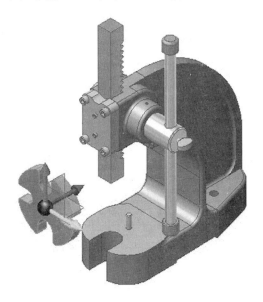

图 11 - 86　沿 X 轴移动 3 英寸　　　　**图 11 - 87　沿 Z 轴移动 5 英寸**

⑦ 单击"确定"按钮创建位置动画制作事件。

图 11-88　设置动画时间

练习 11

本练习要完成零部件的渲染和动画制作,要求读者掌握 Inventor Studio 的基本操作。其操作步骤如下。

① 打开光盘\实例源文件\第 11 章\Assembly. iam 文件,在"环境"选项卡下,单击 Inventor Studio 选项,进入渲染环境,如图 11-89 所示。

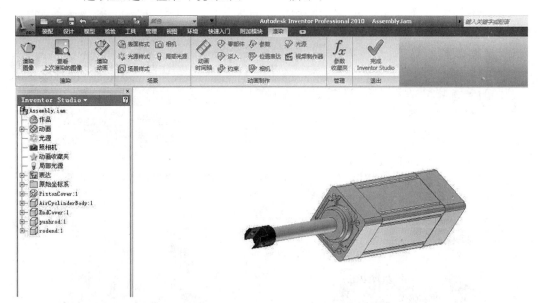

图 11-89　渲染环境

② 在"场景"面板中单击"场景样式"选项,在"场景样式"对话框中,选择 XY 地平面,单击"环境"选项卡,将偏移距离改为 25 mm,如图 11-90 所示,修改后单击"保存"按钮,再单击"完成"按钮。

③ 单击"渲染图像"选项,在"渲染图像"对话框中,选择光源样式为"桌面上方",选择场景样式为"XY 地平面",选择后如图 11-91 所示。

④ 单击"渲染"选项,则渲染结果如图 11-92 所示。

图 11-90　"场景样式"对话框

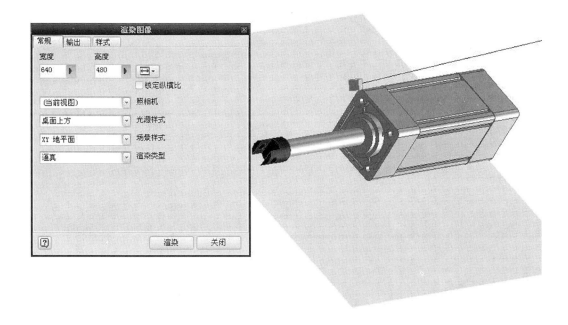

图 11-91　设置渲染环境

⑤ 单击"保存渲染的图像"选项,将其命名为"渲染图像",并导入到第 11 章文件夹中。

⑥ 在"渲染图像"对话框中,将光源样式改为"当前光源",将场景样式改为"当前背景",单击"关闭"按钮,继续进行零部件的动画制作。

⑦ 激活动画时间轴,如图 11-93 所示。

⑧ 单击"零部件"选项,打开"零部件动画制作"对话框,如图 11-94 所示。

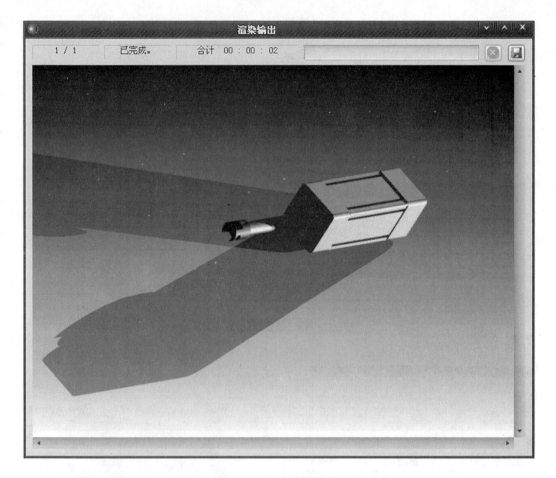

图 11-92　渲染后图像

图 11-93　动画时间轴

⑨ 首先选择名为 rodend 的零件,单击"位置"按钮,如图 11-95 所示。

⑩ 在坐标系中单击 Z 轴箭头,则可以编辑移动长度,将其设置为-30 mm,如图 11-96 所示。

⑪ 在"时间"段上,单击"指定"选项,开始时间设为 0 s,结束时间设为 3 s,如图 11-97 所示,单击"确定"按钮。

⑫ 同理,选择名为 pushrod 的零件,单击"位置"按钮,在坐标系中选择 Z 轴箭头,距离定为 30 mm,如图 11-98 所示。

⑬ 单击"确定"按钮,将时间指定为从 0 s 到 3 s。

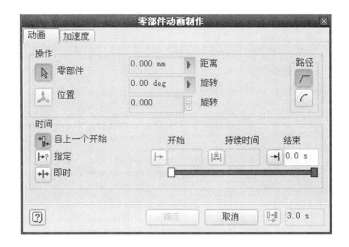

图 11 - 94　"零部件动画制作"对话框

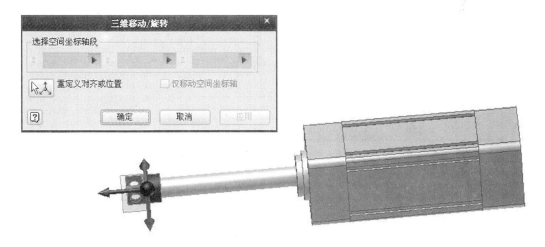

图 11 - 95　选择零件和方向

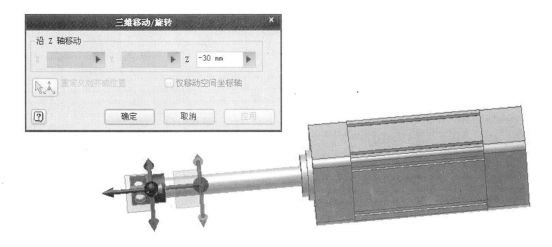

图 11 - 96　编辑移动长度

图 11 - 97　设置时间

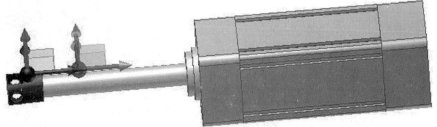

图 11 - 98　设置 pushrod

⑭ 再选择 rodend 零件,单击"位置"按钮,选择 Z 轴箭头,将距离改为 30 mm,如图 11 - 99 所示。

⑮ 将时间设置为从 3 s 到 6 s,单击"确定"按钮。

⑯ 选择 pushrod 零件,单击"位置"按钮,距离设为 -30 mm,再将时间设置为 3 s 到 6 s。设置完成后"动画时间轴"如图 11 - 100 所示。

⑰ 单击"动画时间轴"中红色标记处,使动画回到初始位置,如图 11 - 101 所示。

⑱ 单击红色标记处的图标,开始动画,再次单击,则暂停动画。图 11 - 102 所示为 0 s 时零件的位置。

⑲ 动画在 3 s 时,轴缩短至最短位置,如图 11 - 103 所示。

⑳ 动画在 6 s 时,轴又回到初始位置,如图 11 - 104 所示。

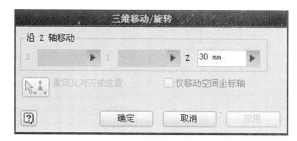

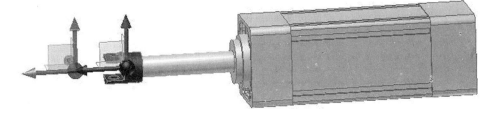

图 11 - 99　设置 rodend 返回路径

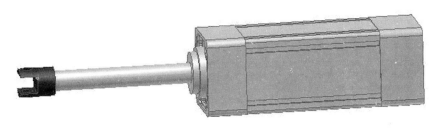

图 11 - 100　动画时间轴

图 11 - 101　回到初始位置

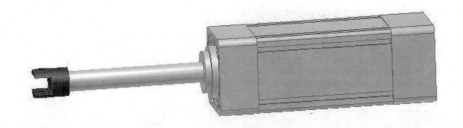

图 11-102　开始动画

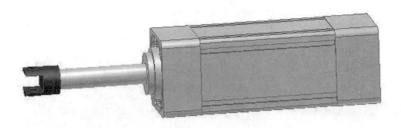

图 11-103　3秒时零件位置

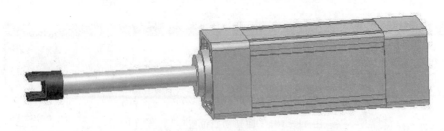

图 11-104　回到初始位置